수학캠프
Algebra

The Bedside Book of Algebra

by Michael Willers

Copyright © 2009 by Quid Publishing

Korean Translation Copyright © 2012 by Culturelook Publishing Co.

All rights reserved.

The Korean language edition published by arrangement with Quid Publishing, London through Agency – One, Seoul.

Conceived, designed and produced by Quid Publishing

Level 4, Sheridan House

112 – 114 Western Road

Hove, BN3 1DD

England

Images on pages 33, 51, 58, 90, 102, 122, 140, 144 and 169 © Corbis

Design by Lindsey Johns

Printed by 1010 Printing International Limited, China.

π에서 암호론까지, 수에 관한 모든 것

수학캠프
Algebra

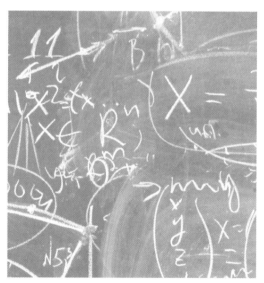

마이클 윌러스 지음 | 유지수 옮김 | 이한진 감수

지은이 마이클 윌러스Michael Willers는 캐나다의 고등학교에서 수학을 가르치고 있으며 수학을 대중적으로 널리 알리는 저술 활동을 하고 있다. 캐나다 빅토리아 대학교에서 전기공학을 전공했으며, 수학과 예술 그리고 철학과의 연관성에 관한 연구로 석사 학위를 받았다.

옮긴이 유지수는 대학에서 전산학을 전공했으며 현재 번역가로 활동하고 있다.

감수 이한진은 포항공과대학교 수학과를 졸업하고 서울대학교 수학과 대학원에서 석사, 미국 컬럼비아 대학교에서 박사 학위를 받았다. 현재 한동대학교 글로벌리더십 학부 수학 전공 교수이다.

수학 캠프: π에서 암호론까지, 수에 관한 모든 것

2012년 11월 10일 1판 1쇄 펴냄

지은이 마이클 윌러스
옮긴이 유지수
감수 이한진
펴낸이 이리라
편집 + 디자인 에디토리얼 렌즈
로고 디자인 이지영

펴낸곳 컬처룩
출판등록 2010. 2. 26 (제313–2011–149호)
주소 121–885 서울시 마포구 합정동 388–28 합정빌딩 2층
전화 02–738–5636 | 팩스 02–363–5637 | e–mail: culturelook@naver.com
www.culturelook.net

ISBN 978–89–968858–2–5 04400
ISBN 978–89–968858–0–1 04400 (세트)

* 이 도서의 국립중앙도서관 출판시도서목록(CIP)은 e–CIP 홈페이지(http://www.nl.go.kr/ecip)와 국가자료공동목록시스템(http://www.nl.go.kr/kolisnet)에서 이용하실 수 있습니다. (CIP제어번호: CIP2012002173)

contents

수학이란 무엇인가

수학은 사람들에게 다양하게 인식되고 있다. 예를 들면, 어떤 이들은 수학이 우주의 온갖 아름다움을 나타낸다고 말한다. 영국의 수학자이자 철학자인 알프레드 노스 화이트헤드Alfred North Whitehead(1861~1947)는 수학을 "인간 영혼의 가장 독창적인 창조물"이라고 표현했다. 반면 어떤 이들에게 수학은 아주 골치 아픈 주제이다. 수학이 칠판에 방정식의 형태를 띠고 있든, 몇 번을 계산해도 제대로 맞아떨어지지 않는 청구서의 형태를 하고 있든 말이다.

이 상반되는 인식들은 둘 다 지나치게 단순화된 경우라 할 수 있다. 하지만 중증의 숫자 공포증 환자라도 자연 속에서 구현되는 피보나치 수열의 단순하지만 거부할 수 없는 매력을 비켜가지 못할 것이다. 또 수학 마니아조차도 가장 아름다운 수학 개념들 대부분이 이해하기가 결코 쉽지 않은 느낌을 준다는 사실을 인정할 것이다.

수학을 두려워하는 데는 이런 독특한 분위기가 한몫하고 있다. 4세기의 신학자 성 아우구스티누스St Augustine는 "수학자들은 악마와 계약을 맺어 영혼을 팔고 인간을 지옥의 속박 아래 가두려 한다"고까지 주장했다. 이는 수학에 푹 빠진 사람이건 좌절을 맛본 사람이건 모두 동의할 만한 생각이다.

하지만 수학이 꼭 그렇게 인식될 필요는 없다. 물론 어려운 개념들도 있지만 그에 못지않은 아름다움도 있기 때문

> **"자연의 법칙은
> 수학의 언어로 쓰여 있다."**
> ── 갈릴레오 갈릴레이

이다. 수학의 본질을 공부하기 위해서는 그것이 대체 무엇에 관한 것이며, 무엇이 독특하고, 어떻게 발전해 왔는지 살펴봐야 한다.

이 책의 목표는 그 여정에 있어서 여러분들에게 도움을 주는 것이다. 앞으로 수많은 흥미롭고도 도전적인 수학 개념들을 만나게 될 텐데, 우리의 목표는 그것들을 일상 세계와 연결시키는 것이다. 그리고 그것이 힘든 지점에서는 뒤로 물러나 앉아 숫자들이 풀어내는 아름다움을 만끽하면 되는 것이다.

수학은 역동적이다

수학은 여러 방식으로 기술되어 왔다. 수와 크기의 과학이라고도 하고, 형태와 관계의 과학이라고도 하고, 과학의 언어라고 표현되기도 했다. 저명한 과학자 갈릴레오 갈릴레이Galileo Galilei(1564~1642)는 "자연의 법칙은 수학의 언어로 쓰여 있다"라고 말했다.

사실, 다 맞는 말이다. 수학은 여전히 성장하고 있으며 가장 창의적이고 역동적인 연구 분야이다. 일반인들에게는 잘 알려져 있지 않지만, 수학은 최근에 많

은 변화를 겪었다. 지구 온난화를 둘러싼 논쟁의 경우처럼 과학적 발견과 논쟁은 그 바탕에 깔린 수학적 구조를 이해하려는 욕구를 불러일으켰다. 여러 미디어들 또한 그 현상에 중요한 역할을 해 왔다. 가까운 예로 아카데미영화제 수상작인 〈뷰티풀 마인드Beautiful Mind〉와 댄 브라운Dan Brown의 베스트셀러 《다빈치 코드The Da Vinci Code》의 중심에도 수학이 있다. 심지어 여느 십대의 침실에 붙어 있는 프랙탈 포스터 또한 그 형태 이면에 존재하는 숫자의 구조를 알고 있는지와는 상관없이 수학적 아름다움의 진가를 보여 준다.

그럼에도 불구하고 많은 사람들은 여전히 수학을 실제 세계와 유리된 정적인 학문이라고 생각한다. 이렇게 된 주요 원인은 교육 시스템이 수천 년 전에 파생한 원리들을 복습하는 데 너무 많은 시간을 소모하기 때문이다. 요지는 그 원리들이 중요하지 않거나 흥미롭지 않다는 것이 아니라, 현행 교육이 수학의 유연성을 좀처럼 전달하지 못한다는 것이다. 수학의 성장과 발전의 역사는 말할 것도 없이 말이다. 우리는 이 책에서 방대한 역사를 지닌 수학의 발전에 기여한 매력적인 수학자들을 만나게 될 것이다.

수학은 비범한 인물들에 의해 현재도 끊임없이 형성되고 있다. 1994년에 '페르마의 마지막 정리'를 풀어서 유명해진 영국의 수학자 앤드루 와일즈Andrew Wiles나 연달아 수학 저서를 내고 있는 사이먼 싱Simon Singh의 인기는 수학이 여전히 성장하고 있으며 진화하고 있다는 증거이다.

▲ 피보나치 수열은 자연에서 쉽게 발견된다. 그림은 꽃잎이 21개인 데이지 꽃이다.

간략한 수학의 역사

금 5개가 새겨진 3만 년 된 늑대 뼈의 발견이 증명하듯 수학의 역사는 실로 유구하다(1937년 체코슬로바키아에서 발견된 3만 년 된 늑대 뼈에서는 57개의 눈금이 다섯 개씩 무리를 이룬 것이 발견되었는데, 오진법을 사용했을 가능성을 보여 준다).

또한 수학은 인간들만의 독점적 영역이 아니라는 사실이 밝혀졌는데, 일례로 까마귀는 4개의 원소를 가진 집합 간의 차이를 구별할 수 있다. 이렇듯 수학의 흔적은 다른 생물에게서도 나타난다. 이쯤 되면 한 가지 의문이 생긴다. 인간이 먼저인가, 수학이 먼저인가?

수학의 유구하고 다채로운 역사를 고려한다면, 위대한 수학자들의 업적이 수학 분야에만 머물러 있지 않다는 것은 그리 놀라운 일이 아니다. 이들 중에는 다른 방면에도 박식한 인물들이 많았는데, 이를테면 수학자이면서 위대한 과학자이거나 철학자인 경우도 있었다.

수학의 역사를 공부하는 것은 문명의 역사를 공부하는 것과 같다. 르네상스의 과학 혁명이 수학의 진보로 인해 가능했다는 주장은 설득력이 있다. 13세기에 피보나치(→ pp.94~95, 98~99)는 힌두 – 아랍 숫자를 유럽에 소개함으로써 수학을 로마 숫자의 제약에서 해방시켰다.

수학은 모든 지역에서 똑같은 속도로 발전한 것이 아니다. 또한 그 진보는 밀물과 썰물처럼 성쇠를 겪어 왔다. 수학 개념들은 발견되고 사라졌다가 재발견되는 과정을 반복했다. 역사상 지식의 흐름은 일방적이지 않았는데, 근대 수학 또한 여러 지역에서 유입된 다양한 개념들을 채택하고 있다. 특히 우리는 아랍과 페르시아의 수학자들에게 많은 신세를 졌다. 그리스와 인도 사이에 위치한 그들은 두 지역에서 유입된 최상의 것들을 조합했으며, 그 지식은 유럽과 르네상스의 근원지로 역수출되었다.

현대에서 수학은 어디에나 존재하는 것이 되었다. 물론 그것은 우리 주변에 여러 형태로 존재한다. 하지만 오늘날 수학은 보통 사람들의 일상생활에서 과거 어느 때보다 중요한 역할을 수행하고 있다. 컴퓨터의 정교함 정도를 보더라도 그동안 기술적 마법에 엄청난 투자가 이뤄져 왔으며 이 기술에는 고도로 복잡한 수학을 적용하고 있다는 사실은 누구나 인정할 것이다.

하지만 숫자의 진정한 아름다움을 확인하기 위해 컴퓨터의 달인이나 수학 천재가 될 필요는 없다. 수학을 더 많이 알수록 수학이 세상에 미치는 영향력을 알게 되겠지만, 그러기 위해 반드시 방정식을 이해할 필요는 없는 것이다. 예를 들어 카오스 이론처럼 가장 난해한 종류에 속하는 수학 개념조차도 한줄기 담배 연기나 소용돌이치는 커피 크림 같은 일상의 이미지들에서 발견할 수 있다. 르네 데카르트가 말했듯이 "만물은 수학의 산물이다."

"기하학에 왕도는 없다."

▶ 유클리드는 '기하학의 아버지'로 널리 알려져 있으며 기하학은 그리스 수학의 기초였다.

수학의 본질

수학은 구체적인 동시에 완전히 추상적이라는 점에서 독특하다. 가장 간단한 수준에서 예를 들자면, 덧셈은 손에 쥘 수 있는 조약돌 한 움큼으로도 증명할 수 있다. 즉 $2 + 2 = 4$라는 덧셈의 서술은 어떤 물체든지 관련시킬 수 있는 일반화된 표현이다. 그것은 조약돌이 될 수도 있고 사과가 될 수도 있으며, 어떠한 물리적인 구현도 없는 완전히 추상적인 표현이 될 수도 있다.

넓게 보면 수학의 역사적 발전은 구체적인 지식 분야에서 좀 더 추상적인 지식 분야로의 이동이다. 고대 그리스 사람들에게 수학은 기하학을 기초로 하는 매우 실용적인 학문이었다. 어떤 변수를 길이라고 상정하면 그 제곱은 면적을, 세제곱은 부피를 의미했다. 하지만 이런 실용적인 접근 방식은 음수처럼 그 패러다임 바깥에 위치한 개념들을 다룰 때는 여간 골치 아픈 것이 아니었다.

이후 수천 년에 걸쳐 수학은 형식에 있어서는 좀 더 추상적이 되었고 그 결과 좀 더 유연해졌다. 하지만 이것은 그 응용에 있어서 덜 실용적으로 되었다는 뜻이 아니다. 어떤 수학적 개념을 그저 이론적으로 연구할 때조차도 그 결과는 일상생활에의 응용으로 이어질 수 있다. 좋은 예로 삼각함수의 무한급수를 연구했던 프랑스의 수학자 조제프 푸리에 Joseph Fourier(1768~1830)를 들 수 있다. 그의 평생 동안, 그 주제는 순수하게 이론적인 개념이자 풀어야 할 수학적인 과제였으며, 오직 학문을 위한 연구였다. 하

$$2x(3x - 4) = 6x^2 - 8x$$

▲ 수학 언어는 매우 아름다우며 국가와 대륙의 경계를 초월한다.

지만 훗날 그가 구축한 토대는 아날로그 – 디지털 변환, 즉 아날로그 사운드 신호를 디지털 CD로 변화시키는 기술의 기초를 형성한다.

수학의 언어

수학에 있어서 가장 매혹적인 점들 중 하나는 그것이 어디서나 통용되는 언어라는 것이다. 비록 지구에는 수많은 다른 언어들이 있지만 수학이라는 보편적인 언어는 하나의 형태로 존재한다.

내 수업에는 많은 교환 학생들이 있는데, 대부분 유럽과 아시아 출신이다. 그들이 고국에서 가져온 교과서들을 꺼내놓으면 내가 알 수 있는 말은 하나도 없지만 수학 기호들만은 이해가 된다. 독일 수학자 다비드 힐베르트 David Hilbert (1862~1943)가 말했듯이, "수학은 인종이나 지형적인 경계를 구분하지 않는다. 수학의 문화권은 전 세계이다."

놀랍게도 수학은 가장 진정한 의미

에서 우주적인 언어라고 할 수 있다. 이러한 이유 때문에 미국 나사(NASA)의 프로젝트인 외계 지적 생명체 탐사(SETI: Search for Extraterrestrial Intelligence)는 외계에서 듣고 있을지도 모르는 생명체에게 우리 존재를 알리기 위해 π (→ pp.18~19)의 이진수와 소수prime number를 송출하고 있다. 다른 혹성의 지적 생명체는 'Hello'라는 말은 이해하지 못하겠지만 원에서 비롯된 π의 개념은 알고 있을지도 모른다. 그들의 수학 체계가 우리의 십진법과는 다르더라도 이진법(on/off, 밤/낮)의 개념은 이해할 가능성이 높기 때문이다.

수학의 본질은 우리가 더 많이 접할수록 더 많은 진가를 알 수 있다는 것이다. 수학에 대해 더 많이 알수록 우리는 주변의 사물과 현상들을 더 깊이 이해하게 된다. 수학은 아름답고 역동적이다. 특히 어디에나 항상 존재하는 것은 수학의 가장 강력한 장점이다.

대수학이란 무엇인가

대수학을 뜻하는 'algebra'는 알 콰리즈미(→ pp.86~87)의 저서 《복원과 대비의 계산》에서 유래한 것으로, 제목 가운데 'Al‒Jabr'가 나중에 'algebra'가 된 것이다. 어떤 학자들은 알 콰리즈미를 '대수학의 아버지'라고 부른다.

이 책에서 얘기하는 대수학은 기초 대수학이다. 이것은 세계 도처의 고등학교에서 교육하는 대수학이기도 하다. 하지만 대수학에는 불리언 대수Boolean algebra(논리 대수)처럼 접근이 용이한 개념들이 있는가 하면 다소 난해한 개념들도 있다.

우리는 숫자와 변수에 대한 산술 연산을 다루는 대수학에 초점을 맞출 것이다. 이를테면 $3x+5=9$와 같은 것들이다. 하지만 대수학은 완전히 성숙한 채로 불쑥 나타난 것이 아니다. 예를 든 것과 같은 표기법을 쓰기 시작한 것은 비교적 최근의 일이며, 17세기와 데카르트(→ pp.116~117)의 업적에서 기인한 것이다.

대수학 발전의 1단계는 '수사적 대수학rhetoric algebra'이었다. 이것은 문장의 형태를 띠고 있었으며 3세기까지 유행했다.

오늘날 대부분의 학생들은 말로 이루어진 그런 식의 대수학에 어려움을 느낀다. '자신을 세 번 더한 다음 5를 더한 것은 9의 값과

▼ 플라톤의 다섯 가지 정다면체. 이 매혹적인 정다면체들은 각기 고유한 속성을 지닌다(→ pp.52~53).

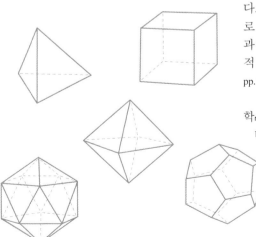

이 책에서 사용되는 수학 기호들은 표준을 따른다. 하지만 혼동을 피하기 위해 ×의 사용은 변수에 국한시키고 •을 곱하기 기호로 사용한다.

좀 더 명확하게 하기 위해 숫자와 단어가 적재적소에 사용될 것이며, 측정 단위는 내용에 따라 적절한 단위를 적용한다. 중요한 것은 숫자이기 때문이다.

> "수학은 인종이나 지형적인 경계를 구분하지 않는다. 수학의 문화권은 전 세계이다."
> ── 다비드 힐베르트

동등하다'와 같은 고대의 문장 문제보다는 $3x + 5 = 9$가 풀기 쉽기 때문이다.

2단계는 '축약적syncopated 대수학'으로 기호와 약호를 도입했다. 디오판토스(→ pp.64~67)가 이뤄낸 업적은 브라마굽타(→ pp.78~79)와 마찬가지로 축약적 대수학으로 간주된다. 이것은 분명 진보였지만 다음 단계에 비하면 아직 다듬을 것이 많았다.

대수학 발전의 마지막 단계는 '상징적symbolic 대수학'이었다. 이것이 오늘날 우리가 친숙하게 알고 있는 대수학이다. 우리가 $3x + 5 = 9$라고 쓸 때, x는 미지수이며 우리는 나머지 정보를 사용해서 그 값을 구할 수 있다. 이 문제는 순전히 이론적이며 실용적인 목적에 얽매어 있지 않다.

이런 수학적 표기는 르네 데카르트에 이르러 완성에 이른다. 물론 그 이전에 상당한 정도로 발전해 왔지만 말이다. 대수학의 표기에 있어서 데카르트의 업적은 최초로 근대의 학생들이 아무런 어려움 없이 그 기호들을 읽고 이해할 수 있게 했다는 것이다.

이미 확인했듯이 대수학은 몇 단계에 걸쳐 점진적으로 추상화되는 과정을 거쳤다. 바빌로니아, 이집트 그리고 초기 그리스 시대에 수학은 기하학적 성격을 띠었기 때문에 0과 음수의 개념을 불합리한 것으로 치부했다. 심지어 대수학이 축약적인 단계에 이르렀을 때도 음수에 대한 반감은 여전했다. 유럽인들은 14세기에도 여전히 음수를 의혹의 시선으로 바라봤다. 그다음으로 대수학은 정적인static 방정식을 푸는 단계로 이동한다. 이 책에서는 이러한 내용들을 포함해 대수학의 역사적 발전에 따라 설명하고 있다.

이제 더 미룰 것도 없이 여정을 시작하자. 앞으로 우리는 서서히 두뇌를 회전시켜 줄 몇 가지 수학 문제뿐만 아니라 매혹적인 인물들과 그만치 흥미로운 이론들을 조우하게 될 것이다. 하지만 먼저 약간의 대수학 기초를 숙지하고 시작하자.

대수학 기초

이 장에서는 대수학 기초를 살펴본다. 우선 우리는 여러 종류의
수 가운데 완전수, 근수, 무리수 그리고 만인이 선호하는 숫자인
π 를 포함해 몇 가지 수를 만나본다.
그다음에는 대수학 이면의 매혹적인 역사와
아주 기초적인 대수 방정식을 푸는 몇 가지 방법도 알아본다.

수의 종류 1

수는 단지 수에 불과할까? 그렇지 않다. 수는 마치 사람처럼 다른 여러 집단으로 존재한다. 학교에도 멋진 친구들, 특이한 친구들 그리고 기타 여러 부류가 있듯이, 수도 마찬가지이다. 실제로 어떤 수들은 면적을 나타내고, 어떤 수들은 완전하며, 심지어 황금과 같은 수들도 있다(흔히 황금비율이라고 하는 황금수는 p.100에서 논의된다). 황금수와 완전수를 만나기 전에 가장 기초적인 범주들의 수를 살펴본다.

수의 집합

우리가 원시의 동굴 거주자이며 돌 세는 놀이를 한다고 가정하자. 이것은 수 체계에서 가장 기초적 범주에 해당하는 '자연스러운' 수 혹은 '셈하는' 수이며, 집합으로 표현하면 {1, 2, 3, 4, 5, …}이다. 이 자연수의 집합은 오랜 세월 친숙하게 사용되어 왔으며, 아직도 많은 일처리에서 대단히 성공적이다. 하지만 자연수의 집합을 확장하는 데는 상당한 사고의 도약의 필요하다. 우리는 자연수의 집합에 0을 더해 새로운 수의 집합, 즉 '(0과 양의) 정수'를 창조하게 된다. 이것의 집합은 {0, 1, 2, 3, 4, 5, …}이다.

그다음에 등장하는 수의 집합은 삶의 많은 부분에서 대단한 골칫거리인 '부정적인' 수, 즉 음수의 집합이다. 음수가 들어가지 않는 상거래와 금융이 있을까? 음의 정수는 양의 정수와 더불어 '정수'라고 부른다. 정수의 집합은 {…, −3, −2, −1, 0, 1, 2, 3, …}으로 표현할 수 있으며, {0, ±1, ±2, ±3, …}으로 표현할 수도 있다.

다음 단계의 수 집합인 '유리수'가 등장한다. 이제 우리는 동굴을 벗어나 농사를 짓고 닭을 키우고 있다. 어느 날 닭을 소와 바꾸려고 한다. 그래서 소치는 사람을 찾아갔더니 닭 20마리를 줘야 소 한 마리를 준다고 한다. 하지만 우리에게는 닭이 15마리밖에 없기 때문에 나머지 5마리를 친구에게 빌려야 한다. 나중에 소를 도축한다면, 그 친구에게는 얼마만큼을 줘야 할까? 친구는 그 소의 $\frac{5}{20}$, 즉 $\frac{1}{4}$를 받게 된다.

이것이 바로 분수 혹은 유리수라고 하는 수의 개념이다. 이 수의 집합은 $\frac{a}{b}$의 형태로 표현할 수 있는 모든 수가 해당되는데, 이때 a와 b는 정수이며 b는 0이 돼서는 안 된다. 0으로 나눌 수는 없으니까 말이다. 또한 '유한소수'나 '순환소수'로 표현할 수 있는 수는 유리수이다. 예를 들면, $\frac{1}{4}$은 0.25와 같으며, 이것은 유한소수이다.

하지만 소 한 마리를 닭 9마리와 바꿀 수 있다고 할 때 친구에게 닭 6마리가 있고 우리에게 3마리가 있다면, 친구는 나중에 소의 $\frac{6}{9}$, 즉 $\frac{2}{3}$ 혹은 0.66666…을 받게 된다. 이때 0.66666…을 순환소수라고 한다. 이렇듯 유한소수와 순환소수는 유리수에 속한다.

지금까지 살펴본 수의 집합들은 마치 러시안 인형(마트로시카)처럼 서로의 내부에 포함되어 있지만 다음에 만날 수는 그것들과는 멀리 동떨어져 있다. 분수의 형태로 표현할 수 없는 수를 '무리수'라고 하는데, 무한소수이면서 비순환소수인 수의 집합이 여기에 해당된다. 무리수의 대표적인 예로는 π 와 $\sqrt{2}$ (2의 제곱근)가 있다. 이것들은 반복되지도 않고 끝나지도 않으면서 영원히 계속되기 때문에 아주 괴상한 숫자라고 할 수 있다.

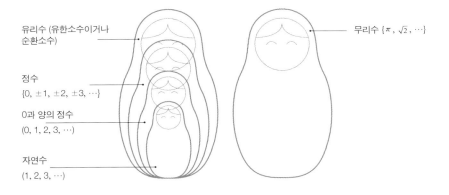

유리수 (유한소수이거나 순환소수)

정수
{0, ±1, ±2, ±3, …}

0과 양의 정수
(0, 1, 2, 3, …)

자연수
(1, 2, 3, …)

무리수 {π, $\sqrt{2}$, …}

0이라 불리는 영웅

우리는 매일 0을 사용하면서도 그 중요성에 대해서 별로 생각하지 않는다. 0은 자릿값 체계에서 없어서는 안 될 요소이다. 0이 없다면 206과 26은 그저 비슷해 보일 것이다. 현재는 당연하게 느껴지지만, 아무것도 아닌 것을 나타내는 그 기호를 개발하는 데는 상당한 이론적 도약이 필요했다. 사실 고대의 그리스인들과 로마인들도 그 기호를 갖고 있지 않았다.

0을 수로 취급한 최초의 문헌을 남긴 사람은 인도의 수학자 브라마굽타(→pp.78~79)이다. 혹자는 우리가 0을 생각하기 시작하면서 무한대라는 개념도 생각할 수 있었다고 한다. 사실 0과 무한대의 고려는 미적분학에서 대단히 중요한 부분이다. 실제로 미적분학은 과학, 경제학, 공학에서 무한히 큰 것과 무한히 작은 것을 살펴보는 데 사용된다. 0의 등장이야말로 수학의 역사에서 가장 커다란 사건이라고 해도 과언이 아닐 것이다.

수의 종류 2

수는 다양한 사회적 삶을 살며 체스 클럽이나 체육관, 자선 단체와 같은 다양한 집단들과 관련이 있다. 앞서 우리는 수들이 러시안 인형과 같은 포함 관계가 있고 다른 여러 집단을 형성하고 있는 것을 보았다. 또한 멀리 동떨어져 있는 무리수도 만나 봤다. 이번에는 수를 분류하는 몇 가지 다른 방법들을 살펴본다.

소수PRIMES와 합성수COMPOSITES

소수는 자연수의 부분집합이며 자연수인 뚜렷한 두 개의 약수, 즉 1과 자신을 약수로 갖는 자연수이다. 달리 말하면, 소수는 1과 자신으로 균등하게 나눌 수 있는 자연수이다. 만약 다른 자연수로 소수素數를 나눈다면 그것은 분수나 소수小數가 되고 만다. 소수에는 두 가지 제약이 있는데, 음수는 소수가 될 수 없으며 1 자체는 소수가 아니라는 것이다.

이에 반해 합성수는 소수의 반대이다. 합성수는 1과 자신 외에도 양의 약수를 갖는 자연수이다. 이것은 합성수가 1 이외의 소수가 아닌 모든 자연수를 나타낸다는 의미이다. 숫자 1은 소수도 아니고 합성수도 아니다. 1은 어디에도 속하지 않는 외톨이라고 할 수 있다.

평방수(제곱수)SQUARE NUMBERS

$4^2 = 16$을 읽을 때 우리는 '4의 제곱(평방)은 16이다'라고 말한다. (그것을 왜 '평방'이라고 하는지 궁금했던 적은 없었나?) 그리스인들은 기하학에 열광해서 그것을 숫자에도 적용했다. 16은 16개의 점을 4행 4열의 평방이 되도록 배열할 수 있기 때문에 평방수(제곱수)라고 한다. 사실, 16은 네 번째 제곱수이다. 우리들 대부분은 곱셈

도표에서 대각선을 이루는 제곱수 1, 4, 9, 16, 25…에 익숙하다.

삼각수TRIANGULAR NUMBERS

{1, 3, 6, 10, 15, 21…}은 다소 덜 알려진 삼각수의 집합이다. 평방수가 그렇듯이 삼각수는 숫자만큼의 점으로 삼각형을 형성할 수 있기 때문에 그런 이름이 붙게 된 것이다.

평방수이면서 삼각수인 숫자들이 있다는 것은 흥미로운 일이다. 우리는 이미 평방수이면서 삼각수인 첫 번째 숫자를 만났는데, 바로 1이다. 그다음으로 삼각형과 사각형을 형성할 수 있는 숫자, 즉 삼각수이면서 평방수인 두 번째 숫자는 36이다. 그다음은 1225이고, 그다음은 41616이다. 뒤로 갈수록 숫자 간의 간

▼ 평방수(제곱수)들인 {1, 4, 9, 16}이 점으로 배열된 모습.

대수학 기초

숫자들의 기하학

평방수와 삼각수는 여러 기하학적인 수(혹은 형상수) 중에서 두 가지 유형에 불과하며, 다음 표는 그 수들을 발견하는 데 사용할 수 있는 공식과 더불어 처음 몇 개의 수들을 예로 보여 준다. 공식의 경우, n에 어떤 숫자를 넣더라도 그에 상응하는 형상수를 얻을 수 있다. 형상수는 심지어 3차원에서도 존재할 수 있다. 예를 들면, 삼각수들의 합이며 삼각형을 기반으로 피라미드를 형성할 수 있는 '4면수'가 그것이다.

종류	처음 몇 개의 수	공식
삼각수	1, 3, 6, 10, 15, ⋯	$\dfrac{(n)(n+1)}{2}$
평방수	1, 4, 9, 16, 25, ⋯	n^2
오각수	1, 5, 12, 22, 35, ⋯	$\dfrac{(n)(3n-1)}{2}$
육각수	1, 6, 15, 28, 45, ⋯	$(n)(2n-1)$
칠각수	1, 7, 18, 34, 55, ⋯	$\dfrac{(n)(5n-3)}{2}$

격도 커지는 걸 알 수 있다. 하지만 기하학적인 숫자들은 이게 전부가 아니다(→ 글상자).

▼ 아래와 같이 점으로 표현하면 36은 평방수이며 동시에 삼각수임을 알 수 있다.

완전수 PERFECT NUMBERS

'완전한' 수는 자신을 제외한 양의 약수들의 합이 자신과 같은 수를 말한다. 쉬운 예로, 6은 완전수인데 6의 약수는 1, 2, 3이며 그 합은 6이 되기 때문이다. 완전수는 아주 희귀하며 단정한 수이다. 두 번째 완전수는 28인데, (자신을 제외한) 약수들은 1, 2, 4, 7, 14이다. 이들 약수들을 모두 더하면 28이 되는 걸 알 수 있다. 세 번째 완전수는 496이며 네 번째 완전수는 8128이다.

π 의 역사

π (파이)는 숫자 세계의 록 스타라고 할 만하다. 언젠가 크리스마스에 아내가 π 가 그려진 티셔츠를 선물한 적이 있다. 그런데 그 옷을 입고 나갈 때마다 처음 보는 사람들이 다가와서 이러는 거다. "그 티셔츠 정말 멋지군요!" 사람들은 π 라는 수를 좋아한다. 그 수는 일상 속의 세속적인 계산을 넘어서 수학과 그들을 연결시킨다. 많은 사람들은 π 를 통해 무한대라는 개념을 처음으로 접한다. 그럼 π 의 간략한 역사 및 그 수의 용도와 의미를 알아보자.

π 란 무엇인가

π 는 원의 지름에 대한 원 둘레의 비율로 정의된다.

$$\pi = \frac{\text{원의 둘레}}{\text{원의 지름}} = \frac{c}{d}$$

이렇게 표현하면 π 를 무리수(→ p.15)로 알고 있는 사람들은 혼동하기 십상이다. 무리수는 분수로 표현할 수 없는 수이기 때문이다. 그런데 우리가 기억해야 할 것은 분수 $\frac{a}{b}$ 에서 a와 b는 둘 다 양의 정수라는 것이다. 하지만 π 의 경우, 원의 둘레나 지름의 값은 무리수가 될 수 있다. 이것은 흥미롭고도 이상한 경우이다. 즉 우리가 지름의 값을 정확히 쓸 수 있다고 해도 소수로서의 둘레 값은 정확히 쓸 수 없으며, 그 역도 마찬가지이다.

우리는 수천 년 동안 π 를 상수로 사용해 왔다. 이집트인들은 그것을 $\frac{25}{8}$ (혹은 3.125)로 추정한 반면, 메소포타미아인들은 $\sqrt{10}$ (혹은 3.162)으로 추정했다.

π 를 심층 탐구한 첫 번째 학자는 아

π 의 변천사

출처	시기	추정값
린드 파피루스	BC 1650	3.16045
아르키메데스 (경계면들의 평균)	BC 250	3.1418
프톨레마이오스	150	3.14166
브라마굽타	640	$3.1622(\sqrt{10})$
알 콰리즈미	800	3.1416
피보나치	1220	3.141818

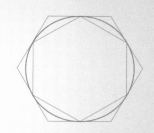

▲ 아르키메데스는 π 값을 구하기 위해 원의 안과 밖에 정육각형을 그리고, 그 변들의 값을 측정한 다음, 그 '둘레'의 평균을 냈다.

르키메데스이다. 그는 원의 안과 밖에 다각형을 그리고, 변의 길이를 계산함으로써 π 를 $\frac{223}{71}$ 과 $\frac{22}{7}$ 사이의 수로 추정했다. 현재 일반적으로 통용되는 π 의 추정치는 그가 추정했던 $\frac{22}{7}$ 이다. 아르키메데스의 시대 이래로 π 의 정확성이 날로 커진 것은 사실이지만 표에서 볼 수 있듯이 초기의 몇몇 추정값들은 나중에 나온 값들보다 더 정확했다. 지금은 π 의 값을 소수점 이하 몇십억 자리까지 알 수 있는데, 이것은 무엇보다 컴퓨터 덕분이다.

π 를 구하는 공식들

근대 수학적 의미에서 'π'라는 기호는 영국 수학자 윌리엄 존스William Jones(1675 ~1749)의 1706년 저서 《새로운 수학 입문》에서 처음 소개되었다. 어쨌든 π 는 무한급수로 표현될 수도 있다. 14세기 인도의 수학자이자 천문학자인 마드하바Madhava는 다음과 같은 급수를 만들어 냈다.

$$\frac{\pi}{4} = 1 - \frac{1}{3} + \frac{1}{5} - \frac{1}{7} + \frac{1}{9} \cdots$$

이 식은 π 를 계산하는 데 사용될 수 있었지만 이 방식은 계산이 느렸다. 18세기 스위스의 수학자 레온하르트 오일러(→ pp.140 ~141)는 다음과 같은 급수를 사용했다.

$$\frac{\pi^2}{6} = 1 - \frac{1}{2^2} + \frac{1}{3^2} - \frac{1}{4^2} \cdots$$

또 다른 흥미로운 급수는 1656년 존

존 월리스 JOHN WALLIS

우리가 아래서 보았던 급수를 만들어 낸 존 월리스는 1616년 영국 애쉬포드에서 5형제 중 셋째로 태어났다. 1631년 형의 소개로 처음 수학을 접하게 된 그는 1632년 케임브리지의 에마뉘엘 칼리지에 입학하고, 1640년에 석사 학위를 받는다. 월리스는 청교도 혁명(1642~1651) 동안 그의 수학적 재능을 십분 발휘해 의회파를 위해 왕당파의 서신을 해독하기도 했다. (이 같은 암호 기법에 대해서는 마지막 장에서 다룬다.) 1649년 월리스는 옥스퍼드 대학의 새빌 기하학 교수Savilian Chair of Geometry로 임명되는데, 그곳에서 1703년 세상을 떠날 때까지 재직한다. 월리스는 미적분학의 발전에 기여했으며 무한대의 기호인 ∞를 처음으로 사용한 인물로 알려져 있다.

월리스(→ 글상자)의 저서에 등장한다. 그것은 다음과 같다. (여기서 • 기호는 곱하기를 뜻한다.)

$$\frac{\pi}{2} = \frac{2}{1} \cdot \frac{2}{3} \cdot \frac{4}{3} \cdot \frac{4}{5} \cdot \frac{6}{5} \cdots$$

이 급수들은 심도 있게 살펴보지 않아도 π 의 여러 가지 놀라운 속성들 중 일부를 보여 주며, 아마도 이것은 π 가 꾸준히 매력을 끄는 이유일 것이다. 차의 속도계와 주행거리계에서부터 통조림 깡통의 부피 계산에 이르기까지 우리 일상생활에 미치는 π 의 영향은 거의 모든 곳에서 감지될 수 있다.

연산의 순서

교통 법규를 무시하는 세상에서 살고 있다고 가정해 보자. 교차로에서 옴짝달싹 못하게 되는 악몽을 묘사하는 것은 굳이 이 책의 지면을 빌리지 않아도 될 것이다. 아무런 규칙이 없다면 누구는 오른쪽에서, 누구는 왼쪽에서 운전을 하고, 누구는 빨간 신호등에서, 누구는 파란 신호등에서 선다면 그야말로 아비규환이 될 것이다.

수학도 마찬가지이다. 따라서 우리는 방정식(등식)에 들어가기 전에 기초적인 규칙을 설정할 필요가 있다. 규칙이 없다면 동일한 문제에 대해 사람마다 각기 다른 답을 내놓을 수도 있다. 예를 들어, 시드와 낸시가 $3 + 4 \cdot 5$를 어떻게 푸는지 보자.

시드는 단순한 편이라 먼저 3과 4를 더해서 얻은 7에 5를 곱해서 35라는 값을 얻는다. 하지만 낸시는 다르다. 4와 5를 곱해서 얻은 20에 3을 더해서 23이라는 값을 얻는다. 그들은 각기 다른 답을 얻었기에 곧 논쟁이 생긴다. 그럼 누가 옳을까? 바로 낸시이다. 그 이유는 이렇다.

수학에서는 계산할 때 반드시 지켜야 할 우선 순위가 있다. 이것을 기억하기 쉽도록 표현하면 BEDMAS(BODMAS 혹은 PEDMAS)가 되는데, 풀어서 설명하면 다음과 같다.

> Brackets (또는 Parentheses) 괄호
> Exponents (또는 Orders) 지수
> Division and Multiplication 나눗셈과 곱셈
> Addition and Subtraction 덧셈과 뺄셈

즉 괄호 안을 먼저 계산한 다음, 지수 계산으로 이동한다. 곱셈과 나눗셈은 같은 순위인데, 붙어 있을 때는 왼쪽에서 시작해 오른쪽으로 이동한다. 로그 함수나 삼각 함수 같은 고차 함수에서는 지수가 흔히 등장한다.

그 순서들은 수행되는 연산을 생각해보면 금방 이해가 될 것이다. 덧셈은 가장 기본적인 연산이며 우리가 가장 먼저 배우는 연산이다. 곱셈은 실제로 연속적인 덧셈이다. 즉 '2 곱하기 5'는 2가 자신을 5번 더한 것이다.

$$2 \cdot 5 = 2 + 2 + 2 + 2 + 2$$

그에 반해 지수는 연속적인 곱셈을 의미한다. 예를 들면,

$$2^5 = 2 \cdot 2 \cdot 2 \cdot 2 \cdot 2$$

지금까지 연산 순서를 살펴보았으니 이제 간단한 연산들을 수행해 보자.

겹 괄호

겹 괄호의 경우, BEDMAS를 적용하려고 할 때 약간의 문제가 발생할 수 있다. 예를 들면,

$$9 + 3(8 - 2(6 - 5))$$

이것을 간소화하려면 안에서부터 밖으로 계산을 해나가야 한다. 따라서 우리는 먼저 $(6 - 5)$를 계산해서 1을 얻는다.

그럼 간소화된 식은,

$$9 + 3(8 - 2(1))$$

여기에서 2(1)은 2이기 때문에 그다음 결과는,

$$9 + 3(8 - 2)$$

마지막 괄호 안을 계산하면 6이 되며 더 간소화된 식은,

$$9 + 3(6)$$

이것은 9 + 18이 되며 최종 값은 27이다.

그룹 구분하기

우리가 산술을 수행할 때 부딪히는 또 다른 문제는 그룹을 구분하는 것인데, 이것은 자주 혼동을 일으킨다. 예를 들어 $x \cdot x - 3$은 $x \cdot (x - 3)$과 같지 않다. 전자가 $x^2 - 3$이라면 후자는 $x^2 - 3x$이기 때문이다. 또한 누군가 ½x라고 쓸 때, 이 것은 'x에 $\frac{1}{2}$을 곱한다'는 말일까, '1을 $2x$ 로 나눈다'는 말일까? 만약 x에 10이라 는 값을 준다면 전자의 결과는 5, 두 번 째 결과는 0.05로 상당히 큰 차이가 있 다. 이런 경우에는 그룹 구분이 중요하 다. 만일 x에 $\frac{1}{2}$을 곱하는 것이라면 $(\frac{1}{2})x$ 라고 써주는 것이 혼동을 피하는 좋은 방법이다. (이 책에서는 분수를 표현할 때 혼동 을 피하기 위해 수평 나눗셈선을 사용한다.)

최근에는 나눗셈선과 관련해 모두가 인 정하는 한 가지 규칙이 생겼다. 즉 나눗 선의 위쪽이나 아래에 있는 모든 것은 모 두 괄호 안에 있는 것으로 취급한다는 것 이다. 따라서 $\frac{x+1}{x-3}$은 굳이 분명하게 쓰자 면 $\frac{(x+1)}{(x-3)}$로 표현할 수 있다.

여기서 언급한 것은 결코 연산 순서 의 결정판이 아니다. 전산학에서는 훨씬 더 많은 연산들이 있으며 그만큼 연산 순서도 복잡해진다. 수학에는 계승(→pp. 124~125)을 비롯해서 수많은 연산들이 존재한다.

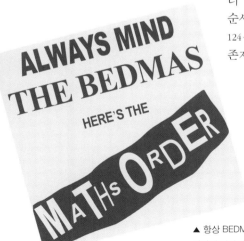

▲ 항상 BEDMAS를 기억하라
여기에 연산의 순서가 있다

계승에 대해 알려면 pp.124~125를 보라.

연산 순서에 유의하라

문제

바흐만과 터너는 1969년형 카마로(최고의 디자인으로 평가되고 있는 차)에 장착이 가능한 신형 오버드라이브 변속 장치를 상품으로 내건 수학 대회에 참가했다. 그들 조가 우승을 차지했는데, 그 과정에서 다음 두 개의 까다로운 수식을 간소화해야 했다.

a) $3 \cdot 6(5 - 2^2)$

b) $5[(3^4 - 6 \cdot 7) \div 13 - 8] - 4 \cdot 9$

방법

왼쪽에서 오른쪽으로, 눈에 보이는 순서대로 계산하게 되면 틀린 답을 얻게 된다. 터너와 바흐만은 그보다는 훨씬 똑똑했다. BEDMAS의 규칙(→ p.20)을 적용했으니까 말이다.

해답

터너는 첫 번째 문제를 푼다. 그는 BEDMAS의 규칙에 따라서 괄호 안의 값을 먼저 구한다. 이것은 두 가지 연산을 포함하고 있는데, 바로 뺄셈과 지수이다. 여기에 BEDMAS의 규칙을 적용하면, 지수는 순위가 더 높기 때문에 먼저 연산이 이뤄져야 한다. 즉 $2^2 = 4$이며 그 결과 $3 \cdot 6(5 - 4)$가 된다.

다음 순서로 괄호 안의 뺄셈을 수행하면 $5 - 4 = 1$이므로 $3 \cdot 6(1)$이 된다.

이제 남은 연산은 곱셈뿐이다. 이때 6(1)은 별도의 곱셈 기호가 없지만, 이것 또한 곱하기를 표현하는 방식이라는 점을 유념하기 바란다. 이제 왼쪽에서 오

른쪽으로 연산을 수행하면 최종 값은 18
이 된다.

두 번째 문제는 바흐만이 풀 차례이
다. 이것은 겹 괄호가 있기 때문에 첫 번
째 문제보다 훨씬 더 복잡하다. 이 문제
를 풀기 위해서는 괄호 안에서부터 바깥
쪽으로 값을 구해 나가야 한다.

우선 우리는 둥근 괄호로 묶여 있는
$(3^4 - 6 \cdot 7)$을 정리해야 한다. 지수의 연
산 순위가 가장 높기 때문에 먼저 계산
하면 $3^4 = 81$이므로 그 결과는 $(81 - 6 \cdot 7)$이 된다.

그다음 순서는 $6 \cdot 7 = 42$이므로 $(81 - 42)$가 되며, 여기서 뺄셈을 수행하면
둥근 괄호 안의 값은 39가 된다.

이제 둥근 괄호 안쪽은 정리가 됐기
때문에 그 결과를 다음과 같이 원래의
식 안에 돌려놓는다.

$$5[(39) \div 13 - 8] - 4 \cdot 9$$

다음은 대괄호를 정리할 순서인데,
순위가 더 높은 나눗셈을 먼저 계산하면

$39 \div 13 = 3$이 되며 그 결과를 식으로 표
현하면,

$$5[3 - 8] - 4 \cdot 9$$

다음 순서로 대괄호 안의 뺄셈을 수행하
면 $3 - 8 = -5$이며 남은 식을 표현하면,

$$5(-5) - 4 \cdot 9$$

여기에 왼쪽부터 곱셈을 수행하면,

$$-25 - 36$$

마지막으로 뺄셈을 수행하면, 최종 값은
-61이 된다.

바흐만과 터너는 이와 같이 BEDMAS
를 적용했기 때문에 오버드라이브 변속
장치를 차지했다.

식, 등식, 부등식

본격적으로 등식과 부등식에 들어가기 전에 용어들을 이해해야 한다. 식이라는 것은 간소화될 수 있는 숫자와 변수들의 모음이다. 그 안에는 등호도 없고 부등호도 없다. 등식(방정식)은 항상 등호를 포함하는 한편, 부등식은 부등호가 등호를 대신한다.

식의 예를 들자면,

$$\frac{(3x - 5) + 5}{5x}$$

등식의 예는,

$$3x - 5 = 13$$

부등식의 예는,

$$3(x + 2) \leq 2x + 5$$

부등식에서 >는 '~ 보다 크다'라는 의미이며, ≥는 '~ 보다 크거나 같다'는 의미이다. 또한 <는 '~ 보다 작다'를 의미하고 ≤는 '~ 보다 작거나 같다'를 의미한다.

부등식이 낯설게 느껴질지 모르겠지만 우리는 그것을 일상에서 자주 만나고 있다. 예를 들어, 우리가 최대치와 최소치에 대해 생각할 때가 그렇다.

수직선 위의 부등식
부등식은 무한한 수의 해를 가지기 때문

에 그것은 자주 수직선상에 표현되곤 한다. $x \leq 3$를 수직선상에 표현하면 3이 있는 지점에 점을 하나 찍은 다음, 그로부터 수직선의 왼쪽 부분을 모두 검게 칠한다(아래 참조). 이것은 그 부등식을 참으로 만드는 모든 값들을 나타낸다. 만일 $x > -2$를 수직선상에 표현한다면 -2가 있는 지점에 속이 빈 점을 찍은 다음, 그로부터 수직선의 오른쪽 부분을 모두 검게 칠한다. 검은 점은 ≤나 ≥를 쓰는 부등식의 해를 표현할 때 사용되며 그 지점의 수가 해의 일부라는 의미이다. 반면에 < 나 >를 사용하는 부등식에서는 해를 표현할 때 속이 빈 점을 사용하는데, 그것은 그 지점의 수가 해에 포함되지 않는다는 의미이다.

예를 들어 $3x - 5$는 식인데, 이것만으로는 할 수 있는 것이 없다. 하지만 여기에 등호와 함께 뭔가를 덧붙이면 등식(방정식)이 된다.

즉 $3x - 5 = 13$은 등식으로 $x = 6$이라는 해를 구할 수 있다. 한편, $3x - 5 > 13$와 같은 부등식 또한 해를 구할 수 있으며, 그 값은 $x > 6$이다.

이처럼 등식은 뚜렷한 해를 갖는다. 위의 등식 예에서 $x = 6$이며 그 외의 값은 없다. 반면 부등식은 범위가 있는 해를 갖는다. 위의 부등식 예에서 x의 값은 7, 8 혹은 6.000001이 될 수도 있으며 사실상 6보다 큰 모든 값이 해에 해당한다. 부등식은 무한한 수의 해를 가지며 이것은 6의 오른쪽을 검게 칠함으로써 표현할 수 있다(위 참조). 이때 6에는 속이 빈 점을 찍는데, 이것은 그 값이 해에 포함되지 않는다는 의미이다.

방향의 전환

모든 부등식에는 공통의 걸림돌이 하나 있는데, 다음의 예제가 그것을 보여 줄 것이다. 샘과 데이브는 악마와 거래를 했다. 명성을 대가로 둘 중 한 명이 영혼을 내놓기로 한 것이다. 악마는 그들에게 한 가지 임무를 주고 제대로 수행한 사람은 영혼을 빼앗지 않겠다고 한다. 그 임무는 바로 부등식 $-3x > 15$를 푸는 것이다.

샘과 데이브는 문제를 풀기 시작하지만, 푸는 방식은 서로 다르다. 샘은 양변을 -3으로 나눠서 $x > -5$라는 해를 얻었다. 하지만 데이브는 $-3x$를 오른쪽으로, 15를 왼쪽으로 옮겨 $-15 > 3x$를 만든다. 그런 다음, 양변을 3으로 나눠 $-5 > x$라는 해를 얻었다.

누가 맞을까? 최초의 부등식에 해를 대입해서 확인해 보자. 샘이 맞다면 x에 -4를 대입했을 때 참이어야 하는데, 12 > 15가 되므로 틀렸다. 데이브의 경우는 -6을 대입했을 때 참이어야 하는데, 18 > 15가 되므로 참이다. 결국 데이브가 문제를 제대로 풀었고 영혼을 잃지 않게 됐다.

이것은 우리가 자주 잊곤 하는 부등식의 중요한 규칙을 말해 주고 있다. 즉 양변에 음수를 곱하거나 나눌 때는 부등호의 방향이 바뀌어야 한다.

기호를 주세요

오늘날 상당수의 수학 기호들과 표기법은 표준화되었지만 그렇지 않은 것들도 많다. 과거에는 표준화된 기호들이 훨씬 적었다. '=' 기호는 1557년 영국 웨일즈의 의사이자 수학자인 로버트 레코드Robert Recorde에 의해 처음으로 사용되었다. '>'와 '<'는 1631년 영국의 수학자 토머스 해리엇Thomas Harriot의 저서에서 처음으로 소개되었다. 이 책은 그의 사후 10년이 지나서야 발표된 것으로 그 표기법을 도입한 것은 그 책의 편집자로 되어 있다. 해리엇에 얽힌 흥미로운 사실은 그가 영국 의회를 폭파시키려 했던 악명 높은 음모에도 연루되었다는 것이다(구교에 적대적인 국왕 제임스 1세를 의회에서 암살하려다 미수에 그친 '화약 음모 사건'). 그로부터 100년도 더 지난 1734년 프랑스의 수학자 피에르 부게르Pierre Bouguer는 '≥'와 '≤'를 처음으로 사용했다.

2 방정식 풀이의 기초

문제

다음의 x값을 구해 봄으로써 방정식 풀이의 기초를 복습해 보자.

a) $x+3=5$

b) $2x=8$

c) $3x-5=7$

d) $\frac{2}{3}x=8$

e) $\frac{2}{3}(x-6)=8$

f) $\frac{2}{3}(x-6)=8(x+3)$

방법

위의 문제들을 풀기 위해서는 반대 연산을 수행해서 x만을 한쪽 변에 남겨 놓으면 된다. 일반적으로 간단한 방정식을 풀 때의 접근 방법은 대부분 같지만, 좀 더 '복잡한' 방정식을 만나게 되면 풀어가는 '노선'도 다양해진다. 우리는 자신이 선호하는 노선을 택할 수 있다. 우리가 같은 장소에 도착할 수 있다면 어떤 노선을 택하든 행복할 것이다.

해답

a) 이 문제에서 3은 x에 더해지고 있기 때문에 양변에서 똑같이 3을 뺀다. (우리는 반대 연산을 수행하고 있다.)

$$x+3=5$$
$$x+3-3=5-3$$
$$x=2$$

b) 여기서 2는 x에 곱해지기 때문에 양변을 2로 나눈다.

$$2x=8$$
$$2x\div2=8\div2$$
$$x=4$$

c) 이 문제는 좀 더 복잡하다. x와 3을 곱한 값에서 5를 빼고 있다.

$$3x-5=7$$

일반적으로 변수에서 멀리 떨어진 항부터 먼저 소거하기 때문에 양변에 5를 더해준다.

$$3x-5+5=7+5$$
$$3x=12$$

마지막으로 x에 곱해진 3을 소거하기 위해 양변을 3으로 나눈다.

$$3x\div3=12\div3$$
$$x=4$$

d) x 앞의 분수는 일종의 복합 연산으로 볼 수 있다. x는 2와 곱해지는 동시에 3으로 나누어지고 있다.

$$\frac{2}{3}x = 8$$

먼저 '÷3'을 소거하기 위해 양변에 3을 곱한다.

$$\frac{2}{3}x \cdot 3 = 8 \cdot 3$$
$$2x = 8 \cdot 3$$
$$2x = 24$$

마지막으로 양변을 2로 나눠서 '·2'를 소거한다.

$$2x \div 2 = 24 \div 2$$
$$x = 12$$

e) 이 문제에는 괄호가 있어서 약간 더 복잡하다. 먼저 괄호를 전개해야 하므로 x와 -6에 $\frac{2}{3}$를 곱한다.

$$\frac{2}{3}(x-6) = 8$$
$$\frac{2}{3}x - 4 = 8$$

그다음에는 양변에 4를 더해서 좌변의 -4를 소거한다.

$$\frac{2}{3}x - 4 + 4 = 8 + 4$$
$$\frac{2}{3}x = 12$$

여기에 이전 예제에서 사용했던 방법으로 x의 최종 값을 얻는다.

$$x = 18$$

f) 이 문제는 양쪽 변에 모두 변수가 있는데다 괄호까지 있다. 일단 괄호를 전개하기 위해 곱셈을 수행한다.

$$\frac{2}{3}(x-6) = 8(x+3)$$
$$\frac{2}{3}x - 4 = 8x + 24$$

이번에는 이전과는 다르게 분수부터 정리한다. '='기호는 일종의 권력을 의미한다. 똑같이만 행한다면 양쪽 변에 뭐든지 할 수 있으니까 말이다. 여기서는 모든 항에 3을 곱한다.

$$\frac{2}{3}x \cdot 3 - 4 \cdot 3 = 8x \cdot 3 + 24 \cdot 3$$
$$2x - 12 = 24x + 72$$

이제 우리는 x항들을 한쪽으로 모으기 위해 양변에 $2x$를 뺀다.

$$2x - 2x - 12 = 24x - 2x + 72$$
$$-12 = 22x + 72$$

그런 다음 양변에 72를 빼면 우변에 $22x$만 남게 된다.

$$-12 - 72 = 22x + 72 - 72$$
$$-84 = 22x$$

이때 우변에 x만 남기려면 양변을 22로 나누면 된다.

$$-84 \div 22 = 22x \div 22$$
$$\frac{-84}{22} = x$$

이것은 다음과 같이 간소화할 수 있다.

$$\frac{-42}{11} = x$$

Exercise 3 순서대로 방정식 풀기

문제

제곱근을 사용하는 응용 분야는 많다. 예를 들어, 교통사고 조사관은 미끄러진 바퀴 자국의 길이에 기초해 차량의 속도를 측정한다. 이제 제곱근이 들어 있는 간단한 방정식을 통해 연산 순서를 익혀 보도록 할 것이다. 그럼, $4 = 3 \cdot \sqrt{x+7} - 5$에서 x의 값을 구해 보자.

방법

방정식의 해는 추측과 검증을 통해 얻을 수도 있지만, 그것은 운이 좌우하는 측면이 크며 시간이 걸리는 방법이다. 훨씬 더 좋은 방법은 대수학을 이용하는 것이다.

다락방에 있는 상자로부터 뭔가를 꺼내려 한다고 가정해 보자. 그 상자 앞에는 버릴 기회를 놓쳐 버린 잡동사니가 잔뜩 쌓여 있다. 또한 상자 위에는 낡은 양탄자가 쌓여 있고, 상자 안쪽에도 원하는 물건을 찾기 전에 치워야 할 것이 있다. 이때 상자에 접근하기 위한 첫 번째 순서는 상자 앞의 잡동사니들을 치우는 것이다. 그다음에는 상자 위의 양탄자를 치우고 상자를 연다. 마지막 순서는 상자 안의 잡동사니를 치운 후 의도한 물건을 손에 넣는 것이다. 위의 대수학 문제도 마찬가지이다. 양쪽 변에 차례대로 반대 연산을 수행함으로써, 한쪽 변에 변수 x가 남을 때까지 장애물을 제거해 나가면 된다.

해답

$$4 = 3 \cdot \sqrt{x+7} - 5$$

x의 값을 구하기 위한 첫 번째 순서는 양변에 5를 더해서 -5를 소거하는 것이다. 이것은 상자 앞에 쌓여 있는 잡동사니를 치우는 것과 같으며 연산을 하면,

$$9 = 3 \cdot \sqrt{x+7}$$

그다음에는 양변을 3으로 나눠 3을 소거한다. 이것은 상자 위의 양탄자를 치우는 것과 같으며 연산을 하면,

$$3 = \sqrt{x+7}$$

이번에는 양변을 제곱해서 제곱근을 소거한다. 이것은 상자를 여는 것과 같으며 연산을 하면,

$$9 = x + 7$$

마지막으로 양변에 7을 빼서 +7을 소거한다. 이것은 상자 안의 잡동사니를 치우는 것과 같으며 결과는 다음과 같다.

$$2 = x$$

이제 우리는 풀이를 끝냈고 변수 x의 값을 구했다.

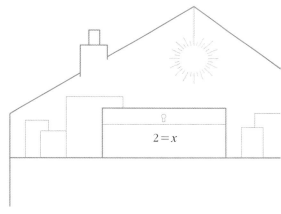

$2 = x$

상반된 것에 끌린다

수학의 많은 부분은 반대 연산과 관련이 있다. 전자계산기의 자판을 살펴보면 반대 연산들이 나란히 배치되어 있는데, 더하기와 빼기뿐만 아니라 곱하기와 나누기도 서로 인접해 있다. 또한 많은 기능키들은 반대 연산이 '두 번째' 기능이다. 이를테면, 제곱을 수행하는 키는 '두 번째' 기능으로 제곱근을 수행한다.

연산을 수행한 직후에 반대 연산을 수행하면 원래의 값으로 돌아간다. 예를 들어 $\sin(32°)$의 값을 구하면 0.5299192642인데, $\sin^{-1}(0.5299192642)$를 수행하면 32°이다.

Exercise

A 정수의 인수분해

문제

존은 테라스를 포장할 돌 504개를 가지고 있다. 그는 이 돌들을 싸게 구입했는데, 생산이 중단된 탓에 앞으로 더 필요해도 구할 수 없는 것들이다. 각 돌의 크기는 가로와 세로가 1피트이며 존은 테라스를 포장하는 데 모든 돌을 사용하려고 한다. 이때 포장 가능한 면적은 몇 가지나 될까?

* 1피트=30.48cm

방법

존은 모든 돌을 사용할 것이기 때문에 테라스의 면적은 곱해서 504가 되는 수들의 쌍이 될 것이다. 면적＝길이·너비이므로. 곱해서 504가 되는 쌍을 찾는 것은 처음에는 쉽다. 1·504나 2·252가 금방 떠오르지만 존이 테라스를 길쭉하게 포장할 것 같지는 않다. 좀 더 체계적인 접근 방법은 소인수를 구하는 것이다. 이것은 인수 전개나 거꾸로 나누기에 의해 얻을 수 있다. 일단 그 과정을 거치면 다음과 같은 인수분해 결과가 나온다.

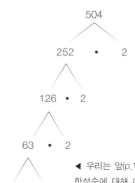

◀ 우리는 앞(p.16)에서 소수와 합성수에 대해 얘기했다. 소인수분해를 하면 합성수를 구성하는 모든 소수를 구할 수 있다. 어떤 수의 소수를 구하기 위해서는 먼저 가장 작은 소수인 2로 나누는데, 나눈 값이 정수가 아닐 때까지 계속 나눈다. 그다음에는 3, 5, 7…의 순서대로 나누며 소수들만 남을 때까지 계속해서 나눈다.

$$504 = 2 \cdot 2 \cdot 2 \cdot 3 \cdot 3 \cdot 7$$
$$504 = 2^3 \cdot 3^2 \cdot 7$$

이것은 504의 인수들을 구하는 데 도움이 된다.

아이스크림 판매대 앞에 있다고 가정해 보자. 이 가게는 4가지 맛의 아이스크림, 3가지 종류의 콘, 2가지의 토핑을 가지고 있다. 아이스크림, 콘, 토핑의 조합이 몇 가지나 나올 수 있을까? 이때 욕심부리지 말고 각 재료는 한 번씩만 사용하는 것으로 한다. 답은 다음과 같다.

$$4 \cdot 3 \cdot 2 = 24$$

504의 인수들도 마찬가지이다. 소인수 2는 4가지 조합(2^0, 2^1, 2^2, 2^3)이, 소인수 3을 포함한 수는 3가지 조합(3^0, 3^1, 3^2)이, 소인수 7은 2가지 조합(7^0, 7^1)이 가능하다. 따라서 여기에는 1과 504를 포함해 24개의 인수들이 존재한다.

예를 하나 들면, 18은 504의 인수로, 2개의 소인수 3과 1개의 소인수 2를 사용한다($3 \cdot 3 \cdot 2 = 18$). 그러므로 곱해서 504가 되는 그것의 숫자 쌍은 504를 소인수분해한 $2 \cdot 2 \cdot 2 \cdot 3 \cdot 3 \cdot 7$의 나머지인 $2 \cdot 2 \cdot 7$, 즉 28이다. 따라서 다음과 같이 표현할 수 있다.

$$18 \cdot 24 = 504$$

그럼 504의 인수들을 순서대로 열거하면, 1, 2, 3, 4, 6, 7, 8, 9, 12, 14, 18, 21, 24, 28, 36, 42, 56, 63, 72, 84, 126, 168, 252, 504.

다음 순서는 곱해서 504가 되는 수들의 쌍을 찾는 것이다. 골치 아픈 작업처럼 보이지만 전혀 그렇지 않다. 인수들이 순서대로 배열되어 있다면 우리가 할 일은 맨 앞쪽의 수와 맨 뒤쪽의 수를 조합하는 것뿐이다. 이렇게 계속하다 보면 중앙에서 마지막 쌍을 만나게 될 것이다.

해답
그 수들의 쌍을 나열하면 다음과 같다.

$1 \cdot 504$	$6 \cdot 84$	$12 \cdot 42$
$2 \cdot 252$	$7 \cdot 72$	$14 \cdot 36$
$3 \cdot 168$	$8 \cdot 63$	$18 \cdot 28$
$4 \cdot 126$	$9 \cdot 56$	$21 \cdot 24$

따라서 존은 테라스를 포장할 때 위의 12개 숫자 조합과 같은 12가지 선택권을 갖게 된다.

다항식의 힘

다항식은 현실 세계를 모델링하는 데 사용되기 때문에 아주 중요하다. 1차다항식(선형방정식)은 최적화 문제(→ pp.120~121)에 사용되며, 2차다항식(2차방정식)은 중력과 관련된 문제들을 비롯해 다양한 문제들을 모델링하는 데 사용된다. 고차다항식은 경제와 같은 복잡한 시스템들을 모델링하는 데 사용된다.

다항식이란 무엇인가

우선 몇 가지 용어들을 익혀 보자. 다항식은 항이 여러 개 모인 것을 말한다. 초등 수학에서 '항'은 지수가 붙은 변수에 계수coefficient가 곱해진 형태이다. 예를 들면 $3x^2$에서 3은 계수이고 x는 변수이며 ^{2}은 지수이다. 또 다른 예로 $5xy^3$을 들 수 있는데, 5는 계수이고 x와 y는 변수이며 ^{1}과 ^{3}은 지수이다. 여기서 x에 지수가 붙어 있지 않더라도 기본적으로 ^{1}이 있다는 점에 유의해야 한다.

하지만 다항식에 포함될 수 있는 항에는 제약이 있는데, 지수는 (0과 양의) 정수여야 한다는 것이다. (0과 양의) 정수를 집합으로 나타내면 {0, 1, 2, 3…}인데, 보다시피 여기에는 분수, 음수 혹은 무리수가 들어 있지 않다. 따라서 $4x^{\frac{1}{2}}$, $2\sqrt{x}$, $\frac{5}{x^2}$는 그 지수들이 (0과 양의) 정수가 아니기 때문에 항이 될 수 없다. 첫 번째 예의 지수는 분수, 두 번째의 제곱근은 분수인 지수나 다름없으며, 세 번째의 지수는 사실상 음수이다.

다항식 이름짓기

다항식은 항의 개수에 의해 정의될 수 있다. 즉 항이 1개인 것은 단항식, 항이 2개인 것은 2항식, 항이 3개인 것은 3항식으로 불린다. 항이 그보다 많아지면 통상 그것을 다항식polynomial으로 부른다('poly'는 '많음'을 의미한다).

한편, 다항식의 '차수degree'는 변수의 지수 값이 가장 큰 항에 기초한다. 예를 들어, $3x^2 - 4x + 5$는 가장 큰 지수 값이 2이므로 2차3항식이다. 마찬가지로 $3x^2y^2 + 4xy + 5$는 4차3항식인데, 항이 모두 3개(3항식)이며 첫 번째 항의 두 변수가 모두 제곱이어서 그 합이 4(4차)이기 때문이다.

다항식은 대수학에서 매우 중요하다. 무엇보다 0차 다항식은 그냥 숫자이다. 솔직히 숫자가 없다면 우리는 아무 것도 시작하지 못할 것이다. 1차다항식(혹은 1차 함수)은 수세기에 걸쳐 여러 가지 문제들을 해결하는 데 사용되어 왔다(pp.28~29에서 풀었던 방정식은 1차방정식이다).

2차다항식(혹은 2차 함수)은 고대 바빌로니아, 그리스, 인도, 아랍의 수학자들에 의해 연구되었으며, 과학, 공학, 수학, 경제학 등 여러 분야에서 사용된다. 바빌로니아인들은 제곱표(2차방정식)를 사용해서 곱하기 문제들을 풀었다. 그들은 다음과 같은 공식을 사용하기도 했다.

$$ab = \frac{(a+b)^2 - (a-b)^2}{4}$$

그들은 제곱표에서 두 수의 합과 차의 제곱을 찾아서 뺀 다음, 그것을 4로 나눴다. 예를 들어, 12 • 8은 다음과 같을 것이다.

$$\frac{20^2 - 4^2}{4}$$

이 경우에 20^2과 4^2은 제곱표에서 찾을 수 있으며 대입하면 그 값들은 다음과 같다.

$$\frac{400 - 16}{4}$$

이것을 간소화하면 $\frac{384}{4}$ 이며, 그 결과는 96이다.

간략한 다항식의 역사

다항식은 오랜 세월 동안 연구되어 왔다. 앞서 말했듯이 2차방정식(2차다항식)은 고대 바빌로니아인들의 연구 대상이었다.

고대 그리스의 수학자 유클리드(→pp.54~55)는 BC 300년경에 순전히 기하학적인 방법으로 2차방정식을 풀었다. 하지만 인도의 수학자 브라마굽타(→pp.78~79)가 거의 현대적인 방법으로 2차방정식을 푼 것은 그로부터 약 1000년

이 지난 후였다.

더 나중인 16세기 이탈리아에서는 진보적인 수학자들이 3차방정식(3차다항식)과 4차방정식(4차다항식)을 연구했다. 1824년 닐스 아벨은 5차방정식에는 해법이 없음을 증명했다.

닐스 아벨 NIELS ABEL

1802년 노르웨이에서 태어난 닐스 헨릭 아벨은 어린 시절을 가난하게 보냈지만, 운 좋게도 그의 재능을 눈여겨본 수학 교사의 지원으로 고등교육을 받을 수 있었다. 1822년에 대학을 졸업한 그는 2년 후 방정식 해법에 관한 저서를 출간했는데, 거기에서 5차 이상의 방정식은 해법이 없음을 증명했다.

그의 업적을 인정해 노르웨이 정부는 '아벨상Abel Prize'을 제정해 수학 연구를 후원하고 있다(아벨의 탄생 200주년인 2002년 노르웨이 학술원에서 제정했으며 2003년 처음 수상자가 나왔다). 아벨상은 '수학의 노벨상'으로 불리기도 하는데, 노벨상에는 수학 분야가 없기 때문이다.

Exercise 5 — 다항식의 곱셈

문제

a) 단항식과 2항식 곱하기: $2x(3x - 4)$
b) 두 개의 2항식 곱하기: $(2x - 3)(4x + 5)$
c) 2개의 3항식 곱하기: $(x^2 - 3x + 4)(x^2 + 2x + 1)$

방법

다항식끼리 곱할 때는 한쪽의 모든 항들이 다른 쪽의 모든 항들과 곱해지도록 해야 한다. 문제 a)의 경우, 우리는 항이 하나뿐인 단항식과 항이 두 개인 2항식을 곱한다.

이것은 한 여자가 커플에게 자신을 소개하는 것과 같다. 그녀는 두 사람과 차례로 악수를 할 것이다. 따라서 거기에는 두 번의 곱셈이 있다. 문제 b)와 같이 두 개의 2항식을 곱할 때는 두 커플이 만나는 것과 같다. 먼저 커플 1의 첫 번째 사람이 커플 2의 두 사람과 차례대로 악수를 하는데, 이것은 두 번의 곱셈을 의미한다. 그다음에는 커플 1의 두 번째 사람이 커플 2의 두 사람과 차례대로 악수를 하며 이것도 두 번의 곱셈이다. 결국 총 4번의 악수, 즉 4번의 곱셈이 이뤄지는 것이다. 문제 c)와 같이 두 3항식의 곱셈은 아이가 한 명씩 딸린 두 커플들

과 같다. 양쪽 모두가 악수를 하게 되면 총 9번의 악수가 이뤄지는데, 이것은 9번의 곱셈을 의미한다.

a) 이 문제는 단항식의 항을 2항식의 두 개 항에 차례대로 곱하면 된다.

$$2x(3x - 4) = 6x^2 - 8x$$

b) 이 문제를 풀기 위해서는 'FOIL'을 해야 한다. 이것은 다음 4번의 곱셈을 암기하기 위한 기억법이다. Firsts(첫 번째 항끼리), Outers(바깥 항끼리), Inners(안쪽 항끼리), Lasts(마지막 항끼리).

$$(2x - 3)(4x + 5) = 8x^2 + 10x - 12x - 15$$

이제 '동류항'인 $10x$와 $-12x$를 정리하면 최종 결과는 다음과 같다.

2항식의 정리에
대해 알려면
pp.136~137을 보라.

$$= 8x^2 - 2x - 15$$

c) 마지막 문제는 '승마법horsey method,' 즉 '클립, 클립, 클립, 클랍, 클랍, 클랍, 플랍, 플랍, 플랍'을 사용한다. 다음을 보면 승마법으로 항들을 곱하는 과정을 알 수 있다.

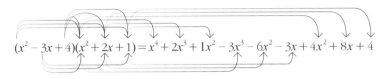

$$(x^2 - 3x + 4)(x^2 + 2x + 1) = x^4 + 2x^3 + 1x^2 - 3x^3 - 6x^2 - 3x + 4x^2 + 8x + 4$$

'클립, 클립, 클립'은 첫 번째 3항식에서 1항이 말달리는 소리로, 그것은 두 번째 3항식의 모든 항과 곱셈을 한다. 그다음에 '클랍, 클랍, 클랍'과 '플랍, 플랍, 플랍'은 첫 번째 3항식의 2항과 3항이 말달리는 소리로, 1항과 마찬가지로 두 번째 3항식의 모든 항과 곱셈을 한다.

이제 동류항인 $-3x$와 $8x$, $1x^2$, $-6x^2$ 그리고 $4x^2$, $2x^3$과 $-3x^3$을 정리하면(여기서 x^4과 4의 동류항은 없다) 다음과 같다.

$$x^4 - x^3 - x^2 + 5x + 4$$

해답

a) $2x(3x - 4) = 6x^2 - 8x$

b) $(2x - 3)(4x + 5) = 8x^2 - 2x - 15$

c) $(x^2 - 3x + 4)(x^2 + 2x + 1)$
$\quad = x^4 - x^3 - x^2 + 5x + 4$

동류항LIKE TERMS

기본적으로 동류항은 변수의 종류와 개수가 같은 항들이다. 예를 들어, $6x^2$과 $8x^2$은 동류항이다. 둘 다 변수 x를 두 개씩 가지고 있기 때문이다. 하지만 $6x^2$과 $8x$는 동류항이 아니다. 둘 다 같은 종류의 변수 x를 가지고 있기는 하지만, 전자는 두 개를 가지고 있는 반면, 후자는 한 개만 가지고 있다. 또 다른 예로 $6y^2$과 $8x^2$을 들 수 있는데, 이것들은 변수가 y와 x로 그 종류가 다르기 때문에 변수의 개수는 같더라도 동류항이 아니다. 마지막으로 $6xy^2$과 $8x^2y$는 같은 종류의 변수들을 가지고 있지만, 각 변수들의 개수가 다르기 때문에 동류항이 아니다. 전자는 한 개의 x와 두 개의 y를 가진 반면, 후자는 두 개의 x와 한 개의 y를 가지고 있다.

삼각법

'삼각법trigonometry'이라는 말은 그리스어 trigonon(삼각형)과 metron(측정)에서 유래했다. 삼각법의 발전은 모든 문화권에서 활발하게 전개되었는데, 이는 천문학과 항해술이 삼각법과 밀접한 관계가 있었기 때문이다. 현재에도 토지 측량이나 지도 제작 등 많은 일에 삼각법이 사용되고 있다.

바빌로니아인

약 3000년 전쯤 고대 바빌로니아인들은 삼각법의 형태를 가지고 있었으며, 원에 360°가 있다는 생각을 한 것도 바로 그들이다. 또한 그들은 1도에 60분을, 1분에 60초를 부여했다. 이를테면 7.5°는 7°30′이라고 쓸 수 있으며 '7도 30분'이라고 읽는다. 우리가 1시간에 60분을 갖고 1분에 60초를 갖게 된 것도 여기에서 유래한 것이다. 이는 그들의 수 체계가 60을 기반으로 했고(60진법) 6개의 60, 즉 360이 원의 한 주기라고 여겼기 때문이다.

그리스인

그리스인들은 더욱 진보된 삼각법을 사용했다. 유클리드(→ pp.54~55)와 아르키메데스(→ pp.58~59)는 비록 기하학을 통해서였지만 삼각법과 동등한 여러 가지 정리를 개발했다. 여기서 유의할 점은 고대 그리스의 삼각법은 오늘날의 삼각법과는 다른 모습이었다는 것이다. 그들의 삼각법은 원의 '현,' 즉 원주상의 두 점을 연결한 선분에 기초했기 때문이다.

삼각함수표는 BC 2세기경에 니케아Nicaea의 수학자이자 천문학자인 히파르코스Hipparchus가 처음 편집한 것으로 추정하는데, 그는 '삼각법의 아버지'로 불리기도 한다. 삼각함수표는 삼각형 문제들을 해결하는 데 도움이 되도록 개발됐으며, 히파르코스는 그리스인들에게 원의 360°에 대한 개념을 소개한 것으로도 유명하다.

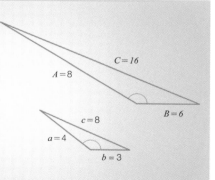

닮은꼴 삼각형

'닮은꼴' 삼각형들은 상응하는 세 각의 크기가 서로 같은 삼각형들을 말한다. 이 삼각형들은 크기는 다양하지만, 상응하는 각 변의 비율은 언제나 일정하다. 따라서 A의 길이가 a의 2배라면, B의 길이는 b의 2배이며 C는 c의 2배이다.

얼마 후 알렉산드리아의 수학자이자 천문학자인 메넬라우스Menelaus(70~130)는 구면 삼각법spherical trigonometry에 대한 글을 썼으며, 천문학자이자 지리학자인 프톨레마이오스Ptolemy(85~165)는 그의 13번째 저서 《알마게스트Almagest》에서 히파르코스의 이론을 더욱 심화시켰다.

인도인과 페르시아인

인도의 수학자이자 천문학자 아리아바타Aryabhata(476~550)는 현대적인 형태와 가장 흡사한 사인과 코사인의 삼각비를 개발했다. 또한 그의 저서에는 가장 오래 살아남은 사인 함수표가 포함되어 있다. 7세기에는 인도의 수학자 바스카라Bhaskara가 표 없이도 x의 사인 값을 계산할 수 있는 상당히 정확한 공식을 만들어 냈다(이때 x는 도degree가 아니라 라디안radian).

$$\sin x \approx \frac{16x(\pi - x)}{5\pi^2 - 4x(\pi - x)} , \left(0 \le x \le \frac{\pi}{2} \right)$$

이러한 개념들은 서쪽으로 전해져 페르시아에 이르렀다. 알 콰리즈미(→pp.86~87)는 9세기에 사인, 코사인, 탄젠트에 대한 삼각함수표를 만들었다. 그로부터 1세기 후 이슬람 수학자들은 총 6개의 삼각비를 사용하고 있었으며 $\frac{1}{4}$도 증분에 따른 삼각함수표를 가지고 있었는데, 이 값들은 소수점 이하 8자리까지 정확했다. 11세기에는 스페인 코르도바 출신 알 자야니Al-Jayyani가 직각삼각형에 관한 공식들이 포함된 저서를 내놓았는데, 이것은 유럽의 수학에 상당한 영향을 미쳤을 것으로 추정된다.

같은 유형의 여섯

6개의 삼각비는 직각삼각형의 세 변들의 비율(분수)을 말한다. 어떤 각과 변의 길이를 안다면 그것들을 이용해서 모르는 각과 변의 길이를 구할 수 있다는 얘기다. 우리가 알아야 할 것은 어떤 삼각비를 이용할 것인가이다.

sine θ = 높이 ÷ 빗변

cosine θ = 밑변 ÷ 빗변

tangent θ = 높이 ÷ 밑변

cosecant θ = 빗변 ÷ 높이

(주의: 이것은 sine의 역수이다)

secant θ = 빗변 ÷ 밑변

(주의: 이것은 cosine의 역수이다)

cotangent = 밑변 ÷ 높이

(주의: 이것은 tangent의 역수이다)

오늘날의 삼각법

오늘날 삼각법이 응용되는 곳은 엄청나게 많다. 앞서 언급했던 토지 측량이나 지도 제작뿐만 아니라 항해에서도 사용되고 있다. 예를 들어, 선원들이 세계의 대양에서 자신들의 위치를 계측할 때 사용했던 전통적인 육분의sextant나 현대적인 발명품인 위성 항법 시스템은 둘 다 삼각법을 사용한다. 또한 삼각법은 무엇보다도 금융 시장을 모델링하는 이론적 토대로 사용되고 있다.

6 삼각법의 응용

문제

한 남자가 마당에 있는 나무 한 그루를 쓰러뜨리려고 한다. 하지만 근처에는 두 개의 울타리가 있다. 울타리를 둘 다 망가뜨리지 않으려면 어느 방향으로 나무를 넘어뜨려야 할까? 이때 나무를 반대 방향으로 넘어뜨릴 수 없다는 점을 유의하기 바란다.

방법

이것은 내가 어느 여름날 실제로 당면했던 문제이다. 겨울 폭풍이 오기 전에 죽은 나무 한 그루를 잘라내고 싶었는데 넘어뜨릴 방향을 고민해야 했다.

첫 번째 작업은 나무의 높이를 재는 것이었다. 한 가지 방법은 줄자를 가지고 나무를 기어오르는 것이었는데, 나는 그렇게 용감하지도 못했고 바보도 아니었다. 그보다 안전한 두 번째 방법은 경사계clinometer를 만들고 삼각법을 적용하

는 것이었다. 경사계라고 하면 대단한 기계처럼 들리겠지만 쉽게 말해서 경사를 측정하는 장치이다. 만들기도 쉬운데 각도기, 줄, 그리고 줄에 매달 추만 있으면 된다. 나는 레이저 수준기laser level를 사용해서 최대한 수평을 유지한 상태로 뒤편 울타리로 걸어갔고 거기서 경사계를 통해 나무 끝을 바라봤다. 측정된 각도는 50°에서 55° 사이였다. 이렇게 각도와 밑변의 길이(나무에서 울타리까지의 거리는 16m였다)를 알아낸 후 탄젠트 삼각비를 이용했다.

$$\tan \theta = \frac{\text{높이}}{\text{밑변}}$$

여기에 각도와 밑변을 대입하면,

$$\tan 50 = \frac{\text{높이}}{16}$$

이것은 다음과 같이 표현될 수 있다.

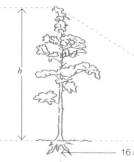

올려다본 각도가 50°와 55° 사이이고 수평 거리가 16m라면 나무의 높이 h는 19m와 23m 사이이다.

올려다본 각도는

$$55° \geq \theta \geq 50°$$

16 m

$$높이 = 16 \cdot \tan 50 = 19\text{m}$$

55°를 대입한 결과는 높이가 23m였다. 나는 이 두 높이의 평균을 냈고 21m라는 값을 얻었다. 여기까지가 첫 번째 작업이었다.

두 번째 작업은 나무를 쓰러뜨리는 데 있어서 실수error가 되는 범위를 정하는 것이었다. 나무의 높이는 나무가 쓰러졌을 때 아래와 같이 지상에 그려지는 세 삼각형의 빗변에 해당하게 된다. 이제 역코사인 함수(→ 글상자)를 사용하면 θ_1의 값을 구할 수 있다.

$$\cos^{-1} \frac{16}{21} = \theta_1$$
$$\theta_1 = 40°$$

이 각은 합동인 두 번째 삼각형의 각과 같을 것이다. 똑같은 방법을 사용하면 $\theta_3 = 36°$가 된다.

사높빗, 코밑빗, 탄높밑

어떤 삼각비를 언제 사용하는지는 어떻게 판단할까? 그것은 어느 변들의 값을 알고 있느냐에 달렸는데, 다음은 삼각비 공식을 쉽게 기억할 수 있도록 도와줄 암기법이다.

$$\sin\theta = \frac{높이}{빗변}$$

$$\cos\theta = \frac{밑변}{빗변}$$

$$\tan\theta = \frac{높이}{밑변}$$

보다시피 사높빗, 코밑빗, 탄높밑만 기억하면 된다. 또한 역삼각함수를 언제 사용할지 기억하려면, "각들은 시프트한 데가 있어"라고 말해 보라. 이것은 (역삼각함수로) 각을 구하고 싶을 때 계산기에서 시프트 키 혹은 '두 번째' 기능 버튼을 사용한다는 것을 상기시켜 준다.

해답

모든 각의 크기를 알고 나자 나무를 어떤 방향으로 쓰러뜨려야 할지 쉽게 결정할 수 있었다. 두 울타리가 만나는 코너 쪽으로 14°의 부채꼴 공간을 확보하게 됐지만 그것은 아주 좁은 영역이었다. 만약 높이를 더 크게 잡았다면 그 각도 좀 더 커졌을 것이다. 결론을 말하면 나무는 울타리에 아무런 손상도 입히지 않고 안전하게 쓰러졌다.

▶ A 지점과 B 지점은 나무에서 울타리에 이르는 가장 짧은 거리이며, 나무가 쓰러질 경우 각각 4m와 5m씩 울타리를 넘어간다. 거리가 21m인 지점들은 나무 끝이 울타리와 닿는 곳이다. 그 두 지점 사이에 나무를 안전하게 쓰러뜨릴 수 있는 공간이 생긴다.

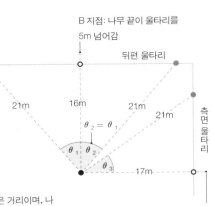

B 지점: 나무 끝이 울타리를 5m 넘어감

뒤편 울타리

측면 울타리

A 지점: 나무 끝이 울타리를 4m 넘어감

2

고대 그리스

사람들은 수학의 역사에 대해 생각할 때 고대 그리스를
떠올리는 경향이 있다. 무엇보다 우리는 대다수의 수학
기호들을 그리스 문자로부터 취하고 있다. 이미 만나 봤던
π 처럼 말이다. 만약에 여러분이 누군가에게 유명한 수학자를
꼽아 보라고 한다면, 십중팔구는 피타고라스, 아르키메데스
혹은 또 다른 고대 그리스의 수학자 이름을 댈 것이다. 이러한
익숙함은 어느 정도 우리의 서구 편향적 사고 때문이겠지만,
대수학을 공부하는 데 있어서
고대 그리스는 아주 좋은 시작점이다.

피타고라스 PYTHAGORAS

피타고라스가 등장할 때까지 수학은 사실상 무명이었다. 문명의 초기에도 산술을 배우지만 피타고라스 정리가 등장하기 전까지는 수라는 것이 중요시되지 않았다. 누구나 인정하듯이 피타고라스는 수학에 지대한 영향을 주었고 수학 초보자들에게는 아주 훌륭한 시작점이다.

피타고라스는 터키 인근 에게 해의 그리스령인 사모스 섬에서 BC 570년에 태어났다. 그는 수학을 실제 응용을 위한 분야가 아니라 이론적으로 추구한 첫 번째 수학자로 알려져 있다. 이것은 사과 다섯 개, 다섯 사람, 배 다섯 척이라고 표현하던 것에서 5라는 추상적인 수로의 지적인 도약을 한 굉장한 사건이었기 때문에 대단히 중요하다. 물론 그 수는 현재 일상생활에서 이미 익숙한 것이 되었지만 말이다.

다른 역사적 인물들과는 달리 피타고라스는 자신이 직접 쓴 저서가 없다. 저서가 모두 파기되었던지 아예 쓰지를 않았던지, 그의 이론을 기록한 것은 그의 제자들이었다. 또한 그의 학파가 매우 은밀하게 활동했던 것도 그의 저서가 없는 이유 중 하나라고 추정하고 있다.

피타고라스 학파

피타고라스는 젊은 시절의 대부분을 사모스 섬에서 보내지만, 티레(티루스) 출신의 상인인 아버지 니사르쿠스와 광범한 지역을 여행했다. 여행 중에 피타고라스는 밀레토스 Miletus에 살던 그리스의 철학자이자 과학자이고 수학자였던 탈레스 Thales를 방문하고, 그의 제자인 아낙시만드로스 Anaximander의 강의를 듣기도 했다.

또한 피타고라스는 이집트를 여행하는데, 이집트와 페르시아 간에 전쟁이 터지는 바람에 포로로 잡혀 바빌론으로 끌려갔다. BC 520년에 가까스로 사모스에 돌아온 그는 다시 남부 이탈리아로 가서 크로톤에 피타고라스 학교를 설립했다.

피타고라스 학파라고 알려진 이 피타고라스의 집단은 종교와 수학을 혼합한 일종의 종파였다. 즉 이 집단은 학교이면서 사원이었고 공동체였다. 피타고라스는 여성들의 참여도 허용했다. 피타고라스 학파는 두 집단으로 구성되었다. '매스매티코이 mathematikoi'(제자)란 집단은 함께 살면서 피타고라스의 가르침을 받았다. 이 집단은 윤리적 삶과 평화주의를 실천했으며 '자연의 참된 본질'인 수와 수학을 연구했다. '아쿠스매티코이 akousmatikoi'(학생)란 집단은 각자 자신의 집에 살면서 낮 시간의 강의에만 참석했다. 또한 피타고라스 학파는 수학만 가르친 것이 아니라 윤회와 환생을 믿었다.

PITAGORA.

피타고라스와 음악

피타고라스와 피타고라스 학파는 음악에 대한 관심이 지대했기 때문에 수학자이자 음악가인 사람들이 많았다. 그와 관련해 이런 일화가 전해진다. 하루는 피타고라스가 대장간을 지나다가 그곳에서 들려오는 조화로운 음들을 듣게 되었다. 그곳을 둘러본 그는 그 음들이 연장의 크기와 관련이 있다는 것을 알아차렸다. 피타고라스는 간단한 분수를 이용해서 우리가 오늘날 알고 있는 음들을 만들어 냈다. 우리가 한 개의 현을 가지고 있고 그것을 뜯으면 C라는 음이 만들어진다고 할 때, 현의 길이를 절반으로 줄이고 그것을 뜯으면 한 옥타브 높은 C를 듣게 되는 것이다. 길이를 절반으로 줄인 현은 원래의 음보다 두 배 큰, 다시 말해 한 옥타브 높은 주파수를 만들어 낸다.

음	현의 길이
C	1
D	$\frac{8}{9}$
E	$\frac{4}{5}$
F	$\frac{3}{4}$
G	$\frac{2}{3}$
A	$\frac{3}{5}$
B	$\frac{8}{15}$
C	$\frac{1}{2}$

피타고라스와 수학

수학적으로 보면 피타고라스는 여러 가지로 유명하다. 그중 대표적인 것을 들면 피타고라스 정리, 음악의 수학 그리고 $\sqrt{2}$의 발견이다. 하지만 우리는 피타고라스가 이 모든 이론을 혼자서 개발한 것이 아닐 수도 있으며 그 학파의 구성원들이 상당 부분 기여했을지도 모른다는 점을 간과해서는 안 된다. 사실 피타고라스 학파와 그 공동체적 성격을 둘러싼 은밀함 때문에 무엇이 그의 업적이고 무엇이 아닌지 판별하기란 어렵다.

BC 508년 피타고라스 공동체는 크로톤의 귀족인 사일론의 공격을 받는다. 피타고라스는 메타폰티움으로 피신했고 8년쯤 뒤에 세상을 떠난다. 그의 사후에 두 개의 뚜렷한 집단이 형성되는데, 하나는 수학 집단이었고 하나는 종교 집단이었다.

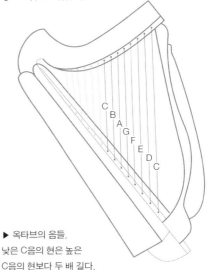

▶ 옥타브의 음들.
낮은 C음의 현은 높은
C음의 현보다 두 배 길다.

피타고라스 정리

피타고라스 정리는 수학에서 가장 잘 알려진 부분 중 하나로, 학창 시절로부터 떠올리는 몇 안 되는 것들 중 하나이기도 하다. 또한 그 정리는 일상생활에도 많이 응용된다.

피타고라스 정리는 아래와 같은 직각삼각형이 있다고 할 때 짧은 두 변의 제곱의 합이 가장 긴 변의 제곱과 같은 것을 말한다. 피타고라스 정리를 공식으로 표현하면 $a^2 + b^2 = c^2$이다.

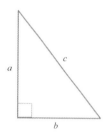

간단한 증명

비록 그 공식은 피타고라스의 이름을 땄지만, 그의 시대 이전에 바빌로니아인들이나 인도인들도 그 정리를 알고 있었다. 하지만 그 정리를 체계적으로 증명한 것은 피타고라스나 그의 제자라고 알려져 있다. 다음은 그 공식을 증명할 수 있는 여러 방법 중 하나이다.

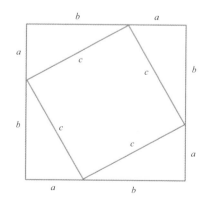

큰 사각형의 넓이는 $(a+b)^2$ 혹은 $(a+b)(a+b)$이다.

괄호를 계산하고(→ p.34) 동류항끼리 묶으면 결과는 $a^2 + 2ab + b^2$이 된다.

큰 사각형의 넓이는 4개의 삼각형들의 넓이에 변의 길이가 c인 더 작은 사각형의 넓이를 더한 것과 같다. 이때 기울어진 작은 사각형의 넓이는 c^2이며, 삼각형들 각각의 넓이는 $\frac{1}{2}ab$이다. 따라서 4개 삼각형들의 넓이와 기울어진 사각형의 넓이의 합은 다음과 같다.

$$4 \cdot \tfrac{1}{2}ab + c^2$$

이것을 간소화하면 $2ab + c^2$이다.

우리는 동일한 사각형에 대해 얘기하고 있기 때문에 그 면적은 같아야 한다. 그것을 등식으로 나타내면,

$$a^2 + 2ab + b^2 = 2ab + c^2$$

등식 양변의 $2ab$를 소거하고 나면 남는 것은 다음과 같다.

$$a^2 + b^2 = c^2$$

피타고라스 정리의 활용

건축에서 피타고라스 정리는 건물 내부의 코너가 얼마나 직각인지 확인할 때 사용된다. 물론 일꾼들이 '잠깐만 기다려 봐! 피타고라스 정리로 코너의 각을 확인해야겠어!'라고는 하지 않지만 말이다. 하지만 그 정리를 사용하는 것은 맞다. 코너의 각이 직각(90°)인지 알아보는 가장 빠른 방법이기 때문이다. 먼저 한쪽 벽면으로 3m, 다른 벽면으로 4m를 잰 다음, 그 두 지점을 연결하는 대각선의 길이를 잰다. 그 대각선이 5m가 아니라면 두 벽면은 서로 직각이 아니다. 또한 양쪽 벽면으로 3의 배수와 4의 배수만큼 더 연장시켜서 대각선을 측정하면 좀 더 정확성을 얻을 수 있다.

피타고라스 수 PYTHAGOREAN TRIPLES

위의 예는 직각삼각형의 변들에 대해 3, 4, 5를 사용하는데, 피타고라스 정리를 만족하는 이 수들을 '피타고라스 수'라고 부른다. 3, 4, 5의 배수들을 포함해서 수많은 피타고라스 수들이 존재하는데, 표준 화면(4:3)과 와이드스크린(16:9)과 같은 TV 화면비(화면의 가로에 대한 세로의 비율)는 두 개의 피타고라스 수이다. 그럼 피타고라스 수를 결정하는 공식을 알아보자.

두 개의 정수 n과 m이 있고 n이 m보다 더 크다고 가정하면 그 공식은 다음과 같다.

$$a = n^2 - m^2$$
$$b = 2nm$$
$$c = n^2 + m^2$$

따라서 $n = 2$이고 $m = 1$이면 그 결과는 다음과 같다.

$$a = 2^2 - 1^2 = 4 - 1 = 3$$
$$b = 2 \cdot 2 \cdot 1 = 4$$
$$c = 2^2 + 1^2 = 4 + 1 = 5$$

이제 n과 m에 다른 값들을 넣어서 원하는 만큼의 피타고라스 수를 얻을 수 있다.

3D 체험

피타고라스 정리가 지닌 또 다른 흥미로운 점은 그것이 다른 차원에까지 적용될 수 있다는 것이다. 3차원인 우리 현실 세계에도 그대로 적용이 된다.

예를 들어, 수지는 작은 장식품들을 수집해 신발 상자에 보관한다. 그녀는 문구점에서 진귀한 연필을 발견하는데, 사기 전에 그것을 상자 안에 넣을 수 있는지 알아야 한다. 다행히도 수지는 그 상자의 치수를 알고 있다. 가로가 18cm, 세로가 28cm, 높이가 11cm이다. 수지는 피타고라스 정리를 상자라는 3차원 공간에 적용한다. 이를 공식으로 나타내면 $a^2 + b^2 + c^2 = d^2$인데, a는 가로, b는 세로, c는 높이, d는 대각선이다. 따라서 수지는 다음과 같은 결과를 얻는다.

$$18^2 + 28^2 + 11^2 = d^2$$이고,
이를 정리하면, $324 + 784 + 121 = d^2$,
$$1229 = d^2,$$

마지막으로 양쪽 변에 제곱근을 씌워 정리하면, $d = 35.071$. 수지가 35cm 길이의 연필을 넣을 수 있다는 것을 알 수 있다.

라디칼 수학 RADICAL MATHEMATICS

우리들은 근 혹은 좀 더 구체적으로 제곱근square roots이라고 불리는 '라디칼Radical'을 수세기 동안 익히 알아왔다. 린드 파피루스Rhind Papyrus는 BC 1650년경에 이미 제곱근을 언급했는데, 그것이 정사각형과 직사각형의 넓이나 대각선과 관련이 있다는 것을 고려한다면 그리 놀랄 일이 아니며 고대의 사원 건축에도 그런 개념들에 대한 이해가 필요했을 것이다. 제곱근은 현대에 들어서 쓰임새가 더욱 다양해졌는데, 가령 전기공학자들이 회로에서 발생하는 전력 손실을 계산할 때도 사용되고 있다.

2의 제곱근

2의 제곱근($\sqrt{2}$)은 피타고라스 학파(→ pp.42~43)에게 중대한 사건이었다. 특히 $\sqrt{2}$가 무리수라는 사실을 발견하고는 골치를 썩었다. 그때까지 피타고라스 학파는 세상은 수, 즉 유리수로 구성되어 있다고 믿었다. 따라서 분수로 표현할 수 없는 수란 상상할 수도 없었다.

전하는 바에 따르면 2의 제곱근이 무리수라는 것을 증명한 사람은 피타고라스의 제자 메타폰툼의 히파수스Hippasus라고 한다. 하지만 피타고라스 학파는 이를 인정할 수 없었기 때문에 그를 익사시켰다고 전해진다. 또 다른 이야기에 따르면 그러한 발견이 해상에서 이루어졌기 때문에 배 밖으로 던져진 것이라고도 한다. 하지만 누가 알겠는가? 아마도 호사가들이 학파에서 추방된 것을 두고 그런 전설을 만들었을 것이다. 어쨌든 이 일화는 사람들이 수에 대해 얼마만큼 부조리해질 수 있는지를 보여 준다.

아르키메데스

아르키메데스(→ pp.58~59)는 《원의 측정에 대하여》에서 3의 제곱근($\sqrt{3}$)을 사용하고 있으며, 그 값을 매우 정확히 계산하고 있다. 이 저서는 π 값을 계산하는 방법에 대해 다뤘던 책이다.

아르키메데스가 계산한 $\sqrt{3}$의 값은 $\frac{265}{153} < \sqrt{3} < \frac{1351}{780}$이었으며, 소수로 표현된 것은 $1.7320261 < \sqrt{3} < 1.7320512$이다. 여기서 두 번째 수치는 오늘날 우리가 아는 $\sqrt{3}$의 값보다 겨우 0.0000004 큰 것인데, 이것은 아르키메데스가 계산기나 10진법 체계를 가지고 있지 않았다는 점을 고려하면 매우 정밀한 것이다. 그리스의 수 체계로 곱셈과 나눗셈을 하는 것은 매우 어려운 일이었다. 일부 역사학자들은 아르키메데스가 바빌로니아 방법을 사용했다고 주장한다.

'헤론의 방법'으로도 알려진 바빌로니아 방법은 우아한 반복 공식이다. $x_0 \approx \sqrt{S}$라고 할 때, 다음의 공식을 이용해서 제곱근의 값을 구할 수 있다.

$$x_{n+1} = \frac{1}{2}\left(x_n + \frac{S}{x_n}\right)$$

예로 3의 제곱근($\sqrt{3}$)을 계산해 보자. 시작하기에 앞서 계산기에서 $\sqrt{3}$의 값은 1.732050808이라는 것을 염두에 둔다.

우선 시작 값인 x_0이 필요하다. 다들 4의 제곱근은 2라는 것을 알기 때문에 거기서 시작한다. 상당히 긴 숫자이긴 하지만, 공식을 사용하면 적정한 값을 구할 수 있을 것이다. n값에 0을 대입하면 $x_{n+1}=x_1$이 되며 다음과 같다.

$$x_1 = \frac{1}{2}\left(x_0 + \frac{S}{x_0}\right)$$

여기에서 $x_0 = 2$, $S = 3$($\sqrt{3}$에 대한 값)이므로

$$x_1 = \frac{1}{2}\left(2 + \frac{3}{2}\right) = 1.75$$

이제 우리는 소수점 첫 번째 자리까지는 일치한다는 것과 x_1의 값을 알고 있다. 우리는 $x_1 = 1.75$를 이용해서 다시 한 번 그 공식을 적용할 수 있으며 훨씬 더 정확한 값을 얻을 수 있다.

$$x_2 = \frac{1}{2}\left(x_1 + \frac{S}{x_1}\right)$$

여기에서 $x_1 = 1.75$이고 $S = 3$($\sqrt{3}$에 대한 값)이므로

$$x_2 = \frac{1}{2}\left(1.75 + \frac{3}{1.75}\right) = 1.7321$$

우리는 소수점 셋째 자리까지 일치하는 $\sqrt{3}$의 값을 얻었으며 위와 같은 과정을 반복하면 더욱 정밀한 $\sqrt{3}$의 값에 도달할 수 있다.

헤론 HERON

수학자이자 물리학자인 알렉산드리아의 헤론(62~150)은 제곱근의 값을 구하는 방법 말고도 직각삼각형이 아닌 삼각형들의 넓이를 구하는 깔끔한 공식을 제시했다.

이때 a, b, c는 삼각형의 각 변들이며 s는 둘레 길이의 절반이다. 이 공식은 겉보기에는 너절해도 삼각형의 넓이를 측정하는 데 있어서 매우 유용하다. 더욱이 고대 그리스에서는 산술이 매우 어려웠기 때문에 헤론의 공식은 대단히 편리했다.

삼각형의 넓이 $= \sqrt{s(s-a)(s-b)(s-c)}$

여기서 $s = \dfrac{a+b+c}{2}$라고 하면 삼각형의 넓이는 다음과 같다.

$$\frac{\sqrt{(a+b+c)(a+b-c)(b+c-a)(c+a-b)}}{4}$$

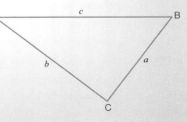

제곱근의 간소화

문제

오늘날에는 계산기가 있기 때문에 아주 쉽게 제곱근의 값을 구할 수 있다. 과거에는 그것이 간단치 않았기 때문에 몇몇 제곱근 값들만이 정확하게 알려져 있었다. 다행스럽게도 많은 제곱근들은 기본 제곱근들인 $\sqrt{2}$, $\sqrt{3}$, $\sqrt{5}$ 의 배수들이다. 아치는 $\sqrt{180}$ 의 값을 구하려고 하지만 계산기가 없다. 하지만 그에게는 소수들primes의 제곱근 값들을 망라한 표가 있다. 이제 $\sqrt{180}$ 의 값을 구하기 위해서는 먼저 그것을 최대한 간소화된 형태로 만들 필요가 있다.

방법

제곱근을 최대한 간소화된 형태로 만든다는 것은 무슨 뜻일까? 간단히 말해서 가능한 제곱수들은 모두 근호 밖으로 내보내는 것이다. 예를 들어, $2\sqrt{3}$ 은 $\sqrt{12}$ 와 같은데, $2\sqrt{3}$ 은 $\sqrt{12}$ 의 간소화된 형태이다. 왜냐하면 $\sqrt{12}$ 는 $\sqrt{4} \cdot \sqrt{3}$ 으로 표현될 수 있고 $\sqrt{4}$ 는 2이기 때문에 결국 $2\sqrt{3}$ 으로 간소화된다.

어렵게 보일지도 모르지만 여기에는 몇 가지 방법이 있다. 우선 제곱근을 간소화하는 표준적인 방법은 제곱근 내에서 완전제곱수를 찾는 것이다. 완전제곱수는 1, 4, 9, 16, 25, 36 등과 같은 수를 말한다. 우리가 이 수들을 원하는 것은 그 제곱근들이 모두 자연수이기 때문이다.

예를 들어, $\sqrt{4} = 2$이고 $\sqrt{25} = 5$이다.

이것은 인수분해나 거꾸로 나눗셈을 사용하면 된다. 제곱수 4와 9는 180의 인수이므로 $\sqrt{180}$ 을 인수 형태로 나타내면 $\sqrt{4 \cdot 9 \cdot 5}$ 같은 모양이 된다.

이것은 다시 $\sqrt{4} \cdot \sqrt{9} \cdot \sqrt{5}$ 라고 쓸 수 있으며 $\sqrt{4} = 2$이고 $\sqrt{9} = 3$이기 때문에 $2 \cdot 3 \cdot \sqrt{5}$, 즉 $6\sqrt{5}$ 로 간소화할 수 있다.

또 다른 방법은 근호 안의 수를 소인수분해한 후 간소화는 것인데, 개인적으로는 이 방법이 더 좋다고 생각한다. 여기서도 인수분해나 거꾸로 나누기를 사용할 것이다. 180을 소인수분해하면 2 · 2 · 3 · 3 · 5이며, 이것을 제곱근으로 표현하면 다음과 같다.

$$\sqrt{2 \cdot 2 \cdot 3 \cdot 3 \cdot 5}$$

우리는 여기서 소수들의 쌍을 제거할 것이다. 쌍을 제거하는 것은 이것이 제곱근이기 때문이다. 만약 우리가 세제곱근를 다룬다면 동일한 3개의 소수들을 제거해야 한다. '탈옥'할 때 이 방법을 쓴다.

탈옥은 제곱근을 간소화하는 것을 기억하기 쉽도록 내가 고안한 방법이다. 그럼 무엇부터 시작해 볼까? 일단 제곱근들을 감옥에 보낸다. 그들은 무엇을 원할까? 바로 탈옥이다. 탈옥의 첫 번째 단계는 죄수들을 패거리 별로 쪼개는 것이다(소인수분해). 왜냐하면 죄수들은 같은 패거리만 믿으니까. 그런데 감옥(제곱근)을 탈출하려면 두 숫자가 한 조가 되어 협력할 필요가 있다. 숫자 하나는 지붕으로 가서 경비들의 주의를 끌다가 총에 맞는다. 이런 일이 벌어지고 있는 사이에 다른 숫자들은 땅굴을 통해 탈출한다.

아래의 예에서 볼 수 있듯이, 한 개의 2와 한 개의 3은 지붕에서 주의를 끌다가 죽지만, 그 덕에 친구들은 탈출에 성공한다. 5는 주의를 끌어 줄 친구가 없기 때문에 감옥 안에 홀로 남게 된다.

해답

이렇게 해서 간소화된 결과는 $(3 \cdot 2)$ $\sqrt{5}$, 즉 $6\sqrt{5}$이다. 제곱근을 최대한 간소화시켰기 때문에, 이제 아치가 할 일은 $\sqrt{5}$와 6을 곱하는 것이다. 제곱근표를 이용하면 $\sqrt{5}$는 2.236이기 때문에 $(2.236) \cdot (6)$을 연산하면 13.416이다.

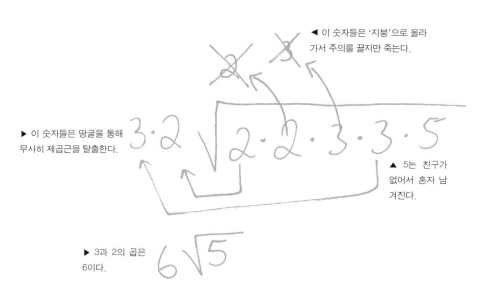

◀ 이 숫자들은 '지붕'으로 올라가서 주의를 끌지만 죽는다.

▶ 이 숫자들은 땅굴을 통해 무사히 제곱근을 탈출한다.

▲ 5는 친구가 없어서 혼자 남겨진다.

▶ 3과 2의 곱은 6이다.

플라톤 PLATO

플라톤은 위대한 철학자일 뿐만 아니라 수학 분야에도 큰 영향을 준 인물이다. 그는 수학적 진보에 크게 기여했다기보다는 수학을 향한 태도에 지대한 영향을 주었다. 플라톤은 수학의 열렬한 옹호자였으며, 그를 통해 피타고라스와 그의 추종자들의 수학이 유클리드(→ pp.54~55)와 아르키메데스(→ pp.58~59)에게 전해졌다.

플라톤은 BC 427년에 아테네에서 태어났다. 부유층 자제였던 그는 어린 시절에 체계적인 교육을 받을 수 있었다. 하지만 그가 성장하던 시기는 아테나가 스파르타에 대항해 패권을 다투던 펠로폰네소스 전쟁(BC 431~404) 중이었다. 플라톤은 18세에 군역을 시작하는데, 5년 후 전쟁이 끝날 때가 돼서야 끝났다.

이 기간 플라톤은 소크라테스의 추종자였다. 플라톤은 저서 《대화Dialogues》에서 소크라테스를 언급할 정도로 영향을 많이 받았다. 또 소크라테스는 그의 삼촌인 카르미데스의 친구이기도 했다. 플라톤은 소크라테스의 체포, 재판 그리고 사형을 지켜보면서 엄청난 충격을 받았고, BC 399년 소크라테스가 사형을 당한 후에는 그리스를 떠나 이집트, 시칠리아, 이탈리아 등을 유랑했다.

플라톤과 피타고라스

이탈리아에서 플라톤은 피타고라스 학파의 저서들을 접하게 되며, 그것들을 통해 실재reality에 대한 그의 생각들을 발전시켰다. 피타고라스 학파는 수학을 지적인 연구 대상으로 추구한 최초의 집단으로 간주되며, '현실 세계'와 수학의 세계를 구분하려 했는데, 이것은 플라톤에게 지대한 영향을 주었다.

플라톤은 수학적인 대상들이 완전한 형태를 띠고 있기 때문에 실재 세계에서는 창조될 수 없다고 생각했다. 《파이돈 Phaedo》에서 플라톤은 실재 세계의 대상들이 완전한 형태에 가까워지려 애쓴다고 말한다. 예를 들어 수학에서의 선은 길이는 있지만 너비가 없는데, 이렇게 되면 실재에서는 진짜 선을 그리는 것이 불가능하다. 선이 눈에 보이려면 반드시 너비가 필요하기 때문이다. 또한 완전한 선은 영원히 계속되는데, 실제로 그런 선을 그리기란 불가능하다. 물론 우리는 선의 양 끝에 화살표를 붙임으로써 무한대를 표현할 수 있지만, 그것은 그저 조악한 표현일 뿐이다.

이러한 생각들이 지금은 당연하게 들릴지 모르지만, 고대의 그리스인들에게는 그런 개념이나 0에 대한 수학 기호도 없었다.

"산술arithmetic은 대단한 것으로, 정신을 고무시키는 효과가 있다. 우리들의 영혼으로 하여금 추상적인 숫자를 논리적으로 사유하도록 유도하고, 눈에 보이거나 만져지는 대상들의 도입에 맞서 논쟁을 불러일으킨다." ―《국가》

플라톤의
정다면체에 대해
알려면 pp.52~53을 보라.

플라톤 학파

플라톤은 BC 387년에 아테네로 돌아와서 '아카데미'를 설립했고 BC 347년에 운명을 달리할 때까지 그곳에 머물면서 연구에 정진했다. 아카데미는 철학, 과학, 수학 연구에 몰두하는 교육의 전당이었다. (아카데미는 BC 529년 유스티니아누스 황제가 폐교시키기 전까지 유지되었다.)

플라톤은 수학을 매우 좋아했지만 특정한 수학적 사유를 전개하지는 않았다. 비록 그를 통해 피타고라스의 개념들이 전해졌고 수학에 대한 그의 경배가 제자들에게까지 면면히 이어졌지만 말이다. 이것은 플라톤을 그리스 수학의 계보에서 매우 중요하게 만드는 점이기도 하다. 플라톤은 수학을 매우 중요하게 여겼기 때문에 아카데미의 출입문 위에 '기하학을 모르는 자는 들어오지 말라'(해석하기에 따라 '수학을 모르는 자는 들어오지 말라')라고 써놓았다고 한다. 《국가》에서 플라톤은 철학의 영역으로 들어가기 전에 수학 과목, 즉 산술, 평면 기하학, 입체 기하학, 천문학 그리고 음악을 반드시 공부해야 한다고 말했다.

사실 플라톤의 이름이 붙어 있는 수학 개념이 있는데, 바로 '플라톤의 정다면체'라는 것이다. 일정한 속성을 지닌 이 다섯 가지 모양의 정다면체들(정4면체, 정6면체, 정8면체, 정12면체, 정20면체)은 플라톤의 이름을 따오긴 했지만, 그의 시대 이전에도 익히 알려져 있던 것들이다.

"계산에 타고난 재능을 가진 사람은 일반적으로 다른 지식 분야도 쉽게 통달하며, 심지어 계산이 서툰 사람이라도 산술 교육을 거치면 다른 이점은 몰라도 분명 이전보다는 훨씬 영민해질 것이다." ─《국가》

- 《국가THE REPUBLIC》: 플라톤의 가장 잘 알려진 저서로 이상적인 사회, 이상적인 통치자 그리고 여러 가지 통치 형태를 다루고 있다. 또한 플라톤은 이 저서에서 완전한 수학적 대상들의 불완전한 재현에 대해 언급한다.
- 《파이돈PHAEDO》: 소크라테스의 죽음을 설명하고 있으며, 내세를 논함으로서 영혼의 불멸성에 대한 네 가지 논거를 제시한다. 이 저서 또한 완전한 형태들과 그 불완전한 재현에 대해 언급한다.
- 《티마이오스TIMAEUS》: 플라톤의 정다면체들에 우주뿐만 아니라 흙, 불, 공기, 물이라는 기본 원소들의 성질들을 부여하고 있다(→ pp.52~53).

플라톤의 정다면체 PLATONIC SOLIDS

아르키메데스의 다면체(→ pp.60~61)뿐만 아니라 플라톤의 정다면체는 3차원 기하학에 있어서 상당한 호기심을 자극하는 주제들이다. 그것들은 주사위 같은 일상적인 물건들로부터 분자들의 형태(메탄은 정4면체)나 심지어 바이러스(포진 바이러스는 정20면체)에 이르기까지 온갖 종류의 흥미로운 영역에서 목격된다.

플라톤의 다섯 가지 정다면체는 모두 표준적인 형태로서 정4면체, 정6면체, 정8면체, 정12면체, 정20면체를 말한다. 익숙한 모양의 이 정다면체들의 집합은 비록 플라톤의 독자적인 발견이 확실하지 않음에도 불구하고 그의 이름을 따서 명명되었다.

일설에 따르면 피타고라스는 정4면체, 정6면체, 정12면체를 이미 알고 있었다고 한다. 하지만 정8면체와 정20면체는 플라톤 아래에서 공부했던 그리스의 수학자이며 플라톤의 저서《대화》의 중심 인물인 테아이테토스Theaetetus(BC 417~369)가 발견했다는 설이 유력하다. 이것은 유클리드의《기하학 원론》8권이 뒷받침해준다.

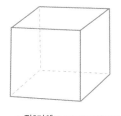

▲ 정4면체Tetrahedron
꼭짓점 4개, 모서리 6개,
면 4개

▲ 정6면체Hexahedron(Cube)
꼭짓점 8개, 모서리 12개, 면 6개

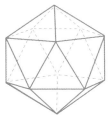

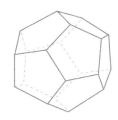

▲ 정8면체Octahedron
꼭짓점 6개, 모서리 12개,
면 8개

▲ 정20면체Icosahedron
꼭짓점 12개, 모서리 30개,
면 20개

▲ 정12면체Dodecahedron
꼭짓점 20개, 모서리 30개,
면 12개

면에 대하여

플라톤 정다면체들은 면, 꼭짓점 그리고 모서리 사이에 어떤 관계가 있다. 정4면체를 예로 들자면, 그것은 면 4개, 꼭짓점 4개, 모서리 6개가 있다. 정6면체는 면 6개, 꼭짓점 8개, 모서리 12개를 가진다. 최종적으로 정리된 아래의 표를 보면 플라톤 정다면체들의 면, 꼭짓점 그리고 모서리 사이의 관계에는 어떤 일관성이 있다는 것을 알 수 있다.

다면체	면(F)	꼭짓점(V)	모서리(E)	F + V − E
정4면체	4	4	6	4 + 4 − 6 = 2
정6면체	6	8	12	6 + 8 − 12 = 2
정8면체	8	6	12	8 + 6 − 12 = 2
정12면체	12	20	30	12 + 20 − 30 = 2
정20면체	20	12	30	20 + 12 − 30 = 2

또한 테아이테토스는 3차원의 물체들은 모두 위의 다섯 가지 모양으로 구성된다는 것을 처음으로 증명했다고 한다.

플라톤 정다면체의 고유한 속성

우선은 무엇이 플라톤 정다면체를 결정하는가를 정의할 필요가 있다. 어떤 물체가 플라톤 정다면체가 되기 위해서는 똑같은 면들을 가져야 하며, 이 면들은 오직 모서리에서 교차한다. 또한 각 꼭짓점에서는 똑같은 수의 면들이 만나야 한다. 이것은 그 다면체의 어떤 면이 아래에 있더라도(바닥에 붙어 있더라도) 그 모양은 동일해야 한다는 것을 의미한다. 이것은 플라톤의 정다면체들에 공정성을 부여하는데, 이러한 점이 주사위로 사용되는 이유이기도 하다. 일반적인 주사위로는 정6면체가 사용되지만 롤 플레잉 게임(role-playing game: RPG)이나 전쟁 게임에서는 다른 다면체가 사용되기도 한다. (면, 꼭짓점 그리고 모서리 사이의 흥미로운 관계는 위의 표를 참조하라.)

한편, 플라톤은 수학적 논리와는 거리가 있지만 여전히 매혹적인 속성들을 플라톤 정다면체에 부여했다. 그는 정다면체들을 고대의 고전적 개념인 원소들과 연결시켰는데, 정4면체는 불, 정6면체는 흙, 정8면체는 공기, 정20면체는 물이라고 했다. 플라톤의 다섯 번째 정다면체인 정12면체에는 별자리를 배열하는 역할이 주어졌다.

유클리드EUCLID

알렉산드리아의 유클리드는 '기하학의 아버지'로 널리 알려져 있다. 그의 저서 《기하학 원론Elements》은 2000년 이상 동안 기하학 분야에서 대단한 권위를 누려왔으며 수학의 역사에서 가장 성공적인 교과서로 일컬어진다. 현재 우리가 학교에서 배우는 기하학은 유클리드 기하학이다. 사실 19세기 초까지 이것은 유일한 기하학이었다.

유클리드의 생애에 대해서는 별로 알려진 것이 없다. 그는 BC 325년경에 태어났지만 어느 지역인지는 알려져 있지 않다. 유클리드가 플라톤의 아카데미에 다녔다는 설도 있지만, 그것이 사실이라고 해도 플라톤의 사후일 가능성이 높다. 또한 그는 프톨레마이오스Ptolemy 1세가 이집트를 통치하던 시기에 알렉산드리아에서 활동하면서 제자들을 가르쳤다고 알려져 있다. 유클리드에 대해서는 알려진 것이 거의 없기 때문에 어떤 사람들은 그가 정말로 존재했었는지에 대해 의문을 제기하기도 했다. 지금까지는 세 가지 주장이 있다. 첫 번째는 유클리드가 실제로 존재했으며 그의 저서를 직접 썼다는 것이다. 두 번째는 유클리드라는 이름으로 공동 집필하는 (마치 피타고라스와 피타고라스 학파처럼) 수학자 집단의 지도자였다는 것이다. 세 번째는 유클리드는 존재하지 않았지만 유클리드라는 필명으로 활동한 수학자 집단이 있었다는 것이다. 일단 유클리드

Other Works

● 《자료DATA》: 도형의 속성들을 다루고 있는데, 속성들이 주어지면 도형에 대한 추론이 가능하다는 내용을 담고 있다.

● 《분할에 관하여ON DIVISION OF FIGURES》: 도형을 두 개 혹은 그 이상의 동일한 조각으로 분할하는 것을 다룬다.

● 《반사광학CATOPTRICS》: 거울에 수학적 이론을 적용한다.

● 《현상론PHAENOMENA》: 구면 천문학spherical astronomy을 다룬다.

● 《광학OPTICS》: 원근법의 수학.

● 《원뿔곡선론CONICS》: 원뿔곡선에 대한 연구 (→ p.91). (전해지지 않음)

● 《궤변론PSEUDARIA / BOOK OF FALLACIES》: 논리의 오류에 대한 저서. (전해지지 않음)

가 존재했다고 가정하면, 그는 BC 265년경에 사망한 것으로 추정된다.

기하학의 요소

유클리드의 방대한 저서 《기하학 원론》은 13권으로 이루어져 있으며 기하학과 정수론을 담고 있다. 일반적으로 《기하학 원론》은 유클리드의 독창적인 발견으로 여겨지지만 사실이 아니다. 그 저서에서 다루는 수학은 유클리드 시대 이전부터 존재했던 내용들이기 때문이다. 그의 진정한 업적은 그 정보들을 수집하고 체계화했다는 점과 여러 개념들에 대한 증명을 제공했다는 점이며, 이로써 수학을 이전보다 좀 더 정확한 궤도에 올려놓았다.

《기하학 원론》의 1∼6권은 평면 기하학을 다루는데, 이것은 우리가 오늘날 학교에서 배우는 기하학이다. 1권과 2권은 삼각형, 정사각형, 직사각형, 평행사변형, 평행선을 다룬다. 또한 1권은 피타고라스 정리(→ pp.44∼45)를 담고 있다. 3권은 원의 속성들을 기술하고 있으며 4권은 원과 관련된 문제들을 다룬다. 5권은 통약 가능한 크기와 통약 불가능한 크기를 다루는데, 대체로 선에 대한 내용이다. 여기서 '통약 가능한' 크기란 두 선의 길이가 유리수의 비ratio를 형성하는 것을 말하며, '통약 불가능한' 크기란 그 비가 무리수인 것을 의미한다. 6권은 5권의 결론들에 대한 응용을 다룬다.

7∼9권은 정수론을 다룬다. 7권은 수 쌍들의 최대공약수를 구하는 유클리드의 알고리즘을 담고 있다(→ pp.56∼57). 또한 소수와 가분성에 대해 논한다. 8권은 등비수열을 다룬다(→ pp.148∼149). 특히 9권은 등비급수의 합과 완전수에 대해 다룬다(→ p.17). 10권은 피타고라스의 골치를 썩인 무리수를 다시 살펴본다(→ pp.104∼105).

11∼13권은 3차원 기하학을 다룬다. 12권은 구, 원뿔, 원기둥, 각뿔의 넓이와 부피에 대한 내용이다. 마지막 13권은 5개의 정다면체(pp.52∼53의 플라톤의 정다면체와 동일)의 속성을 다루며, 정다면체는 오직 5개만 존재한다는 것을 증명한다. 또한 황금비율에 대한 내용도 있다(→ pp.100∼101).

◀ 유클리드의
《기하학 원론》
일부.

Exercise 8 유클리드의 알고리즘 ALGORITHM

문제

시의회는 곧 도심 광장을 재개발할 예정이다. 그 광장은 길이가 602피트 너비가 322피트인 개방형 공간이며 시의회는 그곳을 정방형의 콘크리트 블록들을 사용해 포장하려고 한다. 이때 그들은 가능한 큰 블록들을 사용하길 원한다. 가로 세로가 1피트인 정방형 타일 193,844개를 확보한다는 것은 생각할 수도 없으니까. 그 공간에 딱 들어맞게 사용될 수 있는 가장 큰 정방형 타일의 치수를 구하는 것이 이번 문제이다. 다시 말해서 우리는 양쪽 방향으로 일정 개수의 타일을 필요로 한다. 물론 거대한 타일 하나를 사용하는 것은 금물이다. 그것은 부정 행위니까!

* 1피트(ft)=30.48cm=0.3048m

방법

이 문제를 해결하기 위해 처음으로 해야 할 일은 길이와 너비의 최대공약수를 구하는 것이다. 이렇게 하는 데는 몇 가지 방법이 있다. 첫 번째 방법은 인수분해 (→p.30)를 해서 어떤 소수들이 공통인지 확인하는 것이다.

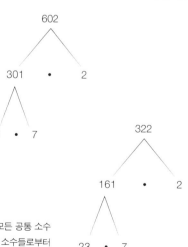

▶ 인수분해를 하면 모든 공통 소수를 찾을 수 있으며, 이 소수들로부터 최대공약수를 구할 수 있다.

602의 인수는 2, 7, 43이며, 다시 표현하면 602 = 2 · 7 · 43이다.

322의 인수는 2, 7, 23이며, 다시 표현하면 322 = 2 · 7 · 23이다.

따라서 이 두 수가 공통으로 가지고 있는 소수는 2와 7이므로 최대공약수는 (2 · 7), 즉 14이다.

이 방법이 손쉽긴 하지만 소수에 익숙해야 가능한 방법이다. 솔직히 말해서 우리들 중 몇 명이나 43과 23이 소수라는 것을 바로 알까? 또한 광장의 크기가 약간 달라서 길이가 601피트이고 너비가 317피트라면 우리는 깊은 고민 속에 빠지게 될 것이다. 601과 317은 소수이기 때문이다. 이 경우에는 시의회도 어쩔 수 없이 1ft²의 타일들을 사용해야 할 것이다.

또 다른 방법은 유클리드의 《기하학 원론》에서 찾을 수 있다. 7권에서 유클리드는 긴 나눗셈long division(장제법)만 알면 최대공약수를 구할 수 있는 알고리즘을 선보인다. 그것은 다음과 같다.

작은 수로 큰 수를 나누는 것이 요령인데, 먼저 322로 602를 나눈다.

$$
\begin{array}{r}
1 \\
322{\overline{\smash{\big)}\,602}} \\
\underline{322} \\
280 \qquad \text{나머지}
\end{array}
$$

결과는 1과 나머지 280이다. 다음은 280으로 322를 나눈다.

$$
\begin{array}{r}
1 \\
280{\overline{\smash{\big)}\,322}} \\
\underline{280} \\
42 \qquad \text{나머지}
\end{array}
$$

결과는 1과 나머지 42이다. 다음은 42로 280을 나눈다.

$$
\begin{array}{r}
6 \\
42{\overline{\smash{\big)}\,280}} \\
\underline{252} \\
28 \qquad \text{나머지}
\end{array}
$$

결과는 6과 나머지 28이다. 다음은 28로 42를 나눈다.

$$
\begin{array}{r}
1 \\
28{\overline{\smash{\big)}\,42}} \\
\underline{28} \\
14 \qquad \text{나머지}
\end{array}
$$

결과는 1과 나머지 14이다. 다음은 14로 28을 나눈다.

$$
\begin{array}{r}
2 \\
14{\overline{\smash{\big)}\,28}} \\
\underline{28} \\
0 \qquad \text{나머지}
\end{array}
$$

해답

마지막 결과는 2와 나머지 0이며, 우리는 최대공약수 14를 발견하게 된다. 따라서 시의회는 가로와 세로가 14피트인 정방형의 콘크리트 타일들을 사용해야 한다.

아르키메데스ARCHIMEDES

유클리드가 기하학의 대가라면 아르키메데스는 다방면의 대가이다. 사실 수학자들에게 가장 위대한 수학자를 꼽으라고 하면 뉴턴, 가우스(→ pp.144~145)와 함께 그의 이름이 최상위에 오를 것이다. 하지만 그의 개인사에 대해서는 알려진 것이 별로 없다. 그는 BC 287년에 시칠리아의 시라쿠사에서 태어났으며 생애 대부분을 거기서 보냈다고 한다. 물론 그 유명한 알렉산드리아 도서관에서 얼마간 머물렀다는 설도 있다. 그가 이집트에 갔다면 유클리드의 계승자들과 함께 공부했을 가능성이 있으며, 저서 《나선에 대하여》 서문에서 알렉산드리아의 친구들(아마도 에라토스테네스를 포함해서)을 언급한 것을 보면 그것은 어느 정도 신빙성이 있어 보인다.

유레카의 순간

아르키메데스의 생애에 대해서는 알려진 것이 별로 없지만 그에 관한 몇 가지 유명한 일화들이 전해지고 있다. 아마도 가장 유명한 일화는 아르키메데스의 친척이었다고 알려진 시칠리아의 통치자 히에로Hiero 2세(BC 270~215)가 선물 받은 금관에 대한 이야기일 것이다.

"나에게 (지구 바깥에서) 서 있을 수 있는 장소만 달라. 그러면 지렛대로 지구를 들어 보이겠다."

히에로는 그 왕관이 순금인지 합금인지 알고 싶었다. 그것이 정6면체였거나 다른 정다면체였다면 아르키메데스는 바로 답을 줄 수 있었겠지만 불행히도 그것은 모든 왕관이 그렇듯이 부정형이었다. 금속은 종류가 다르면 밀도가 다르다는 것, 즉 같은 부피라도 무게가 다르다는 것을 알고 있던 그는 금관의 무게를 같은 부피를 가진 금의 무게와 비교해야 했다. 하지만 그가 골머리를 앓은 문제는 '어떻게 그런 부정형의 부피를 구할 수 있을까?'였다.

이 문제로 인해 너무 피곤해진 그는 (역사상 가장 유명한) 목욕을 한다. 그는 욕조에 들어가면서 수면이 올라가는 것을 알아챘다. 욕조에 들어간 몸의 부피만큼 수면이 올라간다는 것을 이해한 그는 이 문제를 해결할 방법을 찾았다는 것을 깨닫는다. 그는 너무 흥분한 나머지 거

◀ 로마 병사가 아르키메데스를 살해하는 장면을 묘사한 고대의 모자이크. 아르키메데스는 그 순간에 이렇게 외쳤던 것으로 알려져 있다. "내 원들을 건드리지 마시오!"

리로 뛰쳐나와 "유레카Eureka!"(그것을 발견했다!)라고 외쳤다.

죽음의 광선

아르키메데스에 관한 또 다른 흥미로운 이야기는 SF 소설에나 나올 법한 '죽음의 광선Death Ray'이다. 시라쿠사가 로마의 침략으로부터 위협을 받자 아르키메데스는 해안가에 반짝반짝 광을 낸 구리 방패를 지닌 병사들을 포물선 모양으로 배치했다고 한다. 적의 함대가 접근해 오자 병사들은 방패를 이용해 태양의 반사광을 배에 쏘아댔고 적의 배들은 화염에 휩싸였다고 전해진다. 이는 그동안 수차례 시험되었는데, 성공 여부와는 별도로 그것은 오늘날 TV 신호를 수신하는 데 사용하는 원리와 똑같다. 위성수신기는 접시에 부딪혀 튕겨나가는 신호들을 수신기의 끝에 있는 접점node에서 잡는다.

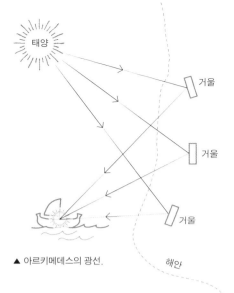

▲ 아르키메데스의 광선.

죽기 직전까지 수학 문제에 몰두

시라쿠사를 포위한 로마의 장군 마르첼로는 병사들에게 해를 입히지 말고 아르키메데스를 데려오라고 지시했다. 수학 문제에 몰두해 있던 아르키메데스는 도시가 함락된 것도 몰랐는데, 로마 병사가 마르첼로에게 갈 것을 명령하자 거절했다. 화가 난 병사는 그 자리에서 그를 죽이고 말았다. 아르키메데스가 마지막으로 한 말은 "내 원들을 건드리지 마시오!"였다고 한다.

- 《평면의 균형에 대하여ON THE EQUILIBRIUM OF PLANES》: 두 권으로 구성되어 있으며 무게 중심과 지렛대의 원리를 다룬다.
- 《원의 측정에 대하여ON THE MEASUREMENT OF A CIRCLE》: 더 긴 저작의 일부로 아르키메데스의 π 계산법을 담고 있다.
- 《나선에 대하여ON SPIRALS》: '아르키메데스의 나선'에 대한 기술을 담고 있다.
- 《구와 원기둥에 대하여ON SPHERES AND CYLINDERS》: 원기둥에 내접하는 구의 부피는 원기둥 부피의 2/3라는 것을 증명한다. 아르키메데스의 묘비에는 구와 원기둥이 새겨져 있었다고 한다.
- 《부체에 대하여ON FLOATING BODIES》: '유레카!'에 대한 언급은 없지만, 아르키메데스는 이 저서에서 부력의 원리를 설명한다.
- 《모래알을 세는 사람THE SAND RECKONER》: 아르키메데스는 모래알 개수로 우주 만물을 측정하려 했으며 그러기 위해서는 매우 큰 숫자들을 위한 체계를 만들어야 했다.

아르키메데스의 다면체
ARCHIMEDIAN SOLIDS

우리가 이미 살펴봤던 플라톤의 정다면체들은 모든 면들의 모양이 똑같다. 아르키메데스(→ pp.58~59)의 이름을 따온 '아르키메데스의 다면체'는 두 세 종류의 면을 가지기 때문에 준정다면체라고 부른다.

비록 아르키메데스의 다면체는 다른 종류의 면들을 가지고 있지만 꼭짓점들은 규칙적이다. 이 입체들의 모양은 플라톤의 정다면체와는 달리 낯설어 보이며 일상적인 면에서도 확실히 덜 친숙하다. 하지만 면, 꼭짓점, 모서리의 개수를 살펴보게 되면 플라톤의 정다면체가 보여줬던 일관성, 즉 F + V − E = 2가 아르키메데스의 다면체에도 그대로 적용되는 것을 알 수 있다.

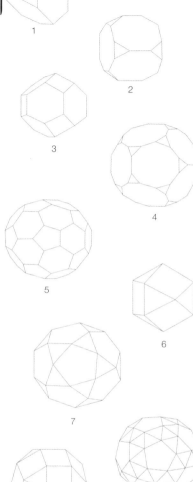

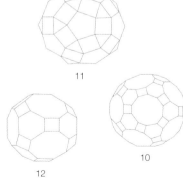

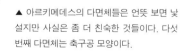

▲ 아르키메데스의 다면체들은 언뜻 보면 낯설지만 사실은 좀 더 친숙한 것들이다. 다섯 번째 다면체는 축구공 모양이다.

아르키메데스의 다면체

명칭	면	꼭짓점	모서리
1. 깎은 정4면체	8 (삼각형 4, 육각형 4)	12	18
2. 깎은 정6면체	14 (삼각형 8, 8각형 6)	24	36
3. 깎은 정8면체	14 (사각형 6, 육각형 8)	24	36
4. 깎은 정12면체	32 (삼각형 20, 10각형 12)	60	90
5. 깎은 정20면체	32 (오각형 12, 육각형 20)	60	90
6. 육팔면체	14 (삼각형 8, 사각형 6)	12	24
7. 십이이십면체	32 (삼각형 20, 10각형 12)	30	60
8. 다듬은 정12면체	92 (삼각형 80, 오각형 12)	60	150
9. 작은 마름모육팔면체	26 (삼각형 8, 사각형 18)	24	48
10. 큰 마름모십이이십면체	62 (사각형 30, 육각형 20, 10각형 12)	120	180
11. 작은 마름모십이이십면체	62 (삼각형 20, 사각형 30, 오각형 12)	60	120
12. 큰 마름모육팔면체	26 (사각형 12, 육각형 8, 8각형 6)	48	72
13. 다듬은 정6면체	38 (삼각형 32, 사각형 6)	24	60

에라토스테네스ERATOSTHENES

중세의 유럽에서 지구가 평면이라는 믿음이 아주 오랫동안 유지되었다는 것은 매우 놀라운 일이다. 그렇지 않다는 것을 암시하는 증거들이 아주 많았는데도 말이다. 우선 수평선의 배들은 점진적으로 사라지는 모습을 보여 주며, 해와 달 그리고 어느 정도는 별들도 둥근 모습을 하고 있다. 또한 일식이나 월식으로 생기는 그림자는 모두 둥근 모양이다. 고대의 과학자들이 이것을 모르진 않았을 텐데, 지구평면설이 한참 뒤에야 사라진 것은 아주 이상한 일이다.

수학자이자 천문학자

에라토스테네스는 BC 276년 현재의 리비아 지역에 해당하는 키레네에서 태어난 그리스의 수학자이자 천문학자이다. 그는 천문학자로 지구의 둘레, 지구에서 달까지의 거리 그리고 지구에서 태양까지의 거리를 계산했다. 그는 제논Zeno의 제자인 (키오스 섬의) 아리스톤Ariston 문하의 학생이었으며, 나중에는 프톨레마이오스 3세의 아들인 필로파터Philopater의 개인 교사가 되었다.

수학자로서의 그는 '에라토스테네스의 체the sieve of Eratosthenes'라고 불리는 방법을 통해 소수들을 알아낸 것으로 유명하다. 지리학자이기도 했던 그는 현재와 비슷한 최초의 세계 지도를 만들었으며 나일강의 도해를 그렸다. 또한 그는 윤년 달력을 만들기도 했다. 말년에 그는 장님이 되었으며, BC 195년에 금식을 해 자살했다고 전해진다.

지구의 둘레

에라토스테네스가 지구의 둘레를 계산한 방법은 아주 인상적이다. 물론 타당성을 의심받기도 하지만 그럼에도 불구하고 그것은 수학의 역사에서 획기적인 시도였다.

에라토스테네스는 시에네(현재 이집트의 아스완)의 도심에서는 하지의 정오에 그림자가 없다는 것을 알아냈다. (아스완은 북

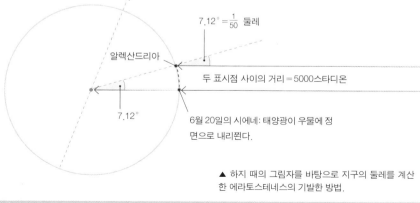

▲ 하지 때의 그림자를 바탕으로 지구의 둘레를 계산한 에라토스테네스의 기발한 방법.

- 《플라톤론PLATONICUS》: 플라톤 철학의 수학적인 면들을 다뤘다고 한다. 전해지지 않지만 음악 뿐만 아니라 소수와 형상수를 연구했던 스미르나의 테온Theon의 언급을 통해 그 존재를 알 수 있다.
- 《도구에 대하여ON MEANS》: 기하학에 대한 책이지만 전해지지 않는다. 그리스의 기하학자인 파푸스Pappus(290~350)가 이 책의 존재를 언급했는데, 그는 이 책이 기하학에 관한 가장 위대한 저서 중 하나라고 주장했다.
- 《지구의 측정에 대하여ON THE MEASUREMENT OF THE EARTH》: 이 저서 또한 전해지지 않지만 에라토스테네스는 이 책에서 지구의 둘레를 계산했다. 그리스 천문학자인 클레오메데스Cleomedes(10~70)의 언급을 통해 이 책이 존재했음을 알 수 있다.

해귀선의 약간 북쪽에 있기 때문에 실제로는 약간의 그림자가 있었을 것이다.) 그래서 하지 때 알렉산드리아에서 그림자 각도를 쟀더니 7°12'에서 7.2°가 나왔는데, 이것은 매우 정확한 측정값이다. 그것은 $\frac{7.2°}{360°}$, 즉 지구 둘레의 $\frac{1}{50}$을 의미했다.

이를 통해 시에네로부터 알렉산드리아까지의 거리가 지구 둘레의 $\frac{1}{50}$이라는 것을 알아냈다. 그럼 시에네로부터 알렉산드리아까지의 거리는 얼마나 될까? 그는 그 거리를 5000스타디온stadia이라고 주장했다(1스타디온은 대략 157~185m 사이라고 추정되고 있다). 알렉산드리아에서

태양

아스완까지의 거리가 843km이기 때문에 5000으로 나누면 1스타디온은 169m가 나온다. 물론 이것은 측정하는 사람이 직선거리로 이동한다고 가정했을 때이다. 하지만 에라토스테네스는 알렉산드리아가 시에네의 북쪽에 있다고 주장했기 때문에 이 가정은 설득력이 없다. 사실 알렉산드리아는 시에네의 북서쪽에 있기 때문이다. 또한 오늘날의 도구를 사용하지 않고 직선으로 여행하는 것은 상당히 어렵다는 점을 고려해야 한다 (특히 사막과 구불구불한 나일강이 가로막고 있는 상황에서는 더욱 그렇다).

그 외에도 많지만 일단은 이러한 오류들을 감안하고 지구 둘레의 상위값과 하위값을 계산해 보자. 5000스타디온이 지구 둘레의 $\frac{1}{50}$이라면 총 둘레는 250,000스타디온이 될 것이다. 1스타디온이 157m라면 지구의 둘레는 39,250km이며, 185m라고 하면 46,250km이다. 실제 지구의 둘레는 40000km가 약간 넘기 때문에, 하위값은 겨우 몇 퍼센트 낮은 반면 상위값은 16% 높다. 대체로 상당히 정확한 계산이라고 할 수 있다.

디오판토스 DIOPHANTUS

디오판토스는 고대의 또 하나의 수수께끼이다. 어떤 수학자들은 그의 저서《산학 Arithmetica》때문에 그를 '대수학의 아버지'라고 부르며, 어떤 학자들은 알 콰리즈미 (→ pp.86~87)를 그렇게 부른다. 디오판토스가 그런 칭호를 듣는 것은 언어 기반의 수학이 오늘날 우리가 사용하는 기호 기반의 수학으로 변하는 과정이 그의 저서들 안에서 일어났기 때문이다.

디오판토스의 수수께끼

오늘날까지 그 영향력이 대단한 수학자임에도 불구하고 알렉산드리아의 디오판토스에 대해서는 별로 알려진 것이 없다. 그가 살았던 시기도 정확하지 않으며 그에 대해 알려진 거라고는 모두 2차 문헌에 의한 것이거나 그의 저서에 남겨진 정보들뿐이다.

디오판토스는 3세기에 알렉산드리아에 살았다. 대부분은 그가 200년경에 태어났으며 85년 뒤에 사망했다고 추측한다. 이러한 추측은 디오판토스가 그의 저서에서 정다면체(→ pp.52~53, 60~61)를 연구했던 그리스의 수학자 힙시클레스 Hypsicles를 인용하기 때문에 나온 것인데, 이것은 그가 BC 150년 약간 이전에 살았다는 것을 짐작케 한다. 또한 그리스의 수학자이자 최초의 여성 수학자 히파티아 Hypatia의 아버지인 테온 Theon(335~405)도 디오판토스를 인용하는데, 이것은 그가 350년 이전에 사망했다는 것을 짐작케 한다.

한편 그가 85세까지 살았다는 것은 '디오판토스의 수수께끼'에서 나온 것으로, 이것은 15세기에 나온 그리스 숫자놀이 선집에 들어 있다.

여기 디오판토스가 누워 있다, 그 경이로움을 목도하라.

대수학을 사용하면 그가 몇 살인지 묘비가 알려주리라:

신은 그의 소년 시절에 수명의 6분의 1을 주었고,

수염이 자라는 청년 시절에 수명의 12분의 1을 주었으며,

결혼 생활의 초기에 수명의 7분의 1을 주었다.

그랬더니 5년 뒤에 건장한 아이가 태어났다.

아, 훌륭하고 슬기로운 어린이여!

아버지가 수명의 절반에 이르자 차가운 운명이 자식을 데려갔다.

그는 4년 동안 숫자의 과학으로 운명을 달랜 후 삶을 마감했다.

이 수수께끼는 84년 동안의 디오판토스의 삶을 다루고 있다. 하지만 디오

디오판토스의 방정식을 알려면 pp.66~67을 보라.

판토스의 삶은 여전히 불확실하다. 그럼에도 불구하고 이 수수께끼는 풀 만한 가치가 있다. 그가 세상을 떴을 때의 나이를 x라고 하면 x를 구하는 방정식은,

$$x = \frac{x}{6} + \frac{x}{12} + \frac{x}{7} + 5 + \frac{x}{2} + 4$$

먼저 x항들을 한쪽으로 모은다.

$$x - \frac{x}{6} - \frac{x}{12} - \frac{x}{7} - \frac{x}{2} = 9$$

그다음으로 분수들의 공통 분모를 구하면 84이며, 방정식을 다시 쓰면,

$$\frac{84x}{84} - \frac{14x}{84} - \frac{7x}{84} - \frac{12x}{84} - \frac{42x}{84} = 9$$

이제 분자들의 뺄셈을 수행하면,

$$\frac{9x}{84} = 9$$

다음으로 양변에 84를 곱해준 다음 9로 나누면 $x = 84$이다.

● 《산학ARITHMETICA》: 《산학》은 문제집이다. 130문제 혹은 189문제가 있다고 하며 정방정식(한 개의 변수에 정해진 해가 있다)과 부정방정식(2개 이상의 변수에 무한한 수의 해가 존재한다)에 대한 수많은 풀이를 제공한다. 이 책은 13권으로 구성되어 있으며, 그중 6권만이 전해지고 있다. 또한 일부에서 디오판토스 저서의 번역이라고 주장하는 4권의 아랍 책이 있다. 《산학》은 1차방정식 및 2차방정식과 관련된 문제들을 풀이하고 있지만 디오판토스는 오직 양의 유리수 해만을 고려했다. 다시 말해서 그는 0과 음수는 무시했다. (만약 우리가 은행 계좌에서 음수를 무시할 수 있다면 삶은 훨씬 더 편안해질 것이다.) 또한 그 저서들은 1570년에 이탈리아의 수학자 라파엘 봄벨리Rafael Bombelli에 의해 라틴어로 번역되었으며 현대에 이르기까지 유럽의 수학자들에게 많은 영향을 미쳤다. 특히 수학적 난제들에 대한 책으로 유명했던 클로드 바셰Claude Bachet의 1621년 번역판은 피에르 드 페르마Pierre de Fermat(1601~1665)로 하여금 그 책의 여백에 이런 글귀를 남기게 했다. "참으로 굉장한 증명 방법을 발견했지만 여백이 너무 좁아서 적지 못한다." 수학자들이 '페르마의 마지막 정리Fermat's Last Theorem'을 푸는 데는 300년 이상이 걸렸다.

● 《계론PORISMS》: 《산학》에서 디오판토스는 《계론》이라는 저서를 언급하는데, 그 내용은 전해지지 않는다. 또 다른 저서인 《다각수에 대하여ON POLYGONAL NUMBERS》는 일부가 전해진다.

디오판토스의 방정식

문제

스크루지 아저씨가 오리 가족들을 위해 부활절 계란을 사고 있다. 한쪽 집에는 휴이, 듀이, 루이가 있고, 다른 집에는 도날드, 데이지, 플루토가 있다. 두 집은 모두 똑같은 개수의 계란을 받아야 하며 플루토는 정확히 6개의 계란만 있으면 된다. 오리들이 받을 수 있는 계란의 가능한 개수를 알아보자.

방법

이 문제를 해결하기 위한 첫 단계는 해결 방안이 한 가지가 아니라 여러 가지라는 점을 이해하는 것이다. 사실 수많은 해답이 있을 수 있다. 물론 이 문제를 해결하는 데는 자연수만 사용해야 한다(→p.14). 특별히 심술궂은 사람이 아니라면 상대에게 음수의 계란이나 반 조각 혹은 $\sqrt{2}$에 해당하는 계란을 주지는 않을 테니까 말이다. 이런 형태의 방정식을 '디오판토스의 방정식'이라고 부른다. 이전 장에서 이미 만나 보았던 디오판토스의 이름을 딴 것이다.

디오판토스의 방정식은 무수히 많은 해를 가진 '부정방정식'으로, 그 변수들은 정수값만을 갖는다. 이해를 돕기 위해 원류로 거슬러 가보자.

비록 오늘날에는 디오판토스의 방정식에 모든 정수 값들이 허용되지만, 디오판토스가 이 방정식을 고안한 시절에는 0을 변수 값으로 허용하지 않았으며 음수 또한 불합리한 값으로 치부했다.

디오판토스 방정식의 한 예는 피타고라스 정리이다. 이것은 무한한 수의 (정수인) 해를 갖기 때문에 부정 방정식이라고 할 수 있다. 이 방정식의 해를 예로 들자면 (3, 4, 5), (5, 12, 13), (6, 8, 10) 같은 배수들을 포함해 수없이 많다(피타고라스 수를 생성하는 공식 →p.45).

디오판토스 방정식의 또 다른 형태는 $ax + by = c$와 같은 2원1차방정식(미지수가 2개인 1차 방정식)으로, 예를 들면 $3x - 2y = 6$과 같은 형태이다.

이쯤 되면 우리도 주어진 문제를 해결하기 위한 1차방정식을 세워 볼 수 있다. 휴이, 듀이, 루이가 각각 얻게 될 계란 수를 x로 대응시키면 그 집이 얻게 될 계란의 수는 $3x$가 된다. 도날드, 데이지가 얻게 될 계란의 수를 y로 대응시키면 그 집이 얻게 될 계란의 수는 $2y+6$이 된다. 여기서 플루토의 계란 6개를 잊어서는 안 된다. 두 집은 상대편과 같은 개수의 계란을 가져야 하기 때문에 항상 $3x=2y+6$이라는 등식이 성립되며, 이것을 다시 표현하면 $3x-2y=6$이 된다.

이것은 표준 형태의 선형방정식이다. 그것을 그래프상에 표현하기 위해서는 x절편과 y절편을 구해야 한다. 먼저 x절편을 구하기 위해 y항을 제거하면 $3x=6$이므로, x절편은 2이다. 다음 순서로 y절편을 구하기 위해 x항을 제거하면 $-2y=6$이므로, y절편은 -3이다. 이것들은 x축과 y축을 가로지르는 직선 위의 점들이다.

오른쪽 위에 있는 선형방정식의 그래프를 보면 직선이 '정수 해'를 통과하는 것을 볼 수 있다. (그래프에서 보이는 점들은 모두 정수들의 쌍이다.) 우리는 그래프에서 직선이 $(2, 0)$과 $(4, 3)$을 통과하는 것을 볼 수 있다. 사실 그 직선은 이 두 점 사이에 있는 다른 많은 지점들(사실상 무한한 수의 지점이 존재)도 통과하며 양쪽 방향을 향해서 계속 뻗어가고 있다.

디오판토스의 방정식은 유리수와 무리수 해에는 관심이 없으며, 오직 정수 해만을 고려한다. 또한 그 방정식에는 무한한 수의 정수 해가 있는데, 다행히도 하나만 있으면 나머지도 찾기 쉽다. $(2, 0)$에서 $(4, 3)$으로의 이동은 간단히 위쪽으로 3칸, 오른쪽으로 2칸이다. 계

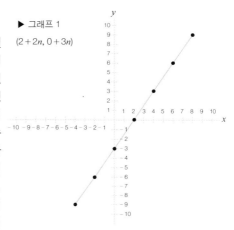

▶ 그래프 1

$(2+2n, 0+3n)$

▲ 디오판토스의 방정식은 (양의) 정수 해만을 고려한다. 따라서 선을 그리더라도 자연수인 해를 가지는 지점들만 허용된다.

속해서 오른쪽에 있는 다음 해를 구하려면 또다시 위쪽으로 3칸, 오른쪽으로 2칸 이동하면 되며, 그곳의 해는 $(6, 6)$이다. 이러한 패턴은 양쪽 방향으로 무한히 계속된다. 우리는 이 방정식에서 무한한 수의 해를 모두 열거할 수 없기 때문에 $(2+2n, 0+3n)$이라고 표현하면, 이때 n은 정수이다. 따라서 $n=1$이면 $(4, 3)$, $n=2$일 때는 $(6, 6)$, $n=3$일 때는 $(8, 9)$의 해를 가지며 그 외에도 해는 무수히 많다.

해답

휴이, 듀이, 루이는 $2+2n$개의 계란을 갖게 될 것이며 도날드와 데이지는 $0+3n$의 계란을, 플루토는 항상 6개의 계란을 갖게 될 것이다. (이때 n은 자연수라는 점에 유의하라.)

3

이집트, 인도, 페르시아

앞에서 언급했듯이 고대 그리스만을 의식하다 보면
다른 지역에서 이뤄진 수학적인 진보에 대해서는 보지 못하게
된다. 사실 브라마굽타, 알 콰리즈미, 오마르 카얌을 비롯한
동방의 많은 수학자들이 수학에 대한 근대적인 이해에
공헌해 왔으며 어떤 부분에서는
고대 그리스의 수학보다 훨씬 더 심오했다.

이집트의 수학

고대 이집트의 수학은 대단히 앞서 있었다. 그들은 현재의 우리처럼 십진수 체계를 가지고 있었지만 다른 점이 있다면 자릿값 체계가 아니었다는 것이다. 대신에 그들은 1, 10, 1000, 10000, 100000, 1000000을 나타내는 각각의 기호를 가지고 있었다. (특히 100만을 나타내는 '무릎 꿇은 남자'를 보면 무릎을 꿇은 채 '난 100만을 받았어… 부자야!'라고 외치는 고대 이집트인이 상상된다.)

고대 이집트의 산술

숫자를 나타내기 위해 사용된 이집트의 상형문자들은 아래와 같으며, 이것들을 사용하면 다른 숫자들을 나타내기도 쉽다. 예를 들면 1은 |모양으로 나타낼 수 있으며 9까지의 숫자는 그것을 그 수만큼 나열함으로써 나타낼 수 있다. 예를 들면 3은 |||이다.

더 큰 수들도 쉽게 표현할 수 있다. 수가 다음 단계의 상형문자에 이르게 되면 시작 부분에 그것을 쓰면 된다. 예를 들면 123은 ℮∩∩|||이다.

덧셈과 뺄셈 또한 쉬운데 오늘날 하는 것처럼 올림과 내림을 사용한다. 예로 28과 103, 즉 이집트 숫자로는 ∩∩|||||||| 과 ℮||| 인 두 수를 더해 보자.

같은 단위의 숫자끼리 더하는 것이 요령인데, 먼저 1단위를 더하면 11이 산출되며, 이것은 한 개의 1과 한 개의 10이다. 이집트 숫자식으로 표현하면 |||||||||| = ∩|인데, 오늘날 우리가 십진수 체계에서 하는 것처럼 올림을 한 것이다. 10단위와 100단위도 이 방법을 똑같이 적용하면, 다음과 같다.

28 + 103 = 131은

∩ ∩ |||||||| + ℮||| = ℮∩∩∩|

곱셈과 나눗셈은 약간 더 복잡하지만 사용되는 방법은 아주 재미있다. 이집트인들이 했던 방식은 두 숫자들 중 하나를 계속해서 배가시키는 것이다.

| 1 | 10 | 100 | 1000 | 10,000 | 100,000 | 1,000,000 |

▲ 상형문자로 된 이집트의 숫자. 이집트인이 십진수 체계를 사용했다는 것은 매우 흥미롭다. 이에 반해 그리스인과 로마인은 십진수를 사용하지 않았다. 그리스인과 로마인은 5나 50 같은 값들의 기호를 따로 가지고 있었다. 십진수 체계는 수세기 후에 동방에서 다시 나타나게 된다.

11 · 26을 계산해 본다.

∩∩||||| = 1개의 26
∩∩∩∩∩|| = 2개의 26
ℓ||||| = 4개의 26
ℓℓ||||||||| = 8개의 26

이제 11개의 26을 구하기 위해서는 우리가 위에서 계산해 두었던 8개의 26, 2개의 26, 1개의 26을 합하면 된다. 먼저 1단위의 합은 16이 나오는데, 10을 올림해서 다음 단위, 즉 10 단위의 기호로 대체하면 6만 남는다. 따라서 10은 8개가 되고 100은 2개이므로 최종 결과는 다음과 같다.

ℓℓ∩∩∩∩∩∩∩∩||||| = 286

고대 이집트의 분수

고대 이집트인들은 분수를 다루는 방법을 가지고 있었다. 그들은 분모(혹은 제수)에 해당하는 숫자 위에 '눈eye' 기호를 붙임으로써 분수를 표현했다. 따라서 $\frac{1}{2}$은 Ⅱ̑, $\frac{1}{10}$은 ∩̑과 같은 모양이 된다.

이것은 이집트인들이 분자가 항상 1인 단위 분수들만을 사용하도록 국한시켰다. 그래서 다른 분수를 만들려면 단위 분수들을 더하는 수밖에 없었다. 가령 $\frac{5}{6}$는 $\frac{1}{2} + \frac{1}{3}$이므로 Ⅱ̑ + Ⅲ̑과 같이 표현될 것이다.

어떤 이들은 그리스에서 사용하는 단위 분수가 고대의 이집트에서 유래한 것일 수도 있다고 주장한다.

린드 파피루스와 모스크바 파피루스

'린드 파피루스Rhind Papyrus'는 스코틀랜드의 이집트학 학자인 A. 헨리 린드A. Henry Rhind의 이름을 딴 것이다. 린드는 1858년 이집트에서 이 고문서를 구입했다. 길이가 6m, 폭이 30cm인 두루마리 형태의 이 문서는 BC 1650년경에 필사가 아메스Ahmes가 쓴 것으로, 그는 200년도 넘은 문헌을 필사하는 것이라고 적고 있다. 따라서 린드 파피루스에서 다루는 내용이 존재했던 시기는 BC 1850년경까지 거슬러 올라갈 수 있다. 여기에는 87가지 정도의 문제가 등장하는데, 이집트 숫자로는 나눗셈과 곱셈이 쉽지 않았을 것임에도 기본 산술에서부터 기하학과 방정식의 풀이까지 다룬다. 린드 파피루스가 방정식과 관련된 문제들을 다룬다고는 하나, 그것들은 오늘날 우리가 아는 것과는 다르다. 이때는 대수학의 초기에 해당하는 시기였고 방정식이 등장한 것은 수세기가 지난 다음이었다. 1893년 러시아의 이집트학 학자 블라디미르 골레니셰프가 소유했다고 해서 '골레니셰프 파피루스Golenishchev Papyrus'라고도 불리는 '모스크바 파피루스Moscow Papyrus'는 대략 길이가 5.5m, 폭이 7.6cm인 두루마리이다. 그것은 25개 문제를 다루는데, 대부분 기하학적인 것들이다. 현재 모스크바 파피루스는 모스크바 미술관이, 린드 파피루스는 런던의 대영박물관이 소장하고 있다.

완전제곱식 풀이 1

문제

x^2인 항으로 시작하는 2차방정식은 실제 생활에서 많이 응용되는 문제인데, 여기서는 비록 투박하긴 하지만 중력에서의 그 역할을 살펴본다. 첫 번째 문제에서 노엘과 리암은 울타리를 사이에 두고 풍선 쏘기를 하고 있다. 노엘이 쏜 풍선은 포물선을 그리는데(→ pp.96~97), 그것을 방정식으로 표현하면 $h = -x^2 - 6x + 40$이 된다. 여기서 h는 높이이며 x는 울타리의 왼쪽과 오른쪽으로의 거리(m)를 나타낸다. 노엘은 풍선을 쏘는 순간 울타리 뒤쪽으로 얼마나 떨어져 있으며, 풍선은 울타리를 얼마만큼 넘어가서 착륙했을까?

방법

2차방정식을 푸는 방법은 여러 가지가 있다. 그중 완전제곱식을 이용하는 방법이 있는데, 우리는 이것을 기하학적인 관점에서 살펴볼 것이다. 여기서 우리가 주목할 첫 번째 사항은 풍선이 지면에 붙어 있는 지점을 알아내는 것이다. 그곳은 높이가 0, 즉 $h=0$인 지점이며, 방정식으로 나타내면 다음과 같다.

$$0 = -x^2 - 6x + 40$$

간소화를 위해 양변에 x^2과 $6x$를 더해 주면 결과는 다음과 같다.

$$x^2 + 6x = 40$$

이로써 항들이 모두 양수가 되었기 때문에 기하학적인 풀이가 가능해진다. 이때 x^2은 양변의 길이가 x인 정사각형으로, $6x$는 한 변의 길이가 x이고 다른 변의 길이가 6인 직사각형으로 나타낼 수 있다.

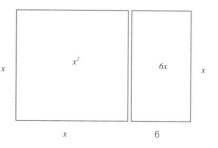

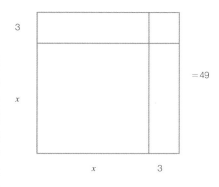

방정식의 좌변이 ($x^2 + 6x \cdots$)이기 때문에 두 도형의 합은 한 변이 x이고 다른 변이 $x + 6$인 직사각형이 되는데, 이것을 달리 표현하면 $x \cdot (x + 6)$이다. 이쯤 되면 우리는 x가 무엇인지 추측할 수도 있으며 그에 해당하는 수가 우연히도 정수라면 운이 무척 좋은 것이다. 하지만 그것이 유리수나 무리수라면 상황은 아주 까다로워진다.

우리는 직사각형이 아니라 정사각형을 이용해 풀 것이기 때문에 $6x$인 직사각형을 두 개의 똑같은 직사각형으로 쪼갤 필요가 있다. 이렇게 하면 $3x$인 두 개의 직사각형이 나오는데, 그것들을 아래와 같이 정사각형 x^2의 두 변에 붙인다.

이제 윗부분 오른쪽 귀퉁이를 채우기

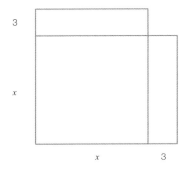

만 하면 정사각형이 완성된다. 그 작은 정사각형은 가로와 세로가 3이므로 간단한 곱셈 연산을 통해 9를 더해야 한다는 것을 알게 된다. 이때 방정식의 양변 모두에 9를 더해야 한다는 것을 명심해야 한다. 그렇게 하면 결과는 다음과 같다.

$$(x + 3)^2 = 49$$

이제 우리 자신에게 질문해야 할 때가 됐다. 49는 어떤 수의 제곱과 같을까? $7^2 = 49$이므로 $x + 3$은 7과 같아야 하며 그 결과 $x = 4$이다.

이 같은 풀이는 쉽게 이해가 되지만, 이런 기하학적인 방법으로는 알 수 없는 또 다른 x의 값이 있다. 디오판토스(→ pp.64~65)는 음수의 해를 부조리하다고 했지만, 그럼에도 불구하고 이론 수학에서는 그것들도 답이다. 2차방정식을 풀 때는 음수도 고려되어야 한다. 그럴 경우, $(-7)^2 = 49$이기 때문에 $x + 3$은 -7과 같으며 그 결과 $x = -10$이 된다. 사실 변의 길이가 -10인 정사각형을 그린다는 것은 몹시 어려운 일이며, 이로써 우리는 기하학적인 방법이 음수를 배제하고 있다는 것을 알게 된다.

해답

방정식의 값이 -10과 4라는 것은 노엘이 풍선을 쏘아 올릴 때 울타리의 왼쪽으로 10m 떨어져 있었으며, 풍선은 울타리의 오른쪽으로 4m 지점에 착륙했다는 것을 의미한다.

인도의 수학

사람들은 일상생활에서 숫자를 사용하면서도 대부분 그것의 유래에 대해서는 생각하지 않는다. 오히려 단어들의 어원이나 언어의 발전에 대해 훨씬 더 익숙하다. 숫자는 우리의 삶에서 매우 중요한 역할을 수행하고 있는데, 왜 "숫자들은 어디서 왔나요?"라고 묻는 사람은 거의 없는 걸까?

인도의 《술바수트라스》

《술바수트라스Sulbasutras》는 경전의 부록이다. 이것은 이론적인 저술이라기보다는 종교 건축물의 축조와 관련 있는 응용수학이다.

보다야나Baudhayana(BC 800~740)의 《술바수트라스》에는 피타고라스 정리 혹은 적어도 그것의 특별한 부분인 직각이등변삼각형을 다룬다(피타고라스가 태어나기 200년 전이다). 비록 피타고라스의 시대 이후이지만 카타야나Katyayana(BC 200~140)의 《술바수트라스》에는 그 정리가 풍부하게 다뤄진다.

시기가 약간 앞서는 두 개의 《술바수트라스》가 있는데, 아파스탐바Apastamba (BC 6세기)의 《술바수트라스》와 카타야나의 《술바수트라스》는 2의 제곱근(→ p.32) 값을 $\frac{577}{408}$이라고 기술한다. 이것은 소수점 아래 다섯 번째 자리까지 정확한 것이다.

이러한 문헌들이 건축을 다룬다는 점을 고려하면, 그들이 원의 개념을 사용하고 있었다는 것을 짐작할 수 있다. 흥미로운 점은 계산의 성격에 따라서 π의 값이 바뀐다는 것이다. 아마도 《술바수트라스》의 응용 수학적 특성상 정확한 값의 산출은 불필요했을지도 모른다.

그들이 사용한 π 값은 대략 3~3.2이다.

인도의 수

프랑스의 수학자 피에르 시몽 라플라스 Pierre-Simon Laplace(1749~1827)는 수학에 대한 인도의 지대한 공헌에 대해 다음과 같이 언급했다. "모든 숫자를 10가지 기호로 표현하는 기발한 방법을 전해 준 것은 바로 인도이다. 각 기호는 절대값뿐만 아니라 자릿값도 가지는데, 이것은 정말 심오하고도 중요한 개념이지만 너무도 간단해서 우리는 그 진정한 장점을 지나친다. 하지만 그것이 계산에 가져다 준 그 간편함과 용이함 때문에 산술은 가장 유용한 발명 1위에 올랐다. 또한 그것이 고대가 배출한 두 위대한 (수학) 천재인 아르키메데스와 아폴로니우스Apollonius의 범주를 벗어났다는 것을 상기하면 더욱 그들의 위대한 업적을 칭송하지 않을 수 없다"(H. Eves, *Return to Mathematical Circles*, 1988).

라플라스가 옳다. 우리가 계속 로마 숫자를 사용했다고 상상해 보자. 그동안 우리가 이루었던 진보는 확실히 지연되었을 것이다. 적어도 부분적으로 십진수의 형태를 지녔던 이집트 숫자의 곱셈만해도 쉽지 않았다는 것을 상기해 보면 로

마 숫자는 더 끔찍했을 것이다.

BC 250년경에 사용되기 시작한 브라미 숫자Brahmi numbers는 부분적으로 일종의 십진수 체계였다. 그것은 첫 9개의 수에 대해 각각의 뚜렷한 기호를 가지고 있으며 10과 100의 배수들에 대한 개별적인 기호를 가지고 있었다. 다시 말해서 20, 30, 400, 500 등의 숫자에 대한 기호가 있었다. 브라마굽타(→ pp.78~79)가 살았던 7세기에는 자릿값이 있는 십진수 체계가 등장한다. 이집트인들이 십진수 체계를 사용했다는 사실은 매우 흥미롭지만 그것들은 자릿값 체계가 아니었다. 반면에 바빌로니아인들은 십진법이 아니라 60진법인 자릿값 체계를 가졌다.

인도의 수학

앞서 언급한 《술바수트라스》는 상당량의 수학적인 정보들을 담고 있었지만 이집트인들과 마찬가지로 그 응용에만 집중하고 있다. 우리는 이제 아리아바타Aryabhata가 탄생했던 476년으로 이동한다.

아리아바타는 《아리아바티야Aryabhatiya》를 저술했는데, 이 책은 그 당시까지 인도에 전해지는 모든 수학을 망라한 것이다. 유클리드가 기하학의 법칙들을 종합했던 것처럼 말이다(→ pp.54~55). 《아리아바티야》는 산술, 대수, 삼각법, 2차방정식에 대한 내용뿐만 아니라 매우 정확한 π 값(3.1416)을 담고 있다. 차이가 있다면 유클리드는 법칙들에 대한 엄격한 증명까지 제공했다는 것이다.

그 후 6세기에는 바라하미히라Varahamihira가 파스칼의 삼각형(→ pp.130~135)

과 마방진에 대한 내용뿐만 아니라 천문학적인 연구들을 요약했다.

그다음에는 7세기 브라마굽타가 등장하며, 그의 연구는 9세기의 마하비라Mahavira가 이어받는다. 한 세대가 지난 후에는 프르투다카스바미Prthudakasvami가 대수학에 대한 연구를 계속한다. 한편 스리다라Sridhara는 2차방정식(→pp.88~89)의 해를 구하는 일반 공식을 만든 최초의 수학자 중 한 명이다. 비록 한 개의 해밖에 못 구하는 공식이었지만 말이다.

인도 수학의 진보는 13세기까지 계속되었으며 피보나치가 아라비아 숫자를 유럽에 소개한 이후 진보의 축은 서방으로 이동하기 시작했다.

마방진 MAGIC SQUARE

마방진은 행, 열, 대각선상의 숫자들을 더했을 때 항상 같은 값이 나오는 정방형을 말한다. 여기서는 그 합이 15이다.

8	1	6
3	5	7
4	9	2

완전제곱식 풀이 2

문제

믹과 키스는 풍선 쏘기를 하고 있다. 그들 사이에는 커다란 울타리가 있고 그들은 그 위로 풍선들을 쏘아야 한다. 믹이 울타리 너머로 풍선 한 개를 쏘았는데, 그것은 포물선을 그린다. 그 포물선의 방정식은 $h = -x^2 - 6x + 40$이며, 이때 h는 지면으로부터의 높이이며 x는 울타리의 왼쪽과 오른쪽으로의 거리(m)이다. 믹은 풍선을 쏘는 순간 울타리 뒤쪽으로 얼마나 떨어져 있으며, 풍선은 울타리를 얼마만큼 넘어가서 착륙했을까? 이때 울타리의 위치는 0이라고 가정한다.

방법

이 문제는 당연히 익숙하게 느껴질 것이다. 하지만 2차방정식을 푸는 방법에는 여러 가지가 있고 이 방법들을 입증하는 최선의 방법은 동일한 예제를 사용해서 같은 해를 얻는 것이다. 이제 우리는 대수학적 관점에서 완전제곱근 풀이를 살펴볼 것이다.

우리가 주목해야 할 첫 번째 사항은 풍선이 지면에 붙어 있는 지점을 알아내는 것이다. 그곳은 높이가 0, 즉 $h = 0$인 지점이다. 이것을 방정식으로 나타내면 $0 = -x^2 - 6x + 40$이다. 간소화를 위해 양변에 x^2과 $6x$를 더해 주면 결과는 다음과 같다.

$$x^2 + 6x = 40$$

대수를 이용해서 완전제곱식 풀이를 하는 것은 앞(pp.72~73)에서 다뤘던 기하학적 방법과 유사하다. 다만 차이가 있다면 도형들의 그림이 없다는 것이다.

먼저 우리는 1차 항의 계수 6을 반분해서 3을 얻는다. 이것을 앞의 기하학적 방법과 비교하면 $6x$라는 직사각형을 둘로 쪼개는 것과 같다.

그런 다음 숫자 3을 제곱하면 9가 되며, 이를 양변에 더해 주면 다음과 같다.

$$x^2 + 6x + 9 = 40 + 9$$

그다음으로 좌변을 인수분해하면 $(x+3)(x+3)$, 즉 $(x+3)^2$이 되므로, 다시 표현하면,

$$(x+3)^2 = 49$$

이제 양변에 제곱근을 씌우면 다음과 같다.

$$\sqrt{(x+3)^2} = \pm\sqrt{49}$$

이때 $\sqrt{49}$ 앞에 $\pm$가 있는데, 이것은 7^2과 $(-7)^2$이 둘 다 49와 같기 때문이다. 어떤 수의 제곱의 제곱근은 그 자신이기 때문에 방정식의 좌변에는 $(x+3)$이 남게 되며 49의 제곱근은 ± 7이므로,

$$(x+3) = \pm 7$$

여기서 양변에 3을 빼면 $x = \pm 7 - 3$이며, 마지막으로 이것을 정리하면 다음과 같이 음수 해와 양수 해를 얻게 된다.

$$x = -7 - 3 = -10$$
$$x = +7 - 3 = 4$$

해답

따라서 믹은 풍선을 쏘아 올릴 때 울타리의 왼쪽으로 10m 떨어져 있었으며(음수의 해), 풍선은 울타리의 오른쪽으로 4m 지점에 착륙했다(양수의 해).

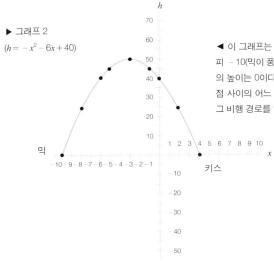

▶ 그래프 2
$(h = -x^2 - 6x + 40)$

믹

키스

◀ 이 그래프는 방정식의 포물선을 보여 준다. 보다시피 −10(믹이 풍선을 쏜 지점)과 4(풍선이 착륙한 지점)의 높이는 0이다. 또한 이 방정식을 이용하면 그 두 지점 사이의 어느 곳이든 풍선의 높이를 구할 수 있으며 그 비행 경로를 알 수 있다.

브라마굽타BRAHMAGUPTA

때로는 가장 작은 것들이 가장 중요하며 동시에 간과되기도 쉽다. 대부분의 사람들에게 이런 작은 것은 아주 작아서 아무것도 아닌데, 이것을 문자 그대로 표현하면 0이다. 0을 바라보는 새로운 시각을 제시한 인물이 바로 브라마굽타이다. 그때까지의 수학은 계산이 쉽지 않은 숫자 체계 때문에 그 발전이 저해되었다. 고대의 이집트인은 십진수 체계, 바빌로니아인은 자릿값 체계를 가지고 있었지만 우리가 오늘날 사용하는 십진수 자릿값 체계를 제시한 것은 바로 인도인이다. 더욱이 브라마굽타는 0을 자리를 채우는 용도가 아닌 숫자로서 연구한 첫 번째 인물이다.

브라마굽타는 598년에 지금의 파키스탄에 해당하는 인도 북서쪽의 빈말에서 태어났다. 그는 빈말 동쪽의 도시이자 천문학과 수학의 중심지인 우자인Ujjain의 천문대 소장이었다. 우자인에 있는 동안 브라마굽타는 몇 권의 저서를 집필했는데, 《브라마스푸타시단타Brahmasphutasiddhanta》가 가장 유명하다. 또한 그는 《카다메켈라Cadamekala》, 《칸다카디악Khandakhadyak》,

《두르케아미나르다Durkeamynarda》를 저술했는데, 그 내용에 대해 전해지는 것은 거의 없다. 그는 670년에 세상을 떠났다.

《브라마스푸타시단타》

브라마굽타는 628년, 30세에 《브라마스푸타시단타》를 썼는데, 이것은 서구의 수학에 지대한 영향을 미쳤다. 《브라마스푸타시단타》는 총 25장으로, 첫 10개

브라마굽타의 법칙

브라마굽타의 법칙이 중요한 것은 0을 빈자리를 채우는 기호place holder가 아닌 숫자로 다루고 있으며 음수 또한 따돌리지 않고 정식 숫자로 대우한다는 점이다.

1) 어떤 숫자에 0을 더한 값은 그 숫자다.
2) 어떤 숫자에서 0을 뺀 값은 그 숫자다.
3) 0은 배로 증가시켜도 0이다.
4) 음수에서 0을 빼면 음수다.
5) 양수에서 0을 빼면 양수다.
6) 0에서 0을 빼도 0이다.
7) 0에서 음수를 빼면 양수가 나온다.
8) 0에서 양수를 빼면 음수가 나온다.

9) 0에 음수나 양수를 곱해도 0이다.
10) 0과 0을 곱하면 0이다.
11) 두 양수를 곱하거나 나누면 양수가 나온다.
12) 두 음수를 곱하거나 나누면 양수가 나온다.
13) 음수와 양수를 곱하거나 나누면 음수가 나온다.
14) 양수와 음수를 곱하거나 나누면 음수가 나온다.

장은 그의 초기 저술이며 나머지 15개의 장은 앞 장들에 대한 개정 혹은 부록으로 알려져 있다.

《브라마스푸타시단타》는 12장에서 디오판토스의 분석(→ pp.66~67)을 다루며, 피타고라스 수(→ p.45)와 지금은 펠 방정식으로 불리는 일련의 방정식들도 다루고 있다. 또한 브라마굽타는 순전히 수학적 호기심 때문에 '원 안의 사각형'에 관한 방정식을 개발했다.

또한 《브라마스푸타시단타》는 무엇보다 0과 음수를 다룬다는 점에서 아주 중요하며, 그것들을 포함한 산술 규칙을 다루고 있다. 이 책에서 0과 음수를 방정식의 해가 될 수 있는 것으로 대우한다. 그 이전에는 기하학적 관점에서 문제를 바라보았기 때문에 0이나 음수는 무시되거나 부조리한 것으로 취급되었다. 현실 세계에는 0이나 음수인 길이나 넓이가 존재하지 않기 때문이다. 하지만 알다시피 오늘날에는 이러한 숫자들이 실생활에 많이 적용되고 있다(물론 음수에 해당하는 무게를 들지는 못하겠지만 은행 계좌에서는 확실히

펠 방정식 PELL'S EQUATIONS

펠 방정식의 형태는 $x^2 - my^2 = 1$이다. 이 방정식은 영국의 수학자인 존 펠John Pell (1611~1685)의 이름을 달고 있지만, 사실 그는 이 방정식의 개발과 거의 관련이 없다. 펠 방정식을 연구한 첫 인물은 바로 브라마굽타이며, 디오판토스도 비슷한 연구를 했던 것으로 알려져 있다. 이 방정식이 흥미로운 것은 정수인 해들이 계수인 n의 제곱근을 추정케 한다는 것이다. 다시 말해서 $x^2 - 2y^2 = (1)$의 해인 (3, 2), (17, 12), (577, 408) 등은 2의 제곱근에 대해 점점 더 정확한 값을 제공하는데, 다음을 보면 알 수 있다.

$$\frac{3}{2} = 1.5$$

$$\frac{17}{12} = 1.416$$

$$\frac{577}{408} = 1.414215686$$

$\sqrt{2} = 1.414213563$과 비교해 보라.

그것을 볼 수 있다). 브라마굽타는 몇몇 난관에 부딪히는데, 특히 0으로 나눠야 하는 경우가 그중 하나였다. 하지만 이것은 오늘날에도 많은 사람들의 골치를 썩이는 부분이다(과학, 공학, 경제 혹은 의학에서 미분을 사용하는 사람이면 아무에게나 물어보라).

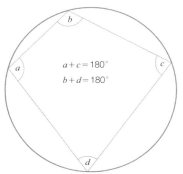

$a + c = 180°$
$b + d = 180°$

▲ 원 안의 사각형은 꼭짓점들이 모두 원에 내접한다. 그것은 서로 맞은편에 있는 내각들의 합이 180°가 되는 것을 비롯해 일정한 속성을 가진다.

12 인수분해를 통한 2차방정식 풀이

문제

존과 폴은 뒤뜰에 공동으로 사용할 포물선 모양의 수영장을 팠다. 이 수영장의 방정식은 $6x^2 + 5x - 21 = d$이며, 여기서 d는 수심이고 x는 두 집의 대지 경계선으로부터의 거리이다. 그렇다면 이 수영장은 대지 경계선으로부터 각 뜰로 얼마나 뻗어 있을까?

방법

첫 번째 단계는 우리가 구하고자 하는 것을 이해하는 것이다. 때로 이것은 가장 어려운 부분이기도 하다. 수영장은 땅을 파내려간 것이기 때문에, 그것이 각 뜰로 얼마나 뻗어 있는지 구하려면 수심 d가 0인 지점들의 x값을 구해야 한다. 즉 다음의 방정식을 풀면 된다.

$$6x^2 + 5x - 21 = 0$$

추측을 하는 것도 이 방정식을 푸는 한 가지 방법인데, x에 들어갈 만한 값을 고른 다음 그것을 좌변에 대입해서 0이 나오는지 확인하는 것이다. 하지만 이 방법은 매우 비효율적이다. 다음으로 미지수 항들을 한쪽으로 보내서 정리하는 방법이 있는데, 이 방정식의 미지수 x와 x^2는 차수가 달라서 정리할 수가 없다. 이 문제를 해결하는 데는 몇 가지 방법

이 더 있다.

우리가 앞(→ pp.34~35)에서 보았듯이 두 개의 1차식을 곱하면 2차식이 나올 수 있다. 그렇다면 이번에 우리가 할 일은 그것을 반대로 하는 것이다. 즉 2차식을 쪼개서 두 개의 1차식으로 만드는 것이다. 그런 다음 각 1차식이 0이 될 때의 x값을 구하면 된다. 요약하자면 1차식의 곱으로 이뤄진 방정식은 $(ax+b)(cx+d) = 0$의 형태를 띠는데, 여기서 a, b, c, d는 숫자이다(2항식 → pp.32~35).

이 숫자들의 값을 알기 위해서는 추측하는 방법도 있겠지만 운도 따라야 하고 정답을 찾는 데 상당한 시간이 필요할 것이다. 더구나 해가 분수거나 무리수라면 추측에 의한 방법은 거의 쓸모가 없다고 봐야 한다.

또 다른 방법은 인수분해를 이용하는 것이다. 인수분해는 '괄호 전개'의 정반대 과정이다. '괄호 전개'는 두 개의 2

항식을 곱해서 3항식을 만드는 것인데 반해 인수분해는 그 3항식을 두 개의 2항식으로 분리해 내는 것이다. 인수분해는 해가 유리수일 경우 매우 유용하지만 무리수일 때는 그렇지 않다. 여기서는 몇 가지 인수분해 방법 중 하나를 다룰 것이며 다음(→ pp.84~85)에 두 가지 방법을 더 살펴볼 것이다.

분해

1단계: 좌변에서 1항의 계수와 마지막 항을 곱한다.

$$6x^2 + 5x - 21$$
$$\searrow \qquad \swarrow$$
$$- 126$$

2단계: 곱해서 -126이 되고 더해서 5(가운데 항의 계수)가 되는 숫자 쌍을 구한다.

$$- 126$$
$$\swarrow \qquad \searrow$$
$$14 \qquad -9$$

3단계: 가운데 항을 위의 숫자 쌍을 이용해 분해한다.

$$6x^2 + 14x - 9x - 21$$

4단계: 항들의 공통 인수를 찾는다. $6x^2$과 $14x$는 둘 다 $2x$로 나눠지기 때문에 공통 인수가 $2x$이며, $-9x$와 -21은 -3으로 나눠지기 때문에 공통 인수가 -3이다. 이 공통 인수들은 앞으로 나오고 나머지는 괄호 안에 남게 되는데, 여기

서는 둘 다 남는 부분이 $3x + 7$이다. 따라서 그것을 다시 쓰면 다음과 같다.

$$2x(3x + 7) - 3(3x + 7)$$

5단계: 공통인 괄호 부분으로 묶어서 위의 식을 정리하면 다음과 같다.

$$(2x - 3)(3x + 7)$$

2항식 풀기

이제 3항식을 두 개의 2항식으로 인수분해하는 작업은 끝났으므로 그 식의 값이 0인 방정식을 풀면 수영장이 대지 경계선에서 각 뜰로 얼마나 뻗어 있는지를 알 수 있다.

$$(3x + 7)(2x - 3) = 0$$

이때 좌변이 0이 되려면(= 기호가 있는 등식이므로 당연히 양변의 값은 같아야 한다), 첫번째 1차식이나 두 번째 1차식이 0이어야 한다. 따라서 우리는 각각의 1차식을 0으로 만드는 x의 값을 구해야 한다.

$$3x + 7 = 0 \qquad 2x - 3 = 0$$
$$3x = -7 \qquad 2x = 3$$
$$x = -\frac{7}{3} \qquad x = \frac{3}{2}$$

해답

방정식의 해가 $x = \frac{3}{2}$과 $x = -\frac{7}{3}$이므로 수영장은 대지 경계선에서 폴의 뜰로(그의 집이 대지 경계선의 왼쪽 혹은 수직선상에서 음의 방향에 있다고 가정) $\frac{7}{3}$m(2.33m) 뻗어 있으며 존의 뜰로는 $\frac{3}{2}$m(1.5m) 뻗어 있다.

아랍의 대수학

내 기억으로는 학교에서 이집트, 그리스, 로마의 수학에 대해 배우는 데 1년이 걸렸던 같다. 그리고 다음 학년이 시작되자 '중세'에 대해서는 아주 잠시 언급하더니, 우리는 어느새 르네상스 시대를 공부하고 있었다. 마치 서로마제국의 멸망(15세기 후반)으로부터 초기 르네상스 시대로 순간 이동한 것처럼. 알다시피 그 사이에는 상당히 많은 일들이 일어났으며, 그 시기에 배움의 중심은 동쪽의 바그다드로 이동했다.

지혜의 전당 THE HOUSE OF WISDOM

529년에 플라톤의 아카데미가 폐교된 것은 그리스 수학의 최후였다고 할 수 있다. 그 시점부터 13세기까지 세계 수학의 중심은 동방에 있었다.

바그다드에 있었던 '지혜의 전당'은 압바스Abbasid 왕조의 5대 칼리프였던 하룬 알 라시드Harun Al-Rashid(763~809)와 그의 아들 알 마문Al-Ma'mun에 의해 설립되었다. 알 라시드는 786~809년까지, 알 마문은 813~833년까지 집권했다. 이 시기에 이슬람 제국은 서쪽의 스페인에서부터 동쪽의 인도 국경까지 진출했는데, 이때 인도와의 접촉은 매우 중요한 결과를 낳는다.

원래 지혜의 전당은 페르시아뿐만 아니라 그리스, 인도에서 온 문헌들을 번역하고 보존하는 데 주력했다. 하지만 시간이 흐르면서 그곳은 인문학과 과학 연구의 중심이 되었고, 그러한 역할은 1258년에 몽골의 침입으로 파괴되기 전까지 계속되었다.

페르시아의 수학은 비록 많이 언급되지는 않지만 수학에 상당히 중요한 영향을 미친 것으로 알려져 있다. 지혜의 전당이 설립된 즈음에는 알 콰리즈미(→pp.86~87)와 인도의 숫자 체계에 대한 저서를 쓴 알 킨디Al-Kindi(801~873)가 있었다. 또한 비슷한 시기에 바누 무사Banu Musa 형제들은 기하학, 천문학, 역학을 연구했다.

아부 카밀Abu Kamil(850~930)은 알 콰리즈미의 대수학 연구를 확장시켰으며, 908년에 태어나 겨우 38년을 살았던 이브라힘 이븐 시난Ibrahim ibn Sinan은 적분 이론을 확장시킴으로써 아르키메데스의 소진법method of exhaustion을 심화시켰다. 마지막으로 알 카라지Al-Karaji(953~1029)는 대수학에서 상당한 진전을 이뤘는데, 그는 그 분야의 기하학 의존도를 줄이고 오늘날 우리가 알고 있는 대수학에 좀 더 근접시켰다.

그 외에도 기하학, 삼각법, 정수론 등의 영역에서 문헌을 번역하고 주석을 달거나 수학을 심화시켰던 수학자들이 많다.

아라비아 숫자

이 시기에 이뤄진 가장 중대한 진보 중의 하나는 십진수 자릿값 체계의 채택이다. 이것은 10가지 기호를 가진 체계인 동시에 기호가 위치한 자리가 그 값을 결정하는 체계였다. 오늘날 우리가 사용하는 체계가 바로 이 십진수 자릿값 체계이다. 알다시피 535라는 수는 각 숫자들이 자리에 따라 다른 값을 가지고 있는데, 맨 앞의 5는 100의 단위이며 마지막의 5는 1의 단위이다.

앞에서 살펴보았듯이 고대의 이집트인들은 십진수 체계를 사용했지만 10의 거듭제곱에 해당하는 수들의 기호가 각기 달랐기 때문에 곱셈을 하기가 매우 어려웠다(→ pp.70~71). 물론 로마 숫자는 다루기가 훨씬 더 힘들었다.

십진수 자릿값 체계의 도입은 셈을 간편하게 만들었으며 소수decimals가 발전하는 계기를 마련했다. 이것이 중요한 점은 드디어 수학자들이 산술의 제약에서 벗어나 더 큰 그림을 그릴 수 있게 되었다는 것이다. 오늘날 과학자들이 심오한 사고를 할 수 있는 것도 복잡한 계산을

척척 해내는 컴퓨터의 능력 덕분이다.

아랍의 숫자는 인도의 숫자에서 비롯됐다. 유프라테스 강 근처에 살았던 한 기독교 주교가 662년에 작성한 문헌에 그것들을 사용했다는 내용이 있긴 하지만, 그 숫자들을 담고 있는 가장 오래된 문헌은 10세기에 등장한다. 많은 학자들은 12세기의 라틴어 논문 〈인도 숫자의 기수법Algoritmi Numero Indorum〉(이것은 알콰리즈미의 글을 번역한 것임)이 인도 숫자에 대해 다룬 첫 번째 아랍 문헌이라고 주장하며, 이 논문에 근거해 아랍이 인도의 숫자들을 채택한 시기를 (알 콰리즈미가 살았던) 790~840년 사이라고 추정하고 있다. '알고리즘Algorithm'이 그 논문의 제목에서 유래했다는 점은 아주 흥미롭다. 1202년에는 피보나치가 아랍의 숫자를 유럽에 소개한다.

▼ 인도 – 아랍 숫자가 오늘날 우리들의 일상에서 사용하는 것과 같은 형태로 진화하는 모습.

● 1300

| 1 | 2 | 3 | 4 | 5 | 6 | 7 | 8 | 9 |

● 1082

| 1 | 2 | 3 | 4 | 5 | 6 | 7 | 8 | 9 | 0 |

● 969

| 1 | 2 | 3 | 4 | 5 | 6 | 7 | 8 | 9 | 0 |

공통 인수법과 분수법

문제

조지와 링고는 뒤뜰에 공동으로 사용할 포물선 모양의 수영장을 팠다. 이 수영장의 방정식은 $6x^2 + 5x - 21 = d$이며, 여기서 d는 수심이고 x는 두 집의 대지 경계선으로부터의 거리이다. 그렇다면 이 수영장은 대지 경계선으로부터 각 뜰로 얼마나 뻗어 있을까?

방법

어디서 많이 본 듯한 문제라고 생각하겠지만 앞의 문제(→ pp.80~81)와는 완전히 다르다. (이름이 조지와 링고로 바뀌지 않았나! 그렇게 하니까 문제에서 아주 색다른 분위기가 난다.) 그렇다, 같은 문제가 맞다. 어찌 됐든 2차방정식과 포물선(2차방정식이 만들어 내는 그래프)은 아주 중요하며, 가령 특이한 궤도나 다리의 강삭(강철 철사를 모아 만든 줄)에서부터 심지어는 회중전등의 반사경에 이르기까지 많은 것을 계산하는 데 사용할 수 있다.

2차방정식의 해법은 여러 가지가 있다. 앞서 얘기했듯이 그 여러 가지 방법들을 증명하는 최선책은 같은 예제를 사용하는 것이며, 우리는 여기서 몇 가지 다른 방법들을 시도할 것이다.

공통 인수법으로 풀기

1단계: 좌변에서 2차항의 계수와 상수를 곱한다.

$$6x^2 + 5x - 21$$

$$- 126$$

2단계: 곱해서 -126이 되고 더해서 5(가운데 항의 계수)가 되는 숫자 쌍을 구한다.

$$- 126$$

$$14 \qquad -9$$

3단계: 준식의 2차항의 계수(여기서는 6)와 2단계에서 구한 숫자 쌍을 이용하여 2개의 1차식을 만든 후 2차항의 계수로 나눈다.

$$\frac{(6x+14)(6x-9)}{6}$$

4단계: 각 1차식의 공통 인수를 앞으로 빼낸다.

$$\left(\frac{2 \cdot 3}{6}\right)(3x + 7)(2x - 3)$$

5단계: 분수를 간소화한다.

$$(3x + 7)(2x - 3)$$

분수법으로 풀기: 괄호 – a – 약분 – 이동

1단계: 좌변에서 2차항의 계수와 상수를 곱한다.

$$6x^2 + 5x - 21 = d$$
$$\searrow \quad \swarrow$$
$$-126$$

2단계: 곱해서 -126이 되고 더해서 5(가운데 항의 계수)가 되는 숫자 쌍을 구한다.

$$-126$$
$$\swarrow \quad \searrow$$
$$14 \quad -9$$

3단계(괄호): 2단계에서 구한 숫자 쌍을 이용해서 두 개의 1차식을 만든다. 당분간 계수 6은 잊기로 한다.

$$(x + 14)(x - 9)$$

4단계(a): 두 1차식의 상수항에 a(→ p.87. 여기서 x^2의 계수인 6이다)를 분모로 추가한다.

$$\left(x + \frac{14}{6}\right)\left(x - \frac{9}{6}\right)$$

5단계(약분): 분수를 간소화시킨다.

$$\left(x + \frac{7}{3}\right)\left(x - \frac{3}{2}\right)$$

6단계(이동): 분모를 1항으로 보낸다.

$$(3x + 7)(2x - 3)$$

2항식 풀기

3항식을 2항식으로 분해하는 방법을 두 가지 더 시도해 보았으니 이제는 해를 구할 차례다. 위의 식이 값이 0일 때 방정식을 다시 한 번 풀어 보자.

$$(3x + 7)(2x - 3) = 0$$

좌변이 0이 되려면 첫 번째 1차식이나 두 번째 1차식이 0이어야 한다. 따라서 우리는 각각의 1차식을 0으로 만드는 x의 값을 구하면 된다.

$3x + 7 = 0$	$2x - 3 = 0$
$3x = -7$	$2x = 3$
$x = -\frac{7}{3}$	$x = \frac{3}{2}$

해답

방정식의 해가 $x = \frac{3}{2}$과 $x = -\frac{7}{3}$이므로 수영장은 대지 경계선에서 조지의 뜰로 (그의 집이 대지 경계선의 왼쪽 혹은 수직선상에서 음의 방향에 있다고 가정함) $\frac{7}{3}$ m(2.33m) 뻗어 있으며 링고의 뜰로는 $\frac{3}{2}$ m(1.5m) 뻗어 있다.

알 콰리즈미 AL KHWARIZMI

기하학의 아버지인 유클리드와 마찬가지로 알 콰리즈미 역시 그의 생애에 대해 별로 알려진 것이 없다. 대부분의 사람들은 '대수학'과 '알고리즘'이 알 콰리즈미로부터 유래했다는 사실에 놀란다.

알 콰리즈미라고 널리 알려져 있는 아부 자파르 무하마드 이븐 무사 알 콰리즈미 Abu Ja'far Muhammad ibn Musa Al-Khwarizmi는 780년경에 태어났다. 하지만 그의 정확한 출생지에 대해서는 아직도 의견이 분분하다. 그가 아랄 해의 남쪽이자 카스피 해의 동쪽에 위치한 지역(현재의 우즈베키스탄)에 해당하는 호라즘 제국 출신이라고도 하고 바그다드에서 태어났다고도 한다.

확실하게 알려진 것은 알 콰리즈미가 지혜의 전당(→ pp.82~83)에서 일했다는 것이다. 거기서 그는 바누 무사 형제와 함께 그리스와 인도 등에서 온 문헌들을 번역했다. 또한 대수학, 기하학, 천문학, 지리학에 대한 논문들을 저술함으로써 이들 분야의 지평을 넓혔다.

알 콰리즈미의 주요 저작 가운데 하나로 꼽히는 《지구의 표면 Kitab Surat Al-Ard》은 833년에 썼는데, 이 책은 프톨레마이오스의 《지리학 Geography》을 개정한 것으로 2,400개가 넘는 도시들의 좌표와 지리학적 특징을 담고 있다. 알 콰리즈미는 《지구의 표면》에서 프톨레마이오스가 지중해의 길이를 지나치게 계측한 것을 바로잡았으며 동방의 지역에 대한 자세한 정보를 덧붙였다. 물론 이 지역들은 그리스인들보다는 압바스 왕조에 더 잘 알려진 곳들이었다. 또한 그는 아스트롤라베 astrolabe(천문학자, 점성가, 항해사들이 사용했던 도구), 해시계, 유대력 Jewish calendar 등에 관한 몇 권의 소책자를 썼다.

'알고리즘 ALGORITHM'의 기원

알 콰리즈미의 저서 중 두 번째로 중요한 책은 《인도 숫자의 기수법 Algoritmi de Numero Indorum》이다. 이것은 현재까지 전해지지 않은 아랍어 원본에 대한 라틴어 번역본의 제목이다. 바로 이 제목에서 우리는 '알고리즘'이란 단어를 얻게 된다. 알고리즘은 문제 해결을 위해 따라야 할 단계들이나 지침을 말한다. 그는 이 책에서 힌두 숫자의 자릿값 체계를 소개한다. 또한 이것은 0을 값이 없는 자리를 대신하는 용도로 사용

▶ 대수학 발전에 매우 중요한 인물인 알 콰리즈미의 초상화.

한 첫 번째 문헌인 것으로 알려져 있다. 이 책은 여러 계산법들을 소개하며 제곱근을 구하는 방법도 다룬다.

'대수학ALGEBRA'의 기원

《복원과 대비의 계산Hisab Al-Jabr w'Al-Muqabala》은 알 콰리즈미가 쓴 가장 중요한 저서이며, 대수학을 뜻하는 'algebra'는 바로 책 제목의 일부인 'Al-Jabr'에서 온 것이다. 디오판토스(→ pp.64~64)를 '대수학의 아버지'라고 말하지만 일부 학자들은 바로 이 저서를 쓴 공로를 들어 그 타이틀이 알 콰리즈미의 것이라고 주장한다.

1차방정식과 2차방정식을 푸는 알 콰리즈미의 방법은 방정식을 여섯 가지 형태들 중 하나로 간소화시키는 것이었다. 이것은 알 콰리즈미가 음수로 인한 문제들을 비켜갈 수 있는 여지를 주었다.

그가 했던 방법대로 2차방정식의 항들을 정의하는 것은 아주 흥미롭다. $ax^2 + bx + c = 0$이라는 2차방정식이 있고 a, b, c는 양의 정수라고 할 때 ax^2은 제곱, bx는 근, c는 수를 나타낸다. 그럼 이제 알 콰리즈미가 허용했던 여섯 가지 형태들을 살펴보자.

1) 제곱은 근과 같다: $ax^2 = bx$

이것은 $x^2 = 4x$와 같은 방정식을 말하는데, 이 경우에 답은 4이며 $3x^2 = 7x$의 답은 $\frac{7}{3}$이다. 좀 더 자세히 들여다보면 이 방법은 아주 기초적인 수준이다. 두 번째 예의 경우, 먼저 양변을 3으로 나누면 $x^2 = \frac{7}{3}x$가 된다. 다음으로 좌변의 x^2은 $x \cdot x$, 우변의 $\frac{7}{3}x$는 $\frac{7}{3} \cdot x$로 표현될 수 있기 때문에 다시 쓰면,

'al-jabr'

$$x \cdot x = \frac{7}{3} \cdot x$$

따라서 좌변의 첫 번째 x는 $\frac{7}{3}$이 되어야 한다. 여기서 주목할 점은 가장 뚜렷한 x의 해, 즉 $x = 0$은 고려되지 않는다는 것이다.

2) 제곱은 수와 같다: $ax^2 = c$

비록 알 콰리즈미의 방법을 증명하는 어떠한 참고 문헌도 없지만, 이 방정식의 가장 간단한 해법은 양변을 a로 나눠서 좌변에 x의 미지수항만을 남긴 다음 아르키메데스의 방법과 유사한 모종의 방법으로 그 제곱근을 구하는 것이다.

3) 근은 수와 같다: $bx = c$

(1차방정식 풀이 참조 → pp.26~27)

4) 제곱과 근의 합은 수와 같다: $ax^2 + bx = c$

5) 제곱과 수의 합은 근과 같다: $ax^2 + c = bx$

6) 근과 수의 합은 제곱과 같다: $bx + c = = ax^2$

미국의 수학사학자 칼 보이어Carl Boyer (1906~1976)는 저서 《수학의 역사A History of Mathematics》(1968)에서 마지막 3개의 예제들에 대해 이렇게 쓰고 있다. "그것들은 특정한 경우들에 적용되는 완전제곱식 풀이를 위한 '지침서'적 규칙들이다." 우리는 이미 앞에서(→ pp.72~73, 76~77) 완전제곱식을 이용해서 2차방정식을 풀어 보았다.

14 2차방정식의 공식 사용하기

문제

아트와 폴은 그들의 뒤뜰에 공동으로 사용할 포물선 모양의 수영장을 팠다. 이 수영장의 방정식은 $6x^2 + 5x - 21 = d$이며, 여기서 d는 수심이고 x는 두 집의 대지 경계선으로부터의 거리이다. 그렇다면 이 수영장은 대지 경계선으로부터 각 뜰로 얼마나 뻗어 있을까?

방법

이 문제는 2차방정식의 공식을 사용해서 풀 것이다. 고대의 이집트인들이 면적과 관련된 문제들의 해결을 위해 고민한 이래 2차방정식은 친숙한 것이 되었다.

어쨌든 그것이 좀 더 현대적인 형태를 띠기 시작한 것은 동방의 수학에서였다. 우리가 이미 살펴보았듯이 알 콰리즈미는 다양한 2차방정식들을 풀기 위한 여섯 가지 방법을 가지고 있었으며, 스리다라(→ p.75)는 2차방정식의 해를 구하는 일반 공식을 만들어 낸 최초의 사람들 중 한 명이었다. 그가 고안한 2차방정식의 공식이 유럽에 전해졌다고 하지만 그것은 오늘날 우리가 아는 것과는 사뭇 달랐다. 사실 복소수와 허수(→ pp.104~105)를 포함한 전 범위의 해를 다루기 시작한 것은 5세기가 더 지난

후 지롤라모 카르다노(→ pp.102~103)가 이끌었던 유럽의 수학자들에 의해서였다. 오늘날 우리가 알고 있는 2차방정식의 공식이 채택된 것은 데카르트가 《기하학》을 출간했던 1637년 무렵이다.

그 공식은 어떤 2차방정식에도 적용되는 일반화된 해법이었다. 정말 사용하기 쉬웠으며 가장 큰 실수라고 해봐야 난해함에서 비롯된 문제들보다는 간단한 계산상의 착오들이었다.

다시 한 번 나름의 기지를 발휘해서 문제의 성격을 완전히 바꿨다. 사실은 이번 문제도 이전의 것과 동일하며 다만 다른 방식으로 풀 것이다.

2차방정식의 해를 구하는 공식은 다음과 같다.

$$\frac{-b \pm \sqrt{b^2 - 4ac}}{2a}$$

알 콰리즈미에 대해 알려면
pp.86~87을 보라.

여기서 a, b, c는 2차방정식 $ax^2 + bx + c = 0$의 계수들이다.

우리가 풀어야 할 방정식에서는 $a = 6$, $b = 5$, $c = -21$(음수를 잊어서는 안 된다)이므로 변수들에 각 값을 대입하면 다음과 같다.

$$x = \frac{-(5) \pm \sqrt{(5)^2 - 4(6)(-21)}}{2(6)}$$

$$x = \frac{-5 \pm \sqrt{25 + 504}}{12}$$

$$x = \frac{-5 \pm \sqrt{529}}{12}$$

$$x = \frac{-5 \pm 23}{12}$$

이제 마지막으로 두 가지 해를 따로 계산하면 된다.

$$x = \frac{-5 + 23}{12} \qquad x = \frac{-5 - 23}{12}$$

$$x = \frac{18}{12} \qquad x = \frac{-28}{12}$$

$$x = \frac{3}{2} \qquad x = \frac{-7}{3}$$

해답

방정식의 해가 $x = \frac{3}{2}$과 $x = \frac{-7}{3}$이므로 수영장은 대지 경계선에서 아트의 뜰로(그의 집이 대지 경계선의 왼쪽 혹은 수직선상에서 음의 방향에 있다고 가정함) $\frac{7}{3}$m(2.33m) 뻗어 있으며, 폴의 뜰로 $\frac{3}{2}$m(1.5m) 뻗어 있다.

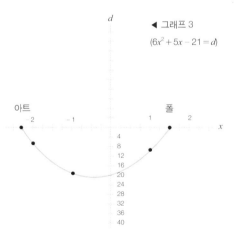

◀ 그래프 3
$(6x^2 + 5x - 21 = d)$

▲ 이것은 아트와 폴의 수영장을 묘사하는 포물선 그래프다. 여기서 유의할 점은 d축의 값이 양수라는 것인데, 수심을 '음의 높이'로 가정하기보다는 양의 값들로 표시했다. 이렇게 한 것은 단순히 그래프에 대한 이해도를 높이기 위해서다.

오마르 카얌

OMAR KHAYYAM

▲ 대수학 발전에 중요한 역할을 한 페르시안 수학자 오마르 카얌.

오마르 카얌은 1048년 5월 18일에 페르시아의 니샤푸르에서 태어났다. 그는 25세가 되기도 전에 수학의 역사에서 대단히 중요하게 여겨지는 저서들을 썼다. 그는 1070년에 지금의 우즈베키스탄 지역인 사마르칸트로 이주했고 거기에서 저명한 법학자였던 아부 타히르Abu Tahir로부터 경제적 지원을 받았다. 이것은 카얌이 그의 가장 유명한 저서인 《대수학 문제들의 입증에 관한 논문Treatise on Demonstration of Problems of Algebra》을 집필하는 데 전념할 수 있게 했다. 1073년에는 셀주크Seljuk 왕조의 술탄인 말리크 샤Malik Shah의 초청으로 수도인 이스파한에 갔다가 일종의 관측소를 설립하게 되며, 그곳에서 이후 18년 동안 머물렀다.

1092년에 말리크 샤가 사망한 후에는 한동안 정치적인 소요가 끊이질 않았는데, 결국 1118년에 셋째 아들인 산자르Sanjar가 집권했다. 산자르는 왕조의 수도를 메르브로 옮겼고 카얌도 얼마 안 있어 그곳으로 이주했다. 메르브에는 또 다른

- 《루바이야트THE RUBAIYAT》: 어쩌면 카얌은 19세기 영국의 시인이자 번역가 에드워드 피츠제럴드Edward Fitzgerald의 번역서 《오마르 카얌의 루바이야트The Rubaiyat of Omar Khayyam》를 통해 더 유명해졌는지도 모른다. 《루바이야트》는 600편의 4행시quatrains를 담고 있다.

- 《산술 문제PROBLEMS OF ARITHMETIC》: 대수학과 음악에 관한 책. 카얌은 말리크 샤의 요청에 따라 이스파한에 관측소를 설립했다. 그는 거기 머물면서 1년의 길이가 365.24219858156일이라는 것을 계산해 냈는데, 이것은 놀랄 만큼 정확하다. 또한 그는 자랄리력Jalali Calendar이라는 새로운 달력도 만들었다.

- 《유클리드의 난해한 공리에 대한 주석COMMENTARIES ON THE DIFFICULT POSTULATE OF EUCLIDS》: 유클리드의 평행선에 대한 공리를 분석하던 카얌은 비유클리드적인 기하학에 접어들게 되는데, 어떤 학자들은 그것이 의도적인 것은 아니었다고 보고 있다.

- 《대수학 문제PROBLEMS OF ALGEBRA》: 카얌은 다른 저서들에서 지금은 전해지지 않는 이 책에 대해 언급하는데, 그 글들을 토대로 내용을 추측해 보면 '파스칼의 삼각형'(→ pp.130~131, 134~135)과 유사한 것으로 보인다.

원뿔곡선론CONICS

원뿔곡선론은 원뿔에서 나올 수 있는 모양들을 다루는 수학의 한 분야이다. 실제로 원뿔에서 나올 수 있는 모양은 네 가지이며, 그것들은 바로 원, 타원, 포물선, 쌍곡선이다. 이 모양들은 무시로 우리 앞에 나타난다. 원만 해도 그러한데, 원형의 타이어를 빼놓고는 자동차 산업을 상상하기조차 힘드니까 말이다. 한편, 타원의 예는 지구가 태양의 주위를 도는 경로에서 찾을 수 있으며, (3차원에서 만들어진) 포물선의 쉬운 예는 접시형 위성 안테나일 것이다. 또한 쌍곡선은 벽면에 드리워진 등잔의 그림자에서 발견할 수 있다.

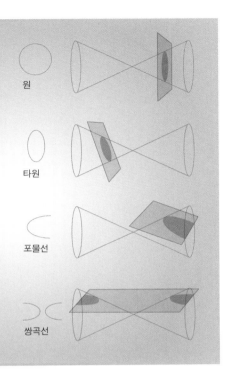

원

타원

포물선

쌍곡선

교육 시설이 만들어졌고 카얌은 그곳에서 1122년 12월 4일에 세상을 떠날 때까지 연구를 계속했다.

대수학의 문제들

《대수학 문제들의 입증에 관한 논문》은 오마르 카얌의 가장 위대한 수학 저서이다. 1070년에 쓰여진 이 책에서 그는 원뿔곡선들을 이용해 해를 구하는 3차방정식의 초안을 그리고 있다.

카얌은 기하학적 방법에 의해 두 원뿔의 교차점을 구함으로써 3차방정식을 풀 수 있었다. 하지만 그도 3개의 해 중에 하나 혹은 두 개밖에 못 구했다는 사실은 흥미롭다. 카얌은 자신의 해법이 본질적으로는 기하학적이라는 것을 알았기 때문에 언젠가는 산술적인 해법이 개발되기를 희망했다. 이것은 수세기가 흐른 뒤에 이탈리아의 수학자들에 의해 성취된다.

"철학자를 흉내 내는 대다수의 사람들은 참과 거짓을 구별하지 못하며 그들이 하는 일이라고는 지식을 기만하고 가장하는 것이다. 또한 그들은 과학에 대해 아는 것들을 기본적이고 물질적인 목적을 제외한 어느 곳에도 사용하지 않는다." ― 《대수학 문제들의 입증에 관한 논문》

이탈리아
– 수학의 르네상스

수학의 중심이 서방으로 옮겨가게 된 데에는 동방의 수학을
유럽에 소개하고 그것을 르네상스 시대 동안 융성하게 만든
이탈리아 수학자들의 역할이 컸다. 이 장에서는
피보나치 수열과 같은 아름답고 창의적인 수학을 만나고
황금비율을 다시 돌아본 후 허수와 복소수와 같은
특이한 개념들을 알아보도록 하자.

피보나치 FIBONACCI 1

일반적으로 아르키메데스, 가우스, 뉴턴을 수학의 '빅 3'라고 하지만 여기에 재밌고도 쉽게 접근할 수 있는 수학자 둘을 추가해야 할 것 같다. 바로 파스칼(→ 5장)과 우리가 주변에서 흔히 볼 수 있는 수열을 발견한 피보나치이다.

힌두-아랍 수 체계를 접하다

레오나르도 피사노(피사의 레오나르도Leonardo Pisano)라고도 불리는 피보나치는 1170년 이탈리아 피사에서 태어났다. 비록 이탈리아에서 태어났지만 피보나치가 주로 자라고 배운 곳은 북아프리카다. 그의 아버지 구리엘모는 지금의 알제리 항구에서 활동하던 상인들을 대변하는 피사 공화국의 외교관이었다.

이슬람 제국에서 자라고 배우면서 피보나치는 당시 유럽보다 훨씬 앞서 있던 수 체계를 접했다. 또한 그는 압바스 왕조의 몰락도 직접 목격한다. (이 왕조는 34대 칼리프인 안 나시르(1180~1225 재위) 이후 내리막길을 걷는다.) 그 당시 스페인과 포르투갈은 기독교도에 의해 대부분 정복당했는데, 압바스 왕조는 1258년 바그다드가 함락당하면서 끝나게 된다.

그는 여러 지역을 여행한 후 1200년에 피사로 돌아온다. 거기서 《산술교본Liber Abaci》(1202), 《실용 기하학Practica Geometriae》(1220), 《플로스Flos》(1225), 《제곱수의 책Liver Quadratorum》(1225)을 집필했다. 그 외의 저술들도 있었으나 현재까지 전해지는 것은 없다. 그는 1250년 피사에서 세상을 떠났다.

《실용 기하학》과 《플로스》

피보나치는 《실용 기하학》에서 유클리드의 《기하학 원론》과 《분할에 관하여》에 기초한 기하학 문제를 다루며, 삼각형들을 이용해서 큰 물체의 높이를 구하는 방법(→ p.38)도 설명한다. 또한 《플로스》에서는 이전에 오마르 카얌(→ pp.90~91)이 시도했던 3차방정식을 풀었는데, 그 해가 무리수였음에도 소수점 아래 아홉 자리까지 정확한 값을 구했다.

《제곱수의 책》

어떤 이들은 《제곱수의 책》이 피보나치의 가장 뛰어난 저서라고 하지만 《산술교본》만큼 유명하지는 않다. 이것은 정수론에 대한 논문이어서 실용적이진 않지만 거기서 다루는 수학은 아주 매혹적이다.

그는 이 책에서 제곱수(→ p.16)는 홀수의 합으로 나타낼 수 있다고 기술한다. 즉

1 = 1 (1은 제곱수)
1 + 3 = 4 (4는 제곱수)
1 + 3 + 5 = 9 (9는 제곱수)

위의 그림은 처음 몇 개의 제곱수들에 대해

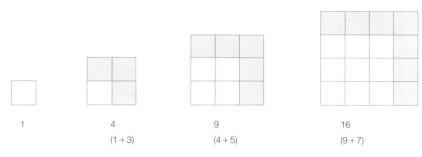

1	4	9	16
	(1 + 3)	(4 + 5)	(9 + 7)

▲ 첫 4개의 제곱수. 제곱수는 홀수들의 합이라는 피보나치의 주장이 사실임을 알 수 있다.

그것이 유효하다는 것을 보여 주지만 어떠한 제곱수든 홀수의 합으로 나타낼 수 있을까? 만약 가로와 세로가 n인 커다란 정사각형의 측면과 귀퉁이에 가로와 세로가 1인 작은 정사각형들을 덧붙이면 가로와 세로가 $(n+1)$인 정사각형이 만들어진다. 이때 덧붙인 정사각형들의 개수는 $2n+1$이며 이는 홀수이다.

그래서 어떠한 제곱수 n^2을 $(n+1)^2$으로 만들려면 $n+n+1$ 또는 $2n+1$을 더해야만 한다. 그러므로 $n^2 + 2n + 1 = (n+1)^2$이다. 이 식은 $(n+1)^2$을 전개시켜 얻을 수 있다(→ pp.34~35). 눈여겨볼 점은 n^2에 $2n+1$을 더한다는 것이다. n을 어떤 자연수라고 한다면 $2n$은 그 수의 2배이므로 짝수이다. 만약 우리가 첫 번째 제곱수인 $n=1$부터 시작한다면 n을 증가시켜가면서 공식에 부합하는 홀수를 알아낼 수 있다.

피보나치는 우리가 이전에 살펴보았던 피타고라스 수(→ p.45)를 찾아내는 방법도 남겼다. 1단계는 직각삼각형의 작은 두 변 중 하나를 나타낼 제곱수를 정한다. 2단계는 그 변의 길이보다 작은 홀수들의 합으로 두 번째 변을 나타낸다. 마지막으로 이 숫자들을 더하면 피타고라스 수가 완성된다.

예를 들어 첫 번째 작은 변의 길이를 25라고 하면, 25보다 작은 모든 홀수들의 합$(1 + 3 + 5 + 7 + 9 + 11 + 13 + 15 + 17 + 19 + 21 + 23)$은 144이다. 25에 144를 더하면 169이므로 다음과 같이 제곱수로 표현할 수 있다.

파란 사각형 n개

노란 사각형 1개

파란 사각형 n개

n

n

▲ 어떤 생각을 증명한다는 것은 그것이 어떤 경우든 성립한다는 것을 의미한다. 위에서는 n이 4이지만 n에 어떤 자연수가 들어가도 성립한다. 변수의 사용(이 경우에는 n)은 해법을 일반화시킨다.

$$25 + 144 = 169, \text{ 즉 } 5^2 + 12^2 = 13^2$$

포물선 그리기

앞 장에 이어 2차방정식을 좀 더 알아보기 위해 이번에는 2차방정식의 그래프, 즉 포물선을 살펴본다. 실제로 주변에서 많은 포물선을 볼 수 있는데, 일례로 공기의 저항을 무시할 경우 포탄의 궤적은 포물선을 그리며, 접시형 위성 안테나 역시 우리 주위에서 가장 쉽게 발견할 수 있는 포물선이다.

포물선의 그래프

가장 간단한 2차방정식은 $y=x^2$이다. 이 방정식의 그래프는 새로운 x의 값을 계속 대입하고 그에 상응하는 y값을 구하면서 만든다. 예를 들어 $x=-2$일 때의 y값은 $(-2)^2$, 즉 $-2 \cdot -2$이며 그 결과는 4이다. 이런 과정을 반복하면 아래의 그래프 4가 만들어진다.

포물선의 가장 밑(꼭짓점)에서 왼쪽과 오른쪽으로 1만큼, 위쪽으로 1만큼 이동하면 그래프상에 두 개의 점이 생긴다. 그런 다음 다시 꼭짓점에서 왼쪽과 오른쪽으로 2만큼, 위쪽으로 4만큼 이동하면 또 다른 두 개의 점이 생긴다. 이 제곱의

과정을 무한히 계속하면서 변하는 값들을 그래프상에 점으로 표시하고 그 점들을 연결해 가면 일정한 모양의 곡선이 나타난다.

포물선을 상하로 움직이는 것은 간단하다. 기본 포물선인 $y=x^2$과 다른 두 가지 $y=x^2+3$과 $y=x^2-3$의 그래프를 예로 들어보자. 이 세 가지 방정식으로 표를 만들어 보면 나머지 두 방정식의 y값이 3만큼 증가하거나 감소하며 그에 따라 포물선은 위쪽이나 아래쪽으로 움직인다는 것을 알 수 있다. 다시 말해서 $y=x^2 \pm q$의 그래프에서 q값은 포물선을 (그 모양에는 영향을 주지 않고) 단지 상하로만 이동시킨다(그래프 5).

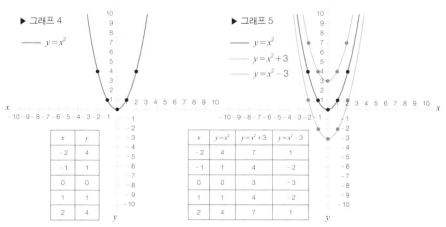

▶ 그래프 4

—— $y=x^2$

x	y
-2	4
-1	1
0	0
1	1
2	4

▶ 그래프 5

—— $y=x^2$

------ $y=x^2+3$

—— $y=x^2-3$

x	$y=x^2$	$y=x^2+3$	$y=x^2-3$
-2	4	7	1
-1	1	4	-2
0	0	3	-3
1	1	4	-2
2	4	7	1

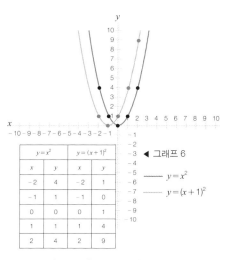

◀ 그래프 6

——— $y=x^2$

——— $y=(x+1)^2$

$y=x^2$		$y=(x+1)^2$	
x	y	x	y
-2	4	-2	1
-1	1	-1	0
0	0	0	1
1	1	1	4
2	4	2	9

그래프를 좌우로 움직이는 것은 약간 복잡하다. 포물선 $y=x^2$을 기준으로 곡선을 좌우로 이동시키려면 제곱되는 변수에 일정한 수를 더하거나 빼야 한다. 예를 들어 그래프 6은 기본 포물선 $y=x^2$과 이를 왼쪽으로 이동시킨 $y=(x+1)^2$을 보여 준다. 이와는 반대로 $y=(x-1)^2$과 같이 괄호 안에서 어떤 값을 빼주면 그래프 7에서 보다시피 그래프는 오른쪽으로 이동한다. 따라서 $y=(x\mp p)^2$과 같

▶ 그래프 7

——— $y=x^2$

——— $y=(x-1)^2$

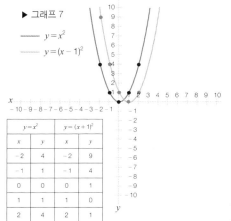

$y=x^2$		$y=(x+1)^2$	
x	y	x	y
-2	4	-2	9
-1	1	-1	4
0	0	0	1
1	1	1	0
2	4	2	1

은 방정식이 있다면 그 포물선은 p값에 따라 좌우로 움직인다.

이쯤 되면 의문이 하나 생길 수 있다. 변수 q는 더하거나 빼면 제대로 움직이는데, 어째서 변수 p는 반대로 움직일까? 다시 말하면 양수 q는 곡선을 양의 방향인 위쪽으로 이동시키는데, 어째서 양수 p는 그것을 음의 방향인 왼쪽으로 이동시킬까? p가 음수일 때도 동일한 의문이 생길 것이다.

이런 의문은 예상 외로 쉽게 풀리는데 흔히 사용하는 방정식 표기법과 관련이 있다. 사실 방정식 $y=x^2-q$는 $y+q=x^2$과 같이 써도 무방하지만 거의 모든 책에서 '$y=\cdots$'처럼 쓰고 있다.

이유야 어찌됐든 그것은 납득할 수 있느냐의 문제일 뿐이다. 일단 그것을 이해하게 되면 $y=(x\mp p)^2 \pm q$와 같은 형태의 2차방정식 그래프들을 쉽게 그릴 수 있다. p와 q는 서로 영향을 미치지 않으며 q는 그래프를 상하로만 이동시키고 p는 좌우로만 이동시킨다. (양수 q는 위쪽, 양수 p는 왼쪽이라는 것을 명심하라!)

그럼 포물선 그래프로 무엇을 할 수 있을까? 그것은 앞(p.84)에서 언급한 바와 같이 실생활에서 다양하게 응용될 수 있는데, 이 그래프를 사용하면 사물의 움직임에서부터 경제 시스템, 인구 통계 등에 이르기까지 많은 것들을 모델링할 수 있다. 또한 그것은 반사체를 만드는 데도 사용되며, 자동차 전조등이 빛을 모아서 멀리 비출 수 있는 것도 바로 포물선 때문이다.

피보나치 2

《산술교본》은 피보나치의 가장 유명한 저서이다. 1202년에 출판된 바로 이 책 덕분에 서방의 수학은 르네상스에 이른다. 피보나치는 《산술교본》을 통해 힌두 – 아랍에서 사용하는 숫자들을 유럽에 소개했는데, 이 때문에 산술이 훨씬 쉽고 빨라졌다.

근대의 수 체계

힌두 – 아랍의 수 체계는 오랜 전통을 가진다. 이것이 아름다운 것은 산술이 용이한 십진수 자릿값 체계를 사용하기 때문이다. 이 수 체계는 인도에서 유래했으며 7세기 브라마굽타는 처음으로 0을 단순히 빈자리를 채우는 기호가 아닌 숫자로 취급하는 수학 개념을 정립했다.

이런 개념은 이슬람 제국을 통해 서방 세계로 유입되는데, 9세기 초 알 콰리즈미가 전한 것을 피보나치도 접한다. 《산술교본》은 힌두 – 아랍의 수 체계를 처음으로 유럽에 소개한 것은 아니지만 이를 유행시킨 최초의 책이라고 할 수 있다. 피보나치는 이 수 체계의 실용성과 유용성을 제대로 알아봤던 것이다. 이 책의 1부는 힌두 – 아랍의 계산법, 2부는 당시 상인들이 해결해야 했던 문제들에 대해 기술한다.

피보나치 수열 FIBONACCI SEQUENCE

《산술교본》에는 '피보나치 수열'이라고 불리는 토끼 문제가 나온다. 어린 토끼 한 쌍을 기른다고 하자(암컷 1마리, 수컷 1마리). 그런데 이들이 새끼를 칠 정도로 자라려면 한 달이 걸린다. 그다음에 새끼를 배고 낳기까지 한 달이 걸린다. 이때 암컷은 새끼를 낳을 때마다 암컷과 수컷 각 한 마리씩을 낳는다. 매월 말에 우리는 몇 쌍의 토끼를 가지고 있을까?

처음 우리에게는 토끼 한 쌍이 있다. 다음 달 초에도 마찬가지로 한 쌍이다. 그런데 이 토끼는 이제 새끼를 가질 수 있기 때문에 세 번째 달이 시작될 때는 원래 있었던 토끼와 새로 태어난 토끼 이렇게 두 쌍을 갖게 된다. 여기서 주목할 점은 최초의 쌍은 이제 매달 새끼를 가질 수 있지만 새로 태어난 쌍은 한 달이 지나야 새끼를 가질 수 있다는 것이다.

네 번째 달이 시작될 때는 최초의 쌍, (이제부

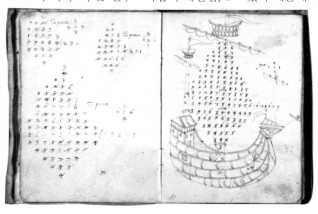

▲《산술교본》은 힌두 – 아랍의 수 체계와 피보나치 수열을 소개한 것으로 알려져 있다.

터 새끼를 칠 수 있는) 2세들의 쌍, 최초의 쌍에게서 또 태어난 새끼들 이렇게 세 쌍의 토끼가 있다. 다섯 번째 달에는 두 쌍이 새끼를 낳았기 때문에 우리는 총 다섯 쌍의 토끼를 갖게 된다.

수학적으로 피보나치 수열의 숫자를 찾아내는 공식은 $f_{n+2} = f_{n+1} + f_n$인데, 좀 이상해 보이지만 새로운 피보나치 숫자(f_{n+2})는 이전 2개의 피보나치 숫자들의 합($f_{n+1} + f_n$)을 통해 얻는다는 의미이다. 이렇게 얻을 수 있는 수열의 처음 몇 개를 나열해 보면 1, 1, 2, 3, 5, 8, 13, 21, 34, 55, 89가 된다.

▼ 피보나치 수열은 자연에서 쉽게 발견된다. 그림은 꽃잎이 21개인 데이지다.

자연에서 찾아볼 수 있는 피보나치 수열

피보나치 숫자는 자연 곳곳에서 발견할 수 있는데, 많은 꽃들이 피보나치 숫자에 해당하는 꽃잎 수를 가지고 있다. 아래의 목록은 그중 일부이다.

- 3장: 백합, 아이리스

- 5장: 미나리아재비, 들장미, 참제비고깔속

- 8장: 참제비고깔

- 13장: 데이지, 금불초, 금잔화, 시네라리아

- 21장: 데이지, 애스터, 노랑데이지, 치커리

- 34장: 데이지, 질경이, 국화

- 55 또는 89장: 갯개미취, 애스터과

황금비율GOLDEN RATIO

어떤 수들은 그 자체만으로도 정말 멋지다. 이제부터 우리는 가장 아름답고 멋진 숫자 중의 하나인 φ에 대해 알아본다.

황금비율(황금비)

황금비율 혹은 황금 분할로 알려진 φ의 값은 $\frac{1+\sqrt{5}}{2}$이다. 이상한 숫자처럼 보이지만 다른 멋진 숫자들처럼 이것도 여기저기서 불쑥 튀어나온다. 어떤 이들은 이런 등장을 우연의 일치라고 치부하면서, 우리는 뭔가를 찾으려고 할 때만 발견하게 된다고 주장한다.

π처럼 φ 또한 무리수다. 따라서 그것을 소수로 적는다면 아무리 많은 시간을 들여도 부족할 것이다. 하지만 소수점 이하를 처음 몇 자리로 제한한다면 황금비율의 값은 대략 1.618033989이다.

이제부터 조금 재미있어지는데, 피보나치 숫자를 나열한 다음 한 숫자를 이전의 숫자로 나누면 나중으로 갈수록 그 결과 값이 황금비율에 가까워진다.

f_n	$f_n \div f_{n-1}$
1	N/A
1	1
2	2
3	1.5
5	1.666667
8	1.6
13	1.625
…	…

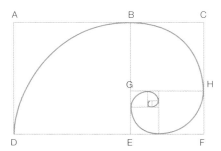

▲ 사각형 ACFD는 황금사각형이며 그 변들의 비(AC/CF)는 황금비율이다. 정사각형 ABED를 제거하면 새로운 직사각형(BCFE)이 나오는데, 이것 또한 황금사각형이다. 정사각형 BCHG를 제거하면 또 다른 황금사각형(GHFE)이 나오며 이러한 과정은 계속 반복된다. 이때 각 사각형의 마주보는 두 모퉁이(내각)를 가로지르는 곡선을 이어가면 '황금나선형Golden Spiral'이 만들어진다.

황금비율 찾기

피보나치 수열을 이용하는 것은 φ값을 얻는 한 가지 방법일 뿐이다. 황금비율은 $\frac{1+\sqrt{5}}{2}$이지만 한 개의 반복되는 분수로 쓸 수도 있다(세 점은 분수가 계속되는 것을 의미).

$$1 + \cfrac{1}{1 + \cfrac{1}{1 + \cfrac{1}{1 + \cfrac{1}{\ddots}}}}$$

반복되는 분수 부분을 무시하고 처음 몇 항만 구해도 φ값이 수렴하는 것을 볼 수 있다.

첫 번째 항 = 1
두 번째 항 = 1 + 1 = 2
세 번째 항 = $1 + \frac{1}{2} = 1.5$

이쯤 되면 조금 복잡하다고 생각하는 분들도 있겠지만 다음 항의 분모가 이전 항의 값과 같다는 것을 알게 되면 훨씬 쉬워진다. 따라서 네 번째 항은 다음과 같이 표현할 수 있다.

$1 + \frac{1}{\text{세 번째 항}} = 1 + \frac{1}{1.5} = 1.6$

이런 과정을 계속하면 구한 값이 황금비율로 수렴해간다. 또한 φ값은 반복되는 제곱근으로 표현할 수도 있다.

$$\varphi = \sqrt{1 + \sqrt{1 + \sqrt{1 + \sqrt{1 + \cdots}}}}$$

φ의 재미있는 속성 중 하나는 그 역수($\frac{1}{\varphi}$)가 φ보다 1 작다는 것이며 $\frac{1}{\varphi} = \varphi - 1$로 표현할 수 있다.

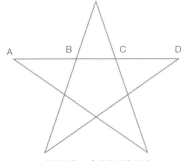

▲ 황금비율로 충만한 정오각별

▲ '비트루비안 맨Vitruvian Man'은 레오나르도 다빈치의 가장 유명한 드로잉으로 '원과 사각형 속의 인간'으로도 불리며 인간의 형상에 숨겨진 완벽한 질서를 나타낸다. 다빈치가 인체의 비율과 리듬을 법칙으로 체계화한 로마의 건축가 비트루비우스Vitruvius의 책을 접한 뒤 완성한 작품이다.

실생활에서의 황금비율

황금비율 또한 실생활에서 많이 찾아볼 수 있다. 사람의 몸도 예로 들 수 있는데, 우리 몸이 완벽한 형태에 가깝다고 가정하면 키를 배꼽까지의 높이로 나눈 값, 손가락 뼈마디들의 비율, 팔의 길이에 대한 팔꿈치부터 손목까지의 길이의 비율 등이 황금비율이다.

사실 φ 또는 황금비율은 피보나치수열이 있는 곳이면 어디서나 발견된다. 이 비율은 자연에서 볼 수 있을 뿐만 아니라 인간이 만든 예술 작품이나 건축물도 이 비율을 이용했다. 모나리자의 비율이나 파르테논 신전이 그 예다.

마지막으로 황금비율은 정오각별 모양에서도 나온다. 왼쪽의 그림에서 $\frac{AD}{AC}$, $\frac{AC}{AB}$, $\frac{AB}{BC}$를 포함해 모든 선분들의 비는 황금비율이다.

타르탈리아TARTAGLIA, 카르다노CARDANO

250년쯤 지나고 보니 2차방정식은 구식이 돼버렸다. 수학자 대부분은 이를 이해하게 되었고 수학은 계속 진보했다. 1500년대 이탈리아에서는 3차방정식이 등장한다. 오늘날 3차방정식은 일상생활에서 다양하게 응용되는데, 특히 부피와 밀접한 관련이 있다.

니콜로 타르탈리아NICCOLÒ TARTAGLIA
니콜로 폰타나 타르탈리아는 1499년(혹은 1500년)에 베니스 공화국의 속국이던 이탈리아 브레시아에서 태어났다. 그의 아버지는 말을 타고 여러 마을을 돌면서 물건을 배달했다. 하지만 6세 때 아버지가 살해당하면서 그의 집안은 극심한 가난에 처했다. 설상가상으로 1512년 프랑스군이 쳐들어와 사람들을 학살했는데, 한 프랑스 병사가 타르탈리아를 칼로 베어 입과 턱에 큰 상처가 생겼다. 이런 이유로 그는 덥수룩한 턱수염을 기르게 됐으며 말하는데도 장애를 겪었다.

◀ 니콜로 타르탈리아

그렇지만 그가 수학 분야에 큰 두각을 나타내기 시작하자 그의 어머니는 후원자를 구했고 이탈리아 파도바로 유학을 보냈다. 학업을 마친 후 잠깐 브레시아에 머물던 그는 1516년 베로나로 옮겨 수학을 가르치다가 1534년에는 베니스로 갔다. 이때부터 타르탈리아는 1557년 운명을 달리할 때까지 몇몇 이탈리아 수학자들과 일련의 논쟁에 빠져서 살았다.

지롤라모 카르다노GIROLAMO CARDANO
지롤라모 카르다노는 1501년 이탈리아 북부의 파비아에서 태어났다. 아버지는 변호사였지만 수학에도 재능이 있어서 파비아 대학과 밀란의 피아티재단에서 기하학을 가르쳤다. 또한 그의 아버지는 레오나르도 다빈치와 기하학 문제에 관해 의견을 교환하기도 했다.

그는 파비아에 있는 약학대학에 입학했고 공부도 곧잘 했지만 그의 거친 언행 때문에 수많은 적들이 생겼다. 1525년에 약학 박사 학위를 받았지만 거침없는 성격 탓에 밀란 의대에 들어가는 데 애를 먹었고 결국 14년 후에나 입학할 수 있었다.

1531년 결혼을 하고 학위를 받은 후부터 의대에 들어가기 전까지 카르다노는 의사로 생계를 꾸려나갔다. 그는 1539년부터 타르탈리아와 교류를 시작하는데, 이때부터 그의 인생은 논쟁의 연속이 된다.

카르다노를 괴롭혔던 것은 수학 문제뿐만이 아니었다. 그의 큰아들은 부인을 살해한 죄로 사형당했으며, 작은 아들은 도박으로 가산을 탕진해 버렸다. 1570년 카르다노는 십여 년 전에 출판한 예수 점성술horoscope과 관련해 이단으로 기소되어 몇 달간 투옥되는데, 아들의 증언이 결정적이었다. 그는 로마로 옮긴 후 1576년에 생을 마감한다.

타르탈리아의 승리와 패배

1465년 볼로냐에서 태어난 이탈리아 수학자 스키피오네 델 페로Scipione del Ferro는 최초로 3차방정식을 푼 인물로 추정된다. 그는 3차방정식의 풀이 과정을 비밀로 하다가 1526년 임종 때 제자인 안토니오 피오Antonio Fior에게 전해 주었다.

피오는 3차식을 풀 수 있다는 것을 자랑하다가 타르탈리아와 말다툼을 하게 되었고, 결국 이것은 수학적 결투에 이른다. 이는 각자 상대에게 수학 30문제를 주고 일정 시간 안에 풀게 하는 것이었다. 피오가 먼저 타르탈리아에게 $x^3 + ax = b$의 꼴인 30문제를 보낸다. 하지만 타르탈리아가 풀 수 있는 방정식은 $x^3 + ax^2 = b$와 같은 형태였다. 그는 초반에 피오의 문제를 풀 수 없어 고전하지만 어느 날 묘안이 떠올라 두 시간도 채 안 되는 시간에 모든 문제를 풀었다. 이렇게 해서 그는 두 가지 형태의 3차방정식을 풀 수 있게 되었다. 이번에는 타르탈리아가 문제를 보내는데, 그것들은 훨씬 다양하고 생소한 것들이어서 피오는 패배를 시인할 수밖에 없었다.

3차방정식에 관심을 갖게 된 카르다노는 타르탈리아에게 해법을 요청하는 편지를 보냈다. 타르탈리아는 당연히 거절한다. 하지만 수많은 서신을 통해 카르다노는 타르탈리아의 승낙을 얻었고, 두 가지 조건하에 해법을 알게 된다. 그 조건이란 다른 사람에게는 절대로 알려서는 안 된다는 것과 그 정보를 암호로 보관해야 한다는 것이었다.

카르다노와 그의 조수 로도비코 페라리는 그 해법에 기초해 3차방정식과 4차방정식에 대한 연구를 계속한다. 하지만 1543년 카르다노는 3차방정식을 처음으로 푼 사람이 델 페로라는 사실을 알게 되며 이로써 더 이상 타르탈리아와의 약속을 지킬 필요성을 느끼지 못한다. 1545년 마침내 카르다노는 델 페로와 타르탈리아의 3차방정식 해법에다 페라리와 함께 연구한 진일보된 내용까지 포함한 《위대한 기술Ars Magna》을 출간했다.

이를 본 타르탈리아는 이에 대응하는 개인적 공격과 함께 자신의 입장을 옹호하는 책을 냈다. 하지만 이 책은 원하던 반응을 얻지 못했으며, 이미 선구적인 수학자로서의 카르다노의 명성은 거의 범접할 수 없는 것이 되어 있었다.

사건은 카르다노의 조수인 페라리가 타르탈리아에게 공개 토론을 제안하면서 일어났다. 타르탈리아는 주저했지만 1년 가까이 페라리와 모욕적인 언사를 주고받았던 차라 결국 대결을 수락했다. 첫날은 타르탈리아가 유력했지만 둘째 날부터는 페라리가 우세했다. 전의를 상실한 타르탈리아는 야밤을 틈타 떠나버렸고 이 대결은 페라리의 승리로 끝났다.

허수와 복소수IMAGINARY AND COMPLEX NUMBERS

새로운 수의 등장은 여러 시대에 걸쳐 논란을 야기했다(→ pp.14~17). 새로운 문제가 발견되면 그것을 풀기 위해 새로운 수학이 필요하며, 새로운 수학과 함께 새로운 숫자가 출현하게 된다. 허수와 복소수가 대표적 예인데, 이들에 대해 알아보기 전에 현재 우리가 사용하는 수 체계의 발전 과정에 대해 다시 살펴보자.

허수와 허수를 확장시킨 복소수는 많은 곳에서 응용되고 있다. 전자기장과 교류 회로를 표현하는 데는 복소수가 필수적이며, 양자 역학과 멋진 프랙탈 포스터 역시 복소수를 필요로 한다. 제어 시스템과 신호 분석에서도 이 숫자들을 사용한다.

위험한 수

피타고라스 시대에는 자연수(1, 2, 3, …)와 양의 분수 혹은 유리수를 사용했다. 따라서 그 시대 사람들은 무리수를 발견하고서 깜짝 놀랄 수밖에 없었다. 이런 종류의 숫자는 분수로 표현할 수 없었고 너무 위험한 것으로 여겼다.

지금은 무리수가 수학에 있어서 중요한 부분을 차지하지만(무리수가 없다면 $x^2 = 2$를 어떻게 풀 것인가?), 고대에는 그리스인들에 이르러서야 그 수에 익숙해졌다.

0 또한 여러 시대에 걸쳐 골칫거리였다. 여기서 말하는 것은 빈자리를 대신하는 0이 아닌 숫자 0이다. 그것은 분명하게 다르다. 0은 오랜 세월 숫자가 아닌 자리를 채우는 기호로 존재했기 때문이다.

수학을 기하학적인 관점에서 봤던 그리스인들에게 0은 낯설고 불필요했다. 모든 수는 길이를 나타내는 것이었고 제곱수는 면적을 표현하는 것이었으므로, 0은 낄 자리가 없었다. 길이가 0이라면 선이 없는 것이고 면적이 0이라면 물체가 없는 것인데, 존재하지도 않는 문제를 어떻게 풀 것인가? 한참 시간이 지나서 브라마굽타(→ pp.78~79)는 산술의 규칙에 0을 포함시키려고 노력했다.

음수 또한 0과 마찬가지로 역경의 시간을 보냈다. 사실은 음수가 수용되는데 조금 더 많은 시간이 걸렸다. 0은 빈자리를 채우는 기호로 익숙했지만 음수는 그렇지 못했다. 음수를 수의 계보에 포함시키려 한 것도 브라마굽타였다. 동방에서는 진작 음수를 수용했지만 유럽에서는 16세기 이탈리아 수학자들이 허수에 대해 고민하기 시작한 무렵까지도 논란이 계속됐다.

허수와 복소수

이제 언급하는 허수는 이름을 잘못 붙인 경우이다. 실제로는 존재하지만 이름만 들으면 이런 숫자는 존재하지 않는 것 같다. 사실 이 숫자는 수학에 있어서 매우 실재적이면서도 아주 필수적인 숫자이다.

가장 간단한 허수는 $\sqrt{-1}$인데, 알파벳 문자 i나 j로 표현한다(수학자들은 i를 사

▶ 만델브로 집합은 복소수 2차방정식으로 만든 프랙탈이다. 중요한 것은 그 모양이 너무나 근사하다는 것이다.

복소수의 역사

무리수와 0, 음수처럼 허수와 복소수 또한 오랜 세월 동안 논쟁거리였다. 복소수에 대한 단초를 제공한 것은 카르다노의 《위대한 기술》(→ p.103)이었다. 카르다노는 3차방정식과 4차방정식을 풀던 도중 음수의 제곱근을 만났다. '상상 속의' 혹은 '있을 수 없는' 상황이 벌어졌지만 이를 무시하고 '실제의' 값을 산출하기 위해 계속해서 계산했다.

복소수를 적극적으로 처음 연구한 학자는 라파엘 봄벨리(→ p.111)인데, 그는 1572년 저서에서 복소수와의 연산이 가능하다고 썼다. 17세기에 르네 데카르트(→ pp.116~117)는 허수라는 명칭을 부여했으며, 두 세기가 지나서 칼 프리드리히 가우스(→ pp.144~145)가 '복소수'라는 용어를 사용했다.

용하고 공학자들은 j를 선호한다).

허수를 사용하면 간단해 보이는 2차방정식을 쉽게 풀 수 있다. $x^2 - 1 = 0$과 같은 문제는 일단 양변에 1을 더해서 $x^2 = 1$의 형태로 만들면 $x = \pm 1$이라는 해가 나온다. 이런 종류의 문제를 풀기란 아주 쉽다. 하지만 문제를 $x^2 + 1 = 0$과 같이 약간만 바꿔 보자. 양변에서 1을 빼면 $x^2 = -1$이 된다. 이제 머리가 복잡해지는데, 어떤 숫자를 제곱하면 음수가 될 수 있을까? 새로운 숫자를 발견하거나 발명하지 않고는 답을 찾을 수 없다. 그래서 허수가 태어나게 된 것이다.

$i = \sqrt{-1}$이고 $i^2 = -1$이라고 하면 $x^2 + 1 = 0$의 해는 $x = \pm i$이다. i는 복소수 연산(→ pp.106~107)에서 다시 다뤄질 것이기 때문에 당장은 이해가 안 되더라도 상관없다.

한편 복소수는 실수부와 허수부를 갖는 숫자이다. 예를 들어 $3 + 4i$는 복소수인데, 3은 '실재하는 3'이고 $4i$는 허수이다.

복소수 연산 1

복소수 연산은 실제로 해보면 복잡하지 않다. 사실 모눈종이와 같은 직교 좌표계와 삼각법에 대한 이해가 필요하기는 하다. 또한 허수의 존재를 인정하고 현실 세계에서 그것들을 식별할 수 있다면 도움이 될 것이다. 실생활에서는 복소수가 광범하게 사용되고 있으며 교류 회로도 그중 하나다.

수직선

우선 우리의 오랜 친구인 수직선을 그려 보자. 우리는 예전에 이 수직선을 따라 뛰어다니는 개구리를 보면서 수를 세거나 더하고 빼는 법을 배웠다. 먼저 개구리를 수직선의 4에 두고 −1을 곱하면 개구리는 수직선을 가로질러 −4에 착륙할 것이다. 개구리가 반대 방향으로 몸을 돌려 뛰는 것의 각은 180°이다. 다시 −1을 곱하면 180°를 돌아 다시 4로 돌아온다(합쳐서 360°). 두 가지 경우 모두 −1을 곱하면 180°의 도약을 만들어 낸다.

이제 이 수직선에 다른 한 개의 축을 그릴 것이다. 수평축은 실수를, 수직축은 허수를 나타낸다(오른쪽 위의 그림 참조).

$i = \sqrt{-1}$ 이기 때문에 i를 음수의 절반으로 생각할 수 있다. 개구리를 다시 4에 놓고 i를 곱하면 개구리는 그래프에서 $4i$(개구리는 90° 이동)로 움직이는데, −1을 곱한 것의 절반에 해당하는 값이다. 이번에는 $4i$에 i를 다시 곱하면 $4i^2$이 된다. $i = \sqrt{-1}$ 이라면 $i^2 = -1$이고 $4i^2$은 −4이므로 이것은 다시 한 번 90°를 뛰는 것과 같다. 따라서 −1을 곱하는 것은 180°를 뛰는 것이고 i를 곱하는 것은 90°를 뛰는 것이다. 4에서 시작해서 i를 세 번 연속 곱하면 i^3이 되는데 이렇게 되면 270°를 돌아서 $-4i$에 닿는다. 이것은 세 개의 i 중에 두 개는 음수가 되고 한 개의 i는 남기 때문이다.

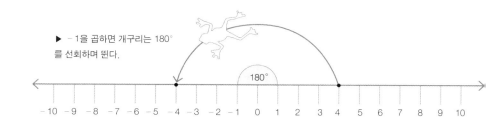

▶ −1을 곱하면 개구리는 180°를 선회하며 뛴다.

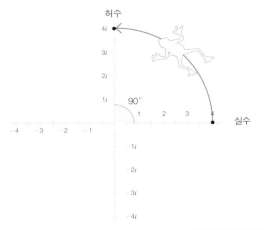

허수

$4i$

$3i$

$2i$

$1i$

90°

1   2   3

실수

-4 -3 -2 -1

$-1i$

$-2i$

$-3i$

$-4i$

▲ i를 곱하면 개구리는 90°를 선회하며 뛴다.

복소수

복소수는 실수부와 허수부를 가진 수다. 이 숫자들은 복소수 평면(실수축과 허수축으로 만든 좌표계)에 위치시킴으로써 표현할 수 있다. 숫자 $(3+4i)$는 오른쪽으로 3만큼, 위쪽으로 4만큼 이동한 위치의 점이다. 원점(수평축과 수직축이 만나는 점)에서 이 점까지 선을 이은 다음 피타고라스 정리(→ pp.44~45)를 사용하면 이 선의 길이를 알 수 있으며, 이 선이 양의 실수축과 이루는 각도는 삼각법(→ pp.38~39)으로 구할 수 있다. $a=3$, $b=4$일 때 피타고라스 정리 $a^2+b^2=c^2$을 이용하면 $3^2+4^2=c^2$, 즉 $9+16=c^2$, $25=c^2$, $c=5$라는 것을 알 수 있다. 이 값은 복소수의 절댓값을 나타낸다. 구하려는 각도를 θ라고 하면 $\tan(\theta)=\frac{4}{3}$이므로, 그 역인 $\theta=\tan^{-1}\left(\frac{4}{3}\right)$를 풀면 $\theta\approx53°$이다.

복소수에 허수 곱하기

이전에 살펴본 바와 같이 i를 곱하면 90° 회전(혹은 이동)한다. $(3+4i)$에 i를 곱해도 같은지 알아보자. $i(3+4i)$를 전개하면 $3i+4i^2$이 되는데, $4i^2$은 -4이므로 새로 탄생한 복소수는 $-4+3i$이다. 이 숫자는 그래프상에서 왼쪽 위에 위치한다.

다시 피타고라스 정리를 이용하면 선의 길이가 5라는 것을 알 수 있으며 삼각법으로 이 선이 음의 실수축과 이루는 각도 알아낼 수 있다. 구하려는 각도를 θ라고 하면 $\tan(\theta)=\frac{4}{3}$이므로, 그 역인 $\theta=\tan^{-1}\left(\frac{4}{3}\right)$를 풀면 $\theta\approx37°$이다. 따라서 $(3+4i)$와 $(-4+3i)$ 사이에 형성되는 각도는 90°라는 것을 알 수 있다. 이렇게 i를 곱하면 길이는 변하지 않고 점(혹은 선)을 90° 회전시킨 것과 같다. 다음은 복소수끼리의 덧셈과 곱셈을 알아보자.

복소수 연산 2

복소수의 덧셈

복소수의 덧셈은 아주 쉬운데, 실수는 실수끼리 허수는 허수끼리 서로 더하면 된다. 일례로 $(3+4i)+(2+5i)$를 계산하면 $(5+9i)$가 된다.

이 결과는 그래프상에서 두 가지 방법으로 확인할 수 있다. 첫 번째는 원점에서 두 복소수까지 선을 그은 다음 그것들이 원점에서 얼마나 떨어져 있는지를 확인하는 것이다. 먼저 두 복소수는 원점에서 오른쪽으로, 각각 3과 2만큼 떨어져 있으므로 그 합은 5이며, 위로는 4와 5만큼 떨어져 있으므로 그 합은 9가 된다. 두 번째는 끝 잇기 방법(그래프 8 참조)으로 첫 번째 복소수의 머리 끝에 두 번째 복소수의 꼬리 끝을 위치시키는 것이다. 먼저 원점에서 오른쪽으로 3, 위로 4만큼 이동한 후 이 지점에서 다시 오른쪽으로 2, 위로 5만큼 움직이면 결국 오른쪽으로 5, 위로 9만큼 떨어진 지점에 이른다.

복소수의 곱셈

복소수의 곱셈은 2항식의 곱셈과 다를 바 없다. 복소수는 실수항과 허수항을 가진 2항식이나 다름없기 때문이다(→ pp.34~35). 예를 들어 $(3+4i)(2+5i)$를 곱해 보자. 두 2항식을 곱할 때는 항상 괄호 전개foiling를 시도하면 된다.

$$(3+4i)(2+5i) = 6 + 15i + 8i + 20i^2$$
$$= 6 + 23i - 20 = -14 + 23i$$

여기서 $i^2 = -1$이기 때문에 $20i^2$은 $20(-1)$, 즉 -20이라는 점을 잘 기억하기 바란다.

이것은 두 개의 2항 복소수와 거기서 탄생하는 새로운 복소수를 그래프상에 좌표로 나타냄으로써 설명할 수 있다. 가히 기하학과 대수학의 만남이라 할 수 있다. 이제 각 과정을 자세히 살펴보자.

$$3^2 + 4^2 = c^2$$
$$9 + 16 = c^2$$
$$25 = c^2, \ 즉 \ c = 5$$

각도는 삼각법(→ p.39)으로 구할 수 있으며 다음과 같이 $\frac{4}{3}$의 역 탄젠트를 취하면 된다.

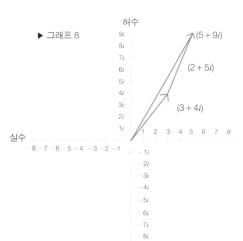

▶ 그래프 8

허수

실수

$$\tan^{-1}\left(\tfrac{4}{3}\right) = \theta \approx 53.13°$$

$(2+5i)$ 그리기

$(2+5i)$를 그래프의 좌표상에 나타내면 오른쪽으로 2, 위로 5인 지점이다. 원점에서 그곳까지 선을 그은 다음 피타고라스 정리를 이용하면 이 선의 길이가 $\sqrt{29}$라는 것을 알 수 있다.

$$2^2 + 5^2 = c^2$$
$$4 + 25 = c^2$$
$$29 = c^2$$
$$c = \sqrt{29}, \text{ 즉 } c = 5.3852$$

역시 삼각법으로 각도를 알아낼 수 있으며 $\tfrac{5}{2}$의 역 탄젠트, 즉 $\tan^{-1}\left(\tfrac{5}{2}\right)$의 값을 구하면 $\theta \approx 68.20°$이다.

$(-14+23i)$ 그리기

$(-14+23i)$를 그래프의 좌표상에 나타내면 왼쪽으로 14, 위로 23인 지점이다. 원점에서 그곳까지 선을 그은 다음 피타고라스 정리를 이용하면 이 선의 길이가 $\sqrt{725}$, 즉 약 26.926이라는 것을 알 수 있다.

$$(-14)^2 + 23^2 = c^2$$
$$196 + 529 = c^2$$
$$725 = c^2$$
$$c = \sqrt{725}, \text{ 즉 } c = 26.926$$

각도는 $\tfrac{23}{14}$의 역 탄젠트, 즉 $\tan^{-1}\left(\tfrac{23}{14}\right)$의 값을 구하면 $\theta \approx 58.67°$이다.

이 각도는 음의 실수 축과 선이 이루는 각도이다. 양의 실수 축과 이루는 각도는 $180°$에서 그 각도를 뺀 것으로 $180° - 58.67° = 121.33°$이다.

한곳에 합치기

곱의 결과 산출된 2항 복소수의 선의 길이는 26.926인데, 이것은 처음 두 복소수 각각의 길이가 5와 5.3852를 곱한 것과 같다. 또한 곱의 결과 산출된 복소수의 각도(121.33°)는 처음 두 복소수와 실수축 사이에 만들어진 각도들의 합이다. 도표(그래프 9 참조)를 통해 확인하자면 두 복소수를 곱한다는 것은 두 선의 길이를 곱하는 것이며 양의 실수 축과 이루는 두 각을 더하는 것이다.

복소수	길이	각도
$(3+4i)$	5	$53.13°$
$(2+5i)$	5.3852	$68.20°$
$(-14+23i)$	26.926	$121.33°$

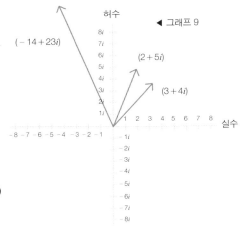

◀ 그래프 9

켤레 복소수

켤레 복소수는 두 개의 복소수로부터 하나의 실수를 산출하는 멋진 방법이다. 켤레 복소수는 실수부는 같고 허수부의 부호만 반대인 복소수다.

예를 들면, $(3 + 4i)$와 $(3 - 4i)$는 서로 켤레 복소수다. 켤레 복소수를 곱하면 허수 부분이 없어지기 때문에 유용하다.

$(3 + 4i)(3 - 4i)$
를 전개시키면

$9 - 12i + 12i - 16i^2$
이 된다.

여기서 $i^2 = -1$이므로 $-16i^2$은 $-16(-1)$, 즉 $+16$이고 $-12i$는 $12i$와 상쇄되어 $9 + 16 = 25$라는 결과가 나온다.

복소수를 곱하는 것은 길이를 곱하고 각도를 더하는 것이다(→ pp.108~109). 그래프 10에서 첫 복소수는 양의 실수축 위로 각도가 $53.13°$이고 두 번째 복소수는 양의 실수축 아래로 각도가 $53.13°$인데, 두 각도를 더하면 $0°$여서 실수가 산출된다.

실계수를 가진 다항 방정식의 해는 복소수가 될 수도 있다. 이런 경우에는 복소수가 쌍으로 나타나는데, 복소수와 그것의 켤레 복소수이다.

켤레 복소수 사용하기
복소수의 나눗셈은 약간 더 복잡한데 켤레 복소수를 사용해야 한다. 예를 들어 $\frac{(-8+3i)}{(3+2i)}$를 나누어 보자. 먼저 분모의 복소수에 대한 켤레 복소수를 위아래에 모두 곱한다. 그런 다음 복소수들의 곱을 전개시키고 간소화하는데, 다음과 같은 과정을 거친다.
이것을 정리하면, 다음과 같다.

▶ 그래프 10

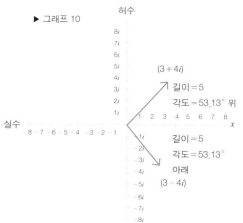

이탈리아 – 수학의 르네상스

$$\frac{(-8+3i)}{(3+2i)} = \frac{(-8+3i)}{(3+2i)} \bullet \frac{(3-2i)}{(3-2i)} = \frac{-24+16i+9i-6i^2}{9-6i+6i-4i^2} =$$

$$\frac{-24+25i+6}{9+4} = \frac{-18+25i}{13} = \frac{-18}{13} + \frac{25i}{13}$$

$$\frac{(-8+3i)}{(3+2i)} = \frac{-18}{13} + \frac{25i}{13}$$

복소수의 나눗셈을 그래프에 나타내는 방법 또한 곱셈과 동일하다. 하지만 다른 점이 있다면 복소수를 나눌 때는 길이는 나누고 각도는 뺀다는 것이다.

라파엘 봄벨리 RAFAEL BOMBELLI

1526년 이탈리아 볼로냐에서 태어난 라파엘 봄벨리는 카르다노의 조수였던 로도비코 페라리 Lodovico Ferrari와 함께 카르다노와 타르탈리아를 뒤이어 당시 수학의 메카였던 북부 이탈리아의 위대한 수학자 세대를 대표했다.

봄벨리의 아버지는 양털 상인이었는데, 이 때문에 그는 고등교육을 받지 못했다. 대신에 그는 건축가이자 기술자인 피에르 프란체스코 클레멘티 Pier Francesco Clementi에게서 수학을 배웠다.

봄벨리는 클레멘티를 따라다니며 기술 분야에 종사하다가 간척 사업에 투입된다. 하지만 1555년 그 사업이 중단되자 봄벨리는 누구나 대수학에 쉽게 접근할 수 있는 일종의 대수학 개론서를 쓰기로 결심한다. 하지만 1560년 책을 채 완성하기도 전에 중단되었던 사업이 재개된다. 그로 인해 그 책이 출판되기까지는 거의 10

여 년이 소요된다. 그러나 이것이 나쁜 일만은 아니었다. 봄벨리는 추가적인 토목 사업 때문에 로마에 가게 되었고 거기서 그리스 수학자 디오판토스(→ pp.64 ~ 65)의 성취를 접하게 된다. 그는 디오판토스의 《산학》을 번역하는 일에 착수하는데, 비록 그 작업을 마치지는 못했으나 그의 대수학 연구에 큰 영향을 미쳤다.

마침내 3부작으로 출판된 봄벨리의 《대수학 Algebra》은 디오판토스가 다뤘던 문제들을 다수 포함하고 있었다. 또한 그는 기하학에 관한 2부작을 출판할 계획이었지만 1572년 죽을 때까지 완성하지 못했다. 원고는 사후에 발견되었다.

봄벨리의 연구는 두 가지 측면에서 의미가 크다. 첫째는 음수를 편하게 사용한 점이고 둘째는 복소수의 덧셈, 뺄셈, 곱셈의 규칙을 정립한 점이다.

2차방정식, 포물선, 복소수

2차방정식은 매우 중요하다. 이것은 우리 모두를 지구에 붙잡아 두는 힘(중력)을 표현할 때 쓰일 뿐만 아니라, 제재소부터 화학 공장에 이르기까지 수많은 분야의 제어 시스템에 유용하게 쓰이고 있다.

모든 것의 결합

우리는 3장에서 2차방정식을 만났고 여러 가지 해법들을 살펴봤다. 분해를 통한 풀이, '공통 인수법 풀이'와 '분수법 풀이' 그리고 2차방정식의 공식(근의 공식 혹은 해의 공식)을 이용한 풀이 등이 있었다. 이 장의 앞부분에서는 포물선의 그래프를 그려봤고 처음으로 복소수의 계산도 해봤다. 이제 이 모든 것들을 결합할 시간이다.

이제 풀게 될 2차방정식을 포함해서 다항식의 해를 구할 때는 그것을 0으로 만드는 x의 값을 구할 것이다. 한편 2차방정식의 곡선(포물선)을 그릴 때는 그래프를 완성하기 위해 변수 y를 도입한다.

두 개의 해를 갖는 2차방정식

먼저 오랜 세월 수학자들이 애용했던 양의 정수를 해로 갖는 2차방정식을 이용해 보자. $0 = x^2 - 6x + 5$를 두 가지 방법으로 분석할 텐데, 하나는 그래프를 살펴보는 것이고 다른 하나는 근의 공식을 이용하는 것이다.

근의 공식을 사용하면 산술 과정은 다음과 같다.

$$\frac{-b \pm \sqrt{b^2 - 4ac}}{2a}$$

$$\frac{-(-6) \pm \sqrt{(-6)^2 - 4(1)(5)}}{2(1)}$$

$$= \frac{6 \pm \sqrt{36 - 20}}{2} = \frac{6 \pm \sqrt{16}}{2} = \frac{6 \pm 4}{2}$$

따라서 해는,

$$\frac{(6+4)}{2} = \frac{10}{2} = 5 \text{와} \frac{(6-4)}{2} = \frac{2}{2} = 1$$

다항방정식 $0 = x^2 - 6x + 5$의 해는 이렇게 근의 공식으로 구할 수 있다. 이 해들은 $y = x^2 - 6x + 5$의 그래프가 x축과 교차하는 곳에서도 나타난다.

한 개의 해를 갖는 2차방정식

이번에는 $0 = x^2 - 6x + 9$를 분석해 보자. 근의 공식을 사용하면 산술 과정은 다음과 같다.

$$\frac{-b \pm \sqrt{b^2 - 4ac}}{2a}$$

$$\frac{-(-6) \pm \sqrt{(-6)^2 - 4(1)(9)}}{2(1)}$$

$$= \frac{6 \pm \sqrt{36 - 36}}{2} = \frac{6 \pm \sqrt{0}}{2} = \frac{6 \pm 0}{2}$$

따라서 해는 다음과 같다.

$$\frac{6+0}{2} = \frac{6}{2} = 3 \text{과} \frac{6-0}{2} = \frac{6}{2} = 3$$

다항방정식 $0 = x^2 - 6x + 9$의 해는 이렇게 근의 공식으로 구할 수 있다. 이 해들은 $y = x^2 - 6x + 5$의 그래프가 x축을 지나는 곳에서도 나타난다. 이번에는 두 해가 같기 때문에 포물선의 그래프는 x축에 닿기만 할 뿐 교차하지 않는다.

복소수근을 갖는 2차방정식

이번에는 $0 = x^2 - 6x + 13$을 살펴보자. 근의 공식을 사용하면 산술 과정은 다음과 같다.

$$\frac{-b \pm \sqrt{b^2 - 4ac}}{2a}$$

$$\frac{-(-6) \pm \sqrt{(-6)^2 - 4(1)(13)}}{2(1)}$$

$$= \frac{6 \pm \sqrt{36 - 52}}{2} = \frac{6 \pm \sqrt{-16}}{2} = \frac{6 \pm 4i}{2}$$

따라서 해는,

$$\frac{(6 + 4i)}{2} = (3 + 2i) \text{와} \frac{(6 - 4i)}{2} = (3 - 2i)$$

다항 방정식의 해는 이렇게 근의 공식으로 구할 수 있다. 이 그래프는 x축을 지나지 않기 때문에 실제로 실수인 해(실근)가 없다. 해는 허수부를 포함하고 있으므로 복소수이다. 이때 해 $(3 + 2i)$와 $(3 - 2i)$가 서로 켤레 복소수라는 점을 주목하자.

요약

방정식의 해와 그래프는 아래에서 보는 바와 같이 서로 연관되어 있다. 판별식이라고도 하는 제곱근 안의 값($b^2 - 4ac$)이 양수이면 등식은 서로 다른 두 개의 실수 해를 가지며 포물선은 x축의 두 지점에서 교차한다. 제곱근 안의 값이 0이면 방정식은 두 개의 같은 해, 즉 한 개의 해를 갖는데, 포물선은 x축과 닿기만 할 뿐 교차하지 않는다. 제곱근 안의 값이 음수이면 해는 복소수가 되고 포물선은 x축과 전혀 만나지 않는다.

▶ 그래프 11

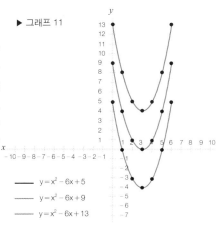

$\quad\rule{1cm}{1pt}\quad y = x^2 - 6x + 5$

$\quad\rule{1cm}{1pt}\quad y = x^2 - 6x + 9$

$\quad\rule{1cm}{1pt}\quad y = x^2 - 6x + 13$

5

르네상스 이후의 유럽

이탈리아에서 시작된 르네상스가 전 유럽으로 전파되면서
수학도 활기를 띠기 시작한다. 근대 초기라고 할 수 있던 이
시기에 시대를 뛰어넘는 매우 훌륭한 수학자들이 나오는데,
이들은 바로 파스칼, 데카르트, 가우스이다. 이 장에서는
이 천재들을 만나보고 수학적으로 가장 멋진 성취 중 하나인
파스칼의 삼각형에 대해 알아보도록 하자.

르네 데카르트 RENÉ DESCARTES

1802년에 라 에이La Haye는 르네 데카르트를 기리기 위해 도시명을 라 에이 – 데카르트로 바꾸었다가 1967년부터 라 에이를 빼버리고 데카르트라고만 부른다. 지금도 거리에 사람 이름을 붙이는 것이 대단한 일이지만 지명을 그곳 태생의 인명으로 바꾸는 것에는 또 다른 의미가 있다. 대개 빅토리아 여왕과 같은 왕족이나 알렉산드로스 대왕과 같은 정복자의 인명을 지명에 붙인 경우는 있었지만 수학자들의 이름을 사용한 예는 지극히 드문 일이기 때문이다.

데카르트는 1596년에 프랑스 라 에이(현재의 데카르트)에서 태어났는데, 그가 젖먹이였을 때 어머니는 결핵으로 사망했다. 8세에 그는 라 플레슈에 있는 예수회 학교에 들어가 16세까지 공부했다. 이 시절 데카르트는 건강 상태가 좋지 않아 아침 늦게까지 침대에 있는 것이 허락되었는데, 이런 습관은 평생 계속되었다. 1616년 그는 푸아티에 대학에서 법학 학위를 취득한 후 군에 입대한다.

1619년 네덜란드 브레다의 거리를 지나던 데카르트는 네덜란드어로 된 포스터를 보고 지나가던 행인에게 라틴어로 해석을 부탁했다. 그 행인은 아이작 비크만Isaac Beeckman으로 데카르트보다 여덟 살 많았고 독학으로 공부한 철학자이자 과학자였다. 포스터 안에 있는 내용은 기하학 문제였는데, 비크만은 문제를 풀 생각이 있다면 해석해 주겠다고 했다. 물론 데카르트는 불과 몇 시간 만에 문제를 풀어 버렸고 그후로 오랫동안 그와 친구가 되었다.

데카르트는 1621년 봄, 25세에 군을 제대하고 1628년까지 유럽 곳곳을 여행했다. 그는 보헤미아, 헝가리, 독일, 네덜란드, 프랑스를 거쳐서 다시 네덜란드로 돌아왔다.

네덜란드에서의 데카르트

데카르트는 네덜란드에서 그를 수학자와 철학자로 유명하게 만든 저서들을 집필했다. 우선 그는 《우주론Le Monde》을 쓰기 시작했는데, 4년 동안이나 매달린 작업이었음에도 불구하고 결국 출판을 포기했다(사후에 출판된다). 그 까닭은 갈릴레

> "모든 것 중에서 분별력은 가장 공평하게 분배되어 있다. 모든 사람들은 자신이 그것을 충분히 갖고 있다고 여기는 터라 모든 면에서 만족할 만한 것이 없는 사람도 분별력만큼은 자신이 가진 것 이상을 바라지 않는다." —《방법서설》

오가 기독교의 우주관에 도전하다가 가택연금을 당했다는 소식을 들었기 때문이다.

데카르트의 다음 저서는 1637년에 출간된 '논리적으로 깊이 사유하고 과학에서 진리를 추구하는 방법에 대한 담론'이란 제목의 책인데,《방법서설Discours de la Méthode》로 더 잘 알려져 있다.

《방법서설》

《방법서설》의 중심부에는 무엇이 진리인가에 대한 데카르트의 사유가 있다. 실제로 거기에는 철학에서 가장 유명한 인용구인 'Cogito ergo sum,' 즉 '나는 생각한다, 고로 나는 존재한다'가 나온다.

《방법서설》에는 세 개의 부록이 있는데, '광학,' '기상학,' '기하학'이다. 그중 '기하학'은《방법서설》에서 가장 중요한 부분이다. 데카르트가 분석 기하학의 얼개를 그린 것도 바로 그 부록이었고 우리가 배우는 대수학의 기본 내용도 거기에서 나왔다. 그리고 오늘날 학생들이 명칭이나 표기법에 구애받지 않고 대수학 책을 읽을 수 있게 된 것도 이 책이 나온 이후부터다. 또한 그는 지금은 당연하게 여겨지는 기하학과 대수학 사이의 연관성을 정립했다. 모눈종이 모양의 직교 좌표계Cartesian coordinate system가 등장하는 곳이 이 부록이라는 점 또한 아주 흥미롭다. (Cartesian은 '데카르트와 연관된'이라는 뜻이다.)

일찍 일어나는 것이 위험할 수도 있다

1649년 스웨덴의 크리스티나 여왕은 데카르트를 스톡홀름으로 초청한다. 그는 여왕의 요청에 따라 이른 아침에 그녀를 위한 수업을 진행했다. 하지만 전해지는 이야기에 따르면 평소 정오 무렵까지 늦잠을 자던 그가 수업을 위해 일찍 일어나는 바람에 면역 체계에 이상이 생겼고 이것이 폐렴을 야기했다고 한다. 데카르트는 스톡홀름에 간 지 겨우 네 달 만인 1650년 2월 11일에 생을 마감했다.

● 《제1철학에 관한 성찰MEDITATIONES DE PRIMA PHILOSOPHIA》:《방법서설》의 내용을 보완하여 마음과 몸, 진실과 오류, 존재 등에 대해 다룬 책이다.

● 《철학의 원리PRINCIPIA PHILOSOPHIAE》: 이 책에서 데카르트는 수학적 관점에서 본 세상이 어떤 것인지 제시한다.

● 《정념론PASSIONS DE L'AME》: 보헤미아 엘리자베스 공주에게 헌정된 이 책은 감정에 관한 내용을 다룬다.

선 그리기

그래프는 함수의 기하학(여기서는 선)과 그 이면의 대수학을 연결시켜 주는데, 그 연관성을 처음으로 정립한 것은 바로 데카르트였다. 간단하게 말해서 그래프는 방정식을 도식화하여 숫자들의 의미를 알 수 있도록 해준다. 가장 흔한 수학적 관계는 선형함수인데, 통화 시간과 전화요금의 관계나 일정한 속도로 이동할 때의 시간과 거리의 관계 등을 예로 들 수 있다. 선형함수는 응용되는 곳이 많기 때문에 대단히 중요하게 여겨지며 여러 형태를 취하지만 모두 선을 나타내는 방정식들이다. 다음은 자주 사용되는 세 가지 형태이다.

기울기 - 점 형태

첫 번째 예에서는 선에 대해 주어진 정보를 통해 방정식을 구하고 선을 그려보자. 기울기 - 점 형태의 방정식은 $y - y_1 = m(x - x_1)$인데, 여기서 x_1과 y_1은 선 위의 한 점이고 m은 선의 기울기이다.

이해를 돕기 위해 예를 들어보자. 한 선이 점 $(3, 4)$를 통과하는데, 기울기는 $\frac{2}{3}$라고 하자. 방정식은 무엇이고 선은 어떻게 그려야 할까?

점 $(3, 4)$는 위 공식에서 x_1과 y_1이고 기울기 $\frac{2}{3}$는 m이므로 방정식은 $y - 4 = \frac{2}{3}(x - 3)$이다.

선을 그리려면 먼저 그래프상에서 주어진 점의 좌표를 찾는다. 두 번째로 기울기를 통해 선이 수평과 수직 방향으로 얼마나 이동하는지 알 수 있는데, 여기서는 $\frac{2}{3} = \frac{\text{수직 이동}}{\text{수평 이동}}$이다. 점 $(3, 4)$로부터 수직으로 2만큼 수평으로, 3만큼 이동해서 점을 찍는다. 마지막으로 이 점들을 통과하는 선을 그려서 그래프 12를 완성한다.

기울기 - y절편 형태

두 번째 예에서는 반대로 선의 그래프를 보고 방정식과 선에 대한 정보를 찾아보자. 기울기 - y절편 형태의 방정식은 $y = mx + b$인데, 여기서 m은 기울기이고 b는 y절편이다(선이 y축을 지나는 지점). 그래프 13의 기울기와 y절편을 구해서 방정식을 써보자.

우선 그래프를 보면 선이 y축의 3을 지나고 있는데, 이것이 바로 y절편 b를 나타낸다. 이번에는 y절편으로부터 선

▶ 그래프 12

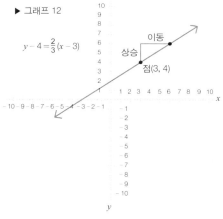

$y - 4 = \frac{2}{3}(x - 3)$

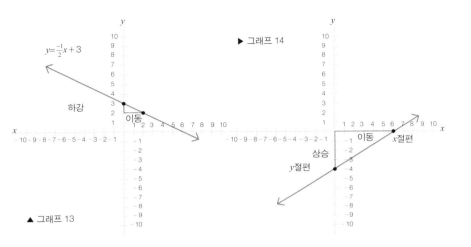

$y = \frac{-1}{2}x + 3$

하강

이동

▶ 그래프 14

상승

이동

y절편

x절편

▲ 그래프 13

이 이동하는 것을 관찰해 보면 1만큼 내려갈 때 2만큼 오른쪽으로 이동한다. 이것은 기울기가 $\frac{-1}{2}$인 것을 나타내므로 $m = \frac{-1}{2}$이다. 이 정보로 알아낼 수 있는 방정식은 $y = \frac{-1}{2}x + 3$이 될 것이다.

일반적인 형태

세 번째 예에서는 방정식을 이용하여 선을 그리고 그에 대한 정보를 알아보자. 표준 형태의 방정식 $Ax + By = C$가 있다고 할 때 A, B, C는 모두 정수이고 A는 양수라고 하자(여기서 A, B, C에 대한 제한 사항은 임의로 정한 것이다). 예로 $2x - 3y = 12$의 그래프를 그려 보자.

이를 위해 '소거법cover up'이라고 불리는 방법을 사용할 것이다. 보통 x축과 y축은 간과하기 쉬운데 y축 위에 점이

있다면 한 가지 사실은 확실히 알 수 있다. 바로 그 점의 x값으로 y축에 있는 모든 점의 x값은 0이다. 이것은 아주 유용한 정보이다. 만약 $x = 0$을 방정식에 대입하면 y축 위에 있는 한 점을 찾을 수 있기 때문이다. 이렇게 x항을 없애고 등식을 풀면 $-3y = 12$이다. 한쪽에 y만 남기면 $y = -4$가 되며, 바로 이것이 y절편이다. 같은 방식으로 x절편을 찾을 수 있는데, y항을 소거하면 $2x = 12$, 즉 $x = 6$이 산출되며 이것이 x절편이다.

이제 그래프 14에서 두 점의 좌표를 알 수 있으므로 그 점들을 통과하는 선을 그을 수 있다. 일단 선이 그려지면 다른 정보도 알 수 있다. 이미 x절편과 y절편을 알고 있으므로 그것들을 이용하면 기울기는 $\frac{4}{6} = \frac{2}{3}$가 된다.

이윤 최적화

문제

웨인은 하키 스틱과 크로케 타구봉을 만들어 판다. 두 상품 모두 깎기와 다듬기의 2단계 공정이 필요하다. 스틱을 기계로 깎는 데는 40분이 걸리고 타구봉을 깎는 데는 20분이 걸린다. 다듬는 데 걸리는 시간은 스틱이 15분, 타구봉이 30분 걸린다. 일주일 동안 기계로 깎는 데 쓸 수 있는 시간은 40시간이고 다듬질에는 30시간을 쓸 수 있다. 스틱은 하나 팔 때마다 50파운드의 이윤이 발생하고 타구봉은 개당 35파운드를 벌 수 있다. 웨인이 일주일 동안 일해서 최대한 많은 돈을 벌려면 하키 스틱과 크로케 타구봉을 몇 개씩 만들어야 할까?

방법

이와 같은 최적화 문제를 풀기 위해서는 '선형 계획법linear programming'이라고 부르는 방법을 사용한다.

1단계. 문제가 제시한 모든 조건들을 표현할 수 있는 방정식을 만들어야 한다. 먼저 깎는 데 걸리는 시간의 방정식은 $\frac{2}{3}$H + $\frac{1}{3}$C ≤ 40와 같이 적을 수 있다(여기서 H는 스틱의 개수, C는 타구봉의 개수). 스틱 한 개를 깎는 데는 $\frac{2}{3}$시간이 걸리고 타구봉 한 개를 깎는 데는 $\frac{1}{3}$시간이 걸리므로 두 소요 시간의 합이 40시간보다 적거나 같아야 한다는 의미다.

다듬질 시간의 방정식은 $\frac{1}{4}$H + $\frac{1}{2}$C ≤ 30와 같이 적을 수 있다. 스틱을 다듬는 데는 $\frac{1}{4}$시간이 걸리고 타구봉을 다듬는 데는 $\frac{1}{2}$시간이 걸리므로 두 소요 시간의 합이 30시간보다 적거나 같아야 한다는 의미다.

이윤에 대한 방정식은 이윤 = 50H + 35C인데, 스틱은 개당 50파운드의 이윤이 나고 타구봉은 개당 35파운드의 이윤이 나므로 두 이윤의 합한 것이 총 이윤이다.

2단계. 깎는 것과 다듬는 것의 방정식에 대한 그래프를 그리려면 두 가지 모두 표준 형태로 만들어야 한다. 이 방정식들은 표준에 가깝긴 하지만 공교롭게도 분수가 끼어 있다.

하지만 깎는 방정식인 $\frac{2}{3}H + \frac{1}{3}C \leq 40$ 의 모든 항에 3을 곱하면 분모를 소거할 수 있다. 이때 방정식의 양변에 똑같이 곱해 줘야 해가 바뀌지 않는다는 점을 명심하자. 이렇게 하면 $2H + 1C \leq 120$ 가 나온다.

마찬가지로 다듬질 방정식인 $\frac{1}{4}H + \frac{1}{2}$ $C \leq 30$의 양변의 모든 항에 4를 곱하면 $1H + 2C \leq 120$가 된다.

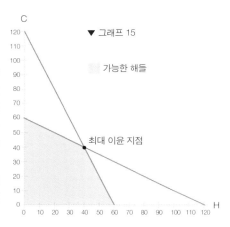

▼ 그래프 15

가능한 해들

최대 이윤 지점

3단계. 이번에는 '소거법'을 사용하여 방정식들의 그래프를 그려 보자. $2H + 1C$ ≤ 120는 H절편이 60이고(여기서는 하키축이 x축) C절편(y축)은 120이다. 이런 식으로 한다면 $1H + 2C \leq 120$는 H절편이 120, C절편이 60이다.

이 절편들을 이어서 선을 그리면 두 방정식의 조건들을 만족하는 H값과 C값의 영역을 만들 수 있다. 그래프에서 조건을 만족하는 H값과 C값은 이 두 선 혹은 그 아래쪽에 있다. 그리고 0보다 작은 개수의 스틱과 타구봉을 만들지는 못하기 때문에 적용 가능한 영역은 H축의 위쪽과 C축의 오른쪽이다. 이런 조건들을 적용하면 4변형(4개의 변을 가진 형태)이 만들어지며 이 안에 두 방정식을 만족시키는 모든 값들이 존재한다.

만약 이 영역 밖에 있는 점을 선택한다면, 두 방정식 중 하나 혹은 둘 다 만족시키지 못할 것이다. 점(70, 10)을 예로 들어 보자. 이 값을 깎는 방정식인 $2H$ $+ 1C \leq 120$에 대입한 $2(70) + 1(10) \leq$ 120는 $140 + 10 \leq 120$, 즉 $150 \leq 120$가 나오므로 틀렸다. 이 점은 다듬질 방정

식을 만족시킬 뿐이다.

안에 있는 모든 점은 두 방정식을 만족시킨다는 것을 알 수 있는데, 예로 (20, 40)를 대입해 보자. 첫 번째 방정식은 $2(20) + 1(40) \leq 120$, 즉 $80 \leq 120$가 되고 두 번째 방정식은 $1(20) + 2(40) \leq$ 120, 즉 $100 \leq 120$가 된다. 두 방정식을 모두 만족시키기 때문에 적용 가능한 값이다.

4단계. 최대 이윤과 최소 이윤을 만들어 내는 점들은 4변형의 끝부분(모서리)에 있는데, 그래프상의 좌표는 (0, 0), (0, 60), (60, 0), (40, 40)이다. 이 점들을 이윤의 방정식인 이윤 $= 50H + 35C$에 대입해 가장 큰 값이 나오는 점을 찾으면 된다.

해답

이 점들을 이윤 방정식에 대입해 보면 가장 큰 값은 $50(40) + 35(40) = 3400$파운드이다. 따라서 웨인은 매주 하키 스틱 40개와 크로케 타구봉 40개를 만들어야 이윤을 최대화할 수 있다.

블레즈 파스칼 BLAISE PASCAL

데카르트와 달리 파스칼의 이름을 딴 마을이나 도시는 없다. 하지만 파리 시의 거리 명과 그 외에 다른 여러 분야에서 그를 기리기 위한 이름을 쓰고 있다. 어쨌거나 그는 적어도 자신의 이름을 딴 측정 단위 — 압력 측정에 사용하는 파스칼(Pa) — 가 있어서 섭섭하지는 않을 것이다.

블레즈 파스칼은 1623년 프랑스 클레몽(지금의 클레르몽페랑)에서 태어났다. 그의 아버지 에티엔 파스칼은 독학으로 공부한 수학자이자 과학자였다. 파스칼은 불과 세 살 때 어머니를 잃는 비극을 겪었다. 1632년에 이르러 파스칼의 가족은 파리로 이사를 갔다.

에티엔은 자식들을 직접 가르쳤다. 그는 파스칼이 언어에 매진하길 바랐기 때문에 수학 공부하는 것을 금지시켰다. 하지만 이것은 어린 파스칼의 호기심을 더욱 자극하게 되고 파스칼은 독학으로 삼각형의 각도에 대한 정리를 발전시켰다. 아버지는 이것을 보고 마음이 누그러져서 파스칼에게 유클리드의 《기하학 원론》을 주었다.

파리에 있는 동안 그의 아버지는 수학 지성인들의 모임에 참석했다. 이러한 모임은 수도사 마린 메르센이 주최했는데, 그는 데카르트의 친구이기도 했다. 파스칼이 10대 시절에 첫 논문 〈원뿔곡선론에 대한 논문〉을 발표한 것도 메르센이 열었던 모임에서였으며 이 논문은 1640년에 출판되었다. 파스칼은 20대 초반에 아버지의 일을 돕기 위해 계산기를 만들었다. 그의 아버지는 세금 징수원이어서 많은 숫자를 계산해야 했는데, 파스칼의 '파스칼린Pascaline'은 이런 어려움을 덜어주었다.

이 무렵 파스칼은 압력에 관한 일련의 실험을 했으며 거기서 나온 결과들을 토대로 진공의 존재 여부에 대한 토론을 벌이기도 했다. 하지만 그가 1647년에 출간한《진공에 관한 새로운 실험》은 다른 과학자들과의 논쟁을 촉발시켰다. 사실 데카르트조차도 파스칼의 의견에 전혀 동의하지 못했기 때문에 "파스칼의 머릿속은 진공인 곳이 너무 많다"라고 하기도 했다.

1653년 파스칼은 〈액체의 평형 상태에 대한 논문〉을 썼는데, 이 논문에는 '파스칼의 압력 법칙'이라고 알려진 내용이 들어 있다. 이 법칙에 따르

면 응축되지 않는 액체에 압력을 가하면 그 압력은 전체 액체와 용기에 전달된다는 것이다. (예를 들어 차의 브레이크를 밟을 때 그 압력이 브레이크액을 통해 네 바퀴 모두에 균일하게 전달된다.) 같은 해 파스칼은 《산술 삼각론》을 발표한다. 비록 그가 이런 삼각형을 연구한 최초의 인물은 아니지만 이 책으로 '파스칼의 삼각형'이 알려진다.

파스칼과 신앙

1651년 파스칼이 28세에 아버지가 죽자 그는 누이에게 죽음에 대한 생각을 편지로 보낸다. 1654년에는 파스칼 자신이 큰 사고를 당하는데, 죽음의 문턱까지 간 것이 계기가 되어 기독교에 귀의한다. 이후 그는 기독교 신앙에 대한 생각을 정리하여 훗날 《팡세Pensées》라고 알려진 책을 쓰기 시작한다. 하지만 그는 이 책을 완성하지 못한 채 1662년에 생을 마감한다. 그럼에도 불구하고 이 책은 1670년에 출간되었으며 수학, 철학, 종교의 가장 흥미로운 접점을 파스칼의 '신성한 내기'의 형식으로 제시한다.

파스칼은 하나님의 존재에 대해 언쟁을 벌이기보다는 논증을 펼쳤다. 그는 신의 존재/비존재와 믿음/불신의 조합에는 아래의 표와 같이 네 가지 결과가 있다고 기술한다. 결론을 말하자면 우리는 잃을 것이 없고 모든 것을 얻기 때문에 믿을 만한 가치가 있다는 것이다.

메르센의 소수

마린 메르센Marin Mersenne(1588~1648)은 일련의 소수들primes에 자신의 이름을 붙였다. 이 소수들은 $2^p - 1$을 통해 산출되는데, 여기서 p는 소수이다. 하지만 이 식은 모든 소수값에 대해 성립되는 것은 아니므로 $2^p - 1$이 자동으로 소수가 되는 것은 아니다. 메르센 소수는 지금도 계속 발견되고 있다. 실제로 우리가 GIMPS(Great Internet Mersenne Primes Search) 인터넷 사이트에 접속하여 프로그램을 설치하면 세계 도처의 다른 컴퓨터들과 함께 계산을 수행한다. 메르센 소수는 대개 호기심 충족을 위한 것이지만, 큰 소수는 암호화 프로그램에 사용되기도 한다. 아래는 처음 몇 개의 메르센 소수들을 열거한 것이다.

소수(p)	$2^p - 1$	소수 여부
2	3	소수
3	7	소수
5	31	소수
7	127	소수
11	2047	소수 아님
13	8191	소수
17	131071	소수
19	524286	소수

하지만 이것은 많은 의문을 남겼으며 그중 하나는 신앙과 같이 사적인 것을 논리적 근거로 삼을 수 있느냐였다.

	신이 존재할 때	신이 존재하지 않을 때
믿음	모든 것을 얻음	아무것도 얻지 못함
불신	아무것도 얻지 못함*	아무것도 얻지 못함

* 만약 신이 존재하고 복수심이 강하다면 아무것도 얻지 못하는 것에 그치지 않을 것이다!

계승 FACTORIAL

갑자기 5!이라니 5!은 도대체 무슨 뜻일까? 5라는 숫자에 대해 열광한다는 뜻일까? 그런 것과는 전혀 상관이 없다. 5!은 계승이라는 것인데, 실제로는 5 • 4 • 3 • 2 • 1 을 말한다. 믿을지 모르겠지만 수학은 우리의 삶을 편하게 하려는 것이다. 곱셈은 덧셈을 여러 번 하는 것을 줄여 주고, 계승(n!)은 자연수 1부터 n까지의 곱을 빠르게 해준다. 계승은 여러 분야에서 유용하게 사용되는데, 그것은 나중에 살펴보기로 하자.

계승이란

계승은 $n! = n(n-1)(n-2)\cdots(3)(2)(1)$ 로 정의된다. 풀어서 말하자면 n!은 자연수 n부터 맨 아래의 1까지를 모두 곱한 수이다. 예를 들어, 5! = 5 • 4 • 3 • 2 • 1 = 120이다. 특이한 점 하나는 0! = 1 이라는 것이다. 계승의 연산은 아주 쉬우며 웬만한 계산기에는 계승 버튼이 다 있다.

계승은 대체로 확률 문제에서 많이 사용된다. 예를 들어 경찰서에서 목격자 대질을 위해 다섯 명의 용의자가 대기 중이라고 하자. 다섯 명이 방에 들어가는 순서는 몇 가지일까? 문제를 해결하기 위해 모든 경우를 써가면서 알아내는 수도 있지만 시간이 많이 걸리고 그 결과를 신뢰할 수도 없다. 이때 수학이 힘을 발휘한다.

경찰관은 용의자들을 들여보낼 선택권을 가진다. 처음에 선택할 수 있는 용의자의 수는 5이며 누구든 가능하다. 두 번째로 선택할 수 있는 용의자의 수는 (한 사람은 이미 들어갔으므로) 4이다. 세 번째로 선택할 수 있는 용의자의 수는 3이며, 그다음은 2, 그다음은 1이다. 이렇게 용의자들을 들여보내서 일렬로 세우는 경우의 수는 5!, 즉 5 • 4 • 3 • 2 • 1 = 120 이다.

계승의 연산

계승 연산은 수행하는 사람을 똑똑하게 보이게 하므로 아주 즐겁게 할 수 있다. 예를 들면, $\frac{10!}{9!}$을 간소화하는 것은 매우 어려워 보이지만 답은 간단히 10이다. 이것을 계산하는 데 계산기가 필요 없는 이유는 계승의 정의를 이용하면 쉽게 풀리기 때문이다. 다음은 계승을 풀어서 쓴 것이다.

$$\frac{10!}{9!} = \frac{10 \cdot 9 \cdot 8 \cdot 7 \cdot 6 \cdot 5 \cdot 4 \cdot 3 \cdot 2 \cdot 1}{9 \cdot 8 \cdot 7 \cdot 6 \cdot 5 \cdot 4 \cdot 3 \cdot 2 \cdot 1}$$

너저분해 보이긴 하지만 분자와 분모에 있는 숫자 대부분이 서로 약분되는 것을 알 수 있다.

$$\frac{10!}{9!} = \frac{10 \cdot \cancel{9} \cdot \cancel{8} \cdot \cancel{7} \cdot \cancel{6} \cdot \cancel{5} \cdot \cancel{4} \cdot \cancel{3} \cdot \cancel{2} \cdot \cancel{1}}{\cancel{9} \cdot \cancel{8} \cdot \cancel{7} \cdot \cancel{6} \cdot \cancel{5} \cdot \cancel{4} \cdot \cancel{3} \cdot \cancel{2} \cdot \cancel{1}} = 10$$

이 방법은 매우 유용하다. 예를 들면 $\frac{8!}{6!}$은 $\frac{8 \cdot 7 \cdot 6!}{6!}$로 바꿀 수 있는데, 분자와 분모에 있는 6!은 약분되어 8 • 7 = 56만 남게 된다. 이 방법은 '양파 벗기기'와 유사한데, 계승 연산을 할 때 머릿속에 그려 보면 많은 도움이 된다. 위의 예에서 8!은 여덟 겹의 껍질을 가진 양파이고 6!의 껍질은 여섯 겹이라고 할 수 있다. 양파들을 소거하려면 같은 수의 겹을 갖게 만들어야 한다.

그러므로 8!의 양파는 두 개의 겹, 즉 여덟 번째와 일곱 번째 겹을 분리해야 한다. 이렇게 하면 분자는 양파의 두 겹(8과 7)과 여섯 겹의 양파로 나누어진다. 이제 분자에 있는 여섯 겹의 양파는 분모에 있는 여섯 겹의 양파와 약분될 수 있다.

이런 방식은 $\frac{100!}{98!}$과 같은 문제를 해결하는 데도 적용할 수 있다. 이 문제는 계산기로는 풀기가 어려운데, 100!은 매우 큰 수라서 계산기가 감당하기 힘들다. 다행히도 우리 인간에게는 두뇌가 있으니 그것을 이용해서 양파 벗기기 방법을 써보자.

$$\frac{100!}{98!} = \frac{100 \cdot 99 \cdot 98!}{98!} = 100 \cdot 99 = 9900$$

아주 쉽고 간단해서 우리가 똑똑해진 느낌마저 든다.

계승을 적용한 이항정리는 pp.136~137을 보라.

이제 마지막으로 양파 벗기기 예제를 하나만 더 풀어 보자.

$$\frac{16!}{14! \cdot 5!}$$

간소화시키려면 먼저 16!을 14!과 같이 될 때까지 벗긴다.

$$\frac{16 \cdot 15 \cdot 14!}{14! \cdot 5!}$$

이제 위에 있는 분모와 분자의 14!을 서로 약분하면,

$$\frac{16 \cdot 15}{5!}$$

여기서 5!은 풀어서 쓸 수 있다.

$$\frac{16 \cdot 15}{5 \cdot 4 \cdot 3 \cdot 2 \cdot 1}$$

간단한 연산으로 5와 3의 곱은 15가 된다는 것을 알기 때문에 분자와 분모의 15를 약분하면 남는 것은,

$$\frac{16}{4 \cdot 2 \cdot 1}$$

분모에 있는 숫자들을 곱하면 $\frac{16}{8}$, 즉 2이다.

이 모든 작업에 계산기는 전혀 쓰이지 않았다. 이제 계승의 위력을 충분히 느꼈을 것이다.

순열과 조합PERMUTATIONS AND COMBINATIONS

학생들이 방학 동안 즐거운 시간을 보내고 학교로 돌아온다. 그런데 이들 중에는 항상 자기 라커의 자물쇠를 여는 조합을 잊어먹은 학생들이 몇 명씩 있다. 재미있는 것은 그들이 잊어버린 것은 조합이 아니라 사실은 순열이며 그런 잠금 방식은 '순열 잠금'이라고 불러야 한다는 것이다. 왜 그런지 알아보자.

순열

순열이란 원소가 n개인 집합에서 r개의 원소를 순서 구분해서 뽑아내는 방법의 가짓수로 정의된다. 예를 들면 올림픽 100m 결승전에 8명의 선수가 출전했다. 8명을 시상대(1위, 2위, 3위)에 세울 수 있는 방법은 몇 가지나 될까?

시상대에는 8명 중 3명만 설 수 있기 때문에 전체 8명은 집합 n이고 3명은 부분집합 r이라고 할 수 있다. 또한 1위, 2위, 3위를 구별하여 세운다는 것은 순서가 있다는 뜻이므로, 이것은 8명의 집합에서 순서가 있는 3명의 부분집합을 뽑아내는 것이다.

순열의 표기법은 $_nP_r$ 또는 $P(n, r)$인데, 여기서 n은 대상의 전체 개수이고 r은 순서를 구분해 정렬된 대상의 개수이다. 실제로 아무리 싼 공학용 계산기라도 $_nP_r$ 버튼이 있다.

순열의 공식은 다음과 같다.

$$_nP_r = \frac{n!}{(n-r)!}$$

위의 예제에서 제시된 값들을 대입하면 다음과 같은 답이 산출된다.

$$\frac{8!}{(8-3)!} = \frac{8!}{5!} = \frac{8 \cdot 7 \cdot 6 \cdot 5!}{5!}$$

$$= 8 \cdot 7 \cdot 6 = 336$$

이제는 계산기를 쓸 수도 있지만 직접 계산해 보는 것이 만족감도 크다.

이 문제를 살펴보는 또 다른 방식은 앞(p.124)의 용의자 줄 세우기처럼 접근하는 것이다. 1위 선수를 선택하는 경우의 수는 무엇인가? 모든 선수가 우승할 수 있으므로 그 수는 8이다. 2위 선수는 (이미 한 명은 결승선을 통과했으므로) 7명 중에서 선택 가능하고 3위 선수는 6명 중 한 명이다. 이 숫자를 모두 곱하면 336이 나오는데, 공식으로 계산한 것과 같다는 것을 알 수 있다.

조합

조합은 순열과 아주 비슷하지만 큰 차이점이 한 가지 있다. 순열은 원소의 개수가 n개인 집합에서 r개의 원소를 순서를 구분해 뽑아내는 방법의 가짓수인 반면, 조합은 원소의 개수가 n개인 집합에서 r개의 원소를 순서 구분 없이 뽑아내는 방법의 가짓수다. 조합은 $_nC_r$ 또는 $\binom{n}{r}$과 같이 표기하며 그 공식은 다음과 같다.

$$_nC_r = \frac{n!}{(n-r)!r!}$$

위의 예제를 변형시켜서 순열과 조합이 어떻게 다른지 알아보자. 올림픽 100m 예선에서 결승선에 먼저 들어온 3명만이 다음 라운드에 진출하기로 한다. 8명의 선수들 중에서 3명이 먼저 들어오는 경우의 수는 몇 가지나 될까? 여기서는 3위 안에만 들면 될 뿐 1위, 2위, 3위 순위는 상관이 없다. 이것은 r의 부분집합이 순서가 없는 부분집합이라는 것을 의미한다. 이제 공식을 이용해서 계산하면 결과는 다음과 같다.

$$_8C_3 = \frac{8!}{(8-3)!3!} = \frac{8!}{5! \cdot 3!} = \frac{8 \cdot 7 \cdot 6 \cdot 5!}{5! \cdot 3!}$$
$$= \frac{8 \cdot 7 \cdot 6}{3 \cdot 2 \cdot 1} = 56$$

이런 결과들을 놓고 보면 결승전에서 메달을 획득한 선수들의 순열은 336가지인 반면 순서 없이 3위 안에 든 선수들의 조합은 56가지라는 것을 알 수 있다.

예리한 눈을 가진 사람이라면 조합의 수가 순열의 수보다 작다는 것을 눈치 챘을 것이다. 조합의 개수는 순열의 개수보다 작거나 같은데, 순열과 조합 사이의 상관관계를 나타내는 공식은 다음과 같다.

$$_nC_r = \frac{_nP_r}{r!}$$

순서가 있느냐 없느냐

순서가 중요한 경우에는 어떤 함수를 쓰고 순서가 중요치 않은 경우에 어떤 함수를 써야 할지 잊어버리기 십상이다. 나에게는 그것을 쉽게 기억할 수 있게 하는 암기법이 있다. "순열은 순서에 까다롭지만 조합은 조금도 개의치 않는다." 머릿속에 제대로 기억시키는 방법으로는 두운법 만한 것이 없다.

이제 학교 자물쇠 문제로 다시 돌아가자. '조합 잠금'을 반드시 '순열 잠금'으로 바꾸어 불러야 하는 이유는 무엇일까? 자물쇠를 열려는 학생은 몇 개의 숫자를 어떤 순서에 따라 입력해야 하는데, 예를 들어 3개의 숫자라고 가정해 보자. 자물쇠가 33, 21, 45로 설정되어 있다면 21, 33, 45를 입력해서는 열리지 않을 것이다. 따라서 이 자물쇠는 순서를 지켜서 입력하는 것이 중요하므로 잠금 방식을 '순열 잠금'이라 불러야 한다.

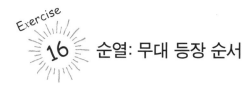

순열: 무대 등장 순서

문제

데이비드, 스티븐, 그레이엄, 닐은 재결합 순회 공연을 할 예정이다. 과거에 자존심 문제로 심각했던 적이 있어서 이번 투어에서는 각 연주자들이 무대에 등장하는 순서를 공평하게 하기로 약속한다. 그들은 공정함을 기하기 위해 모든 경우의 순서를 적용하려고 한다. 데이비드, 스티븐, 그레이엄, 닐이 무대에 등장하는 순서의 경우는 몇 가지나 될까?

방법

첫 번째 방법은 가능한 모든 구성을 써보는 것이다.

데이비드, 스티븐, 그레이엄, 닐
데이비드, 스티븐, 닐, 그레이엄
데이비드, 그레이엄, 스티븐, 닐
데이비드, 그레이엄, 닐, 스티븐
데이비드, 닐, 스티븐, 그레이엄
데이비드, 닐, 그레이엄, 스티븐
…… 등등

이것은 금방 지치게 만드는 작업이며 모든 경우를 빠뜨리지 않고 쓴다는 보장이 없다. 지금까지 한 것은 데이비드가 첫 번째로 등장하는 경우인데, 이

미 여섯 가지나 된다. (사실 스티븐, 그레이엄, 닐에게도 각각 여섯 가지 경우가 있으므로 모든 경우의 수는 24이다.)

두 번째 방법은 '셈의 기본 원칙'을 사용하는 것이다. 약간 어렵게 들리겠지만 정말 간단한 방법이다. 어떤 물건을 뽑는 방법이 n가지이고 다른 물건을 뽑는 방법이 m가지라면, 두 물건을 모두 뽑는 방법의 수는 $n \cdot m$이다. 예를 들어 5개의 셔츠와 3개의 넥타이가 있다면, 15가지의 셔츠 – 타이 조합($5 \cdot 3 = 15$)이 나온다.

같은 원칙을 4명의 밴드에도 적용할 수 있다. 첫 번째로 등장할 사람을 선택하는 방법은 네 가지이다. 그리고 두 번째로 등장할 사람을 선택하는 방법은 세

르네상스 이후의 유럽

가지이다(한 사람이 벌써 무대에 있기 때문에 1
이 적다). 이렇게 하면 세 번째는 두 가지,
마지막 네 번째는 한 가지이다. 따라서
모든 방법의 수를 계산하면,

$$4 \cdot 3 \cdot 2 \cdot 1 = 24$$

마지막 방법은 순열(→ pp.126~127)을
사용하는 것이다. 이번 예제에서는 4명
의 그룹에서 네 사람을 순서대로 배열해
야 한다.

$$_4P_4 = \frac{4!}{(4-4)!}$$

이때 분모의 $(4-4)!$은 $0!$인데, 이전
에 언급한 대로 1과 같으므로 분자에 있
는 계승만 따로 떼어 내서 계산하면 된다.

순열에 대한
자세한 내용은
pp.126~127을 보라.

$$_4P_4 = \frac{4 \cdot 3 \cdot 2 \cdot 1}{1} = \frac{24}{1}$$

따라서 답은 24이다.

해답

데이비드, 스티븐, 그레이엄, 닐은 24가
지 순서로 무대에 등장할 수 있다. 이제
공연 일수가 24의 배수이기만 하면 된다.

▼ 데이비드 – 스티븐 – 그레이엄 – 닐 순서로 다시 등
장하는 것은 25번째 공연이 될 것이다. 모든 순열을 열
거하면 아래와 같다.

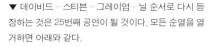

1, 2, 3, 4	3, 1, 2, 4
1, 2, 4, 3	3, 1, 4, 2
1, 3, 2, 4	3, 2, 1, 4
1, 3, 4, 2	3, 2, 4, 1
1, 4, 2, 3	3, 4, 1, 2
1, 4, 3, 2	3, 4, 2, 1
2, 1, 3, 4	4, 1, 2, 3
2, 1, 4, 3	4, 1, 3, 2
2, 3, 1, 4	4, 2, 1, 3
2, 3, 4, 1	4, 2, 3, 1
2, 4, 1, 3	4, 3, 1, 2
2, 4, 3, 1	4, 3, 2, 1

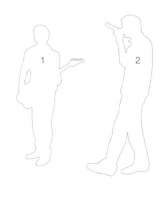

파스칼의 삼각형 1

파스칼의 삼각형은 멋진 계산들을 풍성하게 담고 있는 수학적 보고이다. 그렇지만 먼저 짚고 넘어가야 할 것은 파스칼이 이런 삼각형을 처음으로 발견한 수학자는 아니라는 것이다. 지금 우리가 파스칼의 삼각형이라고 부르는 것은 파스칼이 태어나기 훨씬 이전에 쓰인 중국, 인도, 페르시아 등의 문헌에서도 발견된다. 그것에 파스칼을 이름을 붙인 것은 앞서도 언급한 적이 있듯이 서양인들의 편협함에 지나지 않는다.

파스칼의 삼각형 만들기

파스칼 삼각형의 유래는 오랜 시간을 거슬러 올라간다. 그것은 이항 전개와의 연관성 때문에 초기 수학에서 아주 유용했으며 그것과 거의 흡사한 내용을 6세기 인도 수학자 바라하미히라의 책에서 찾아볼 수 있다. 그리고 10세기 페르시아의 수학자 알 카라지 또한 파스칼의 삼각형을 연구했다. 중국의 경우는 11세기까지 거슬러 올라가는데, 북송의 수학자 가헌賈憲은 파스칼의 삼각형을 일곱 번째 행까지 기록했다. 심지어 유럽에서도 16세기 독일의 수학자이자 지리학자인 페트루스 아피아누스Petrus Apianus가 파스칼의 삼각형을 산술책 표지에 사용했다.

파스칼의 삼각형을 만드는 것은 간단하다. 먼저 1을 꼭대기에 놓고 대각선 방향으로 밑에 다시 1 두 개를 쓴다. 한 행씩 밑으로 내려 오다 보면 삼각형 왼쪽과 오른쪽 가장자리는 모두 1이며 안쪽에 있는 숫자들은 각 숫자의 왼쪽 바로 위의 수와 오른쪽 바로 위의 수를 더해서 구한 것이다.

파스칼의 삼각형 패턴

파스칼 삼각형의 안쪽에는 놀라운 수학적 패턴이 존재한다. 왼쪽과 오른쪽 첫 번째 대각선은 모두 1로 구성되어 있으며 두 번째 대각선에서는 자연수가 차례로 나타난다. 세 번째 대각선은 3각수를 포함하고 있으며 한 칸씩 건너 뛸 때마다 6각수가 나타난다. 네 번째 대각선은 4면체 숫자를 포함하고 있다. 그 외에도 펜타톱스pentatopes(4차원의 기이한 4면체)나 카탈란 수Catalan numbers*와 같이 생소한 수들의 패턴도 있지만 그것까지 다루기에는 지면이 부족하여 생략한다.

* 벨기에 수학자 카탈란의 이름을 딴 카탈란 수의 대표적 예는 $(n+2)$개의 변을 갖는 다각형을 n개의 다각형으로 나누는 경우의 수이다.

▼ 파스칼의 삼각형을 만드는 것은 매우 간단하다.

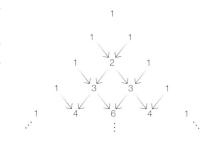

파스칼 삼각형의 위력

파스칼의 삼각형에 숨겨져 있는 또 다른 재미는 각 행에 있는 숫자를 더해 보면 알 수 있다. 첫 번째 행을 더하면 합이 1 이고 두 번째 행은 2, 세 번째 행은 4이다. 네 번째 행을 더하면 8이고 다섯 번째 행은 16이며 이렇게 계속된다. 이미 눈치 챘을 수도 있지만 파스칼의 삼각형 각 행에 있는 숫자들의 합은 2의 거듭제곱이다(→ 글상자)

또한 파스칼의 삼각형에는 2의 거듭제곱뿐만 아니라 11의 거듭제곱도 들어 있다. 첫 번째 행을 보면 숫자가 1이다. 이것은 11^0(어떤 수든지 지수가 0이면 1)이다. 두 번째 행을 11로 읽는다면 이것은 11^1이고 다음 행은 121, 즉 11^2이다. 이런 식으로 하면 11^3값을 추측하기란 어렵지 않다. 그것은 1331이며 그다음인 11^4 = 14,641이다.

그다음부터는 조금 복잡하다. 11^5은 161,051인데, 파스칼의 삼각형의 다섯 번째 행에 있는 숫자들과는 다르다. 이 유는 두 자릿수가 등장하기 때문이다.

하지만 삼각형 안에 있는 각 숫자들은 10의 거듭제곱을 나타내므로 그 패턴은 여전히 유효하다. 오른쪽에서부터 시작해 일의 자리, 십의 자리, 백의 자리, 천의 자리 순으로 이어진다. 다섯 번째 행의 백의 자리와 천의 자리의 숫자는 10이다. 이것은 백의 자리에서 천의 자리로 받아올림을 하고, 천의 자리에서 만의 자리로 받아올림을 해야 한다는 것을 의미한다.

좀 더 자세히 살펴보자. 115를 나타

파스칼 삼각형의 행	파스칼 삼각형의 행	2의 거듭제곱
1	1	2^0
2	2	2^1
3	4	2^2
4	8	2^3
5	16	2^4
6	32	2^5

내야 할 다섯 번째 행의 숫자는 1, 5, 10, 10, 5, 1이다.

일의 자리는 1, 십의 자리는 5이고 전부 다 표시하면 아래와 같다.

	1	5	10	10	5	1
일의 자리						1
십의 자리					5	0
백의 자리				10	0	0
천의 자리			10	0	0	0
만의 자리		5	0	0	0	0
십만의 자리	1	0	0	0	0	0

백의 자리와 천의 자리의 10을 받아올림을 해주면 백의 자리는 0, 천의 자리는 1, 만의 자리는 6이 된다. 따라서

$$11^5 = \quad 1 \quad 6 \quad 1 \quad 0 \quad 5 \quad 1$$

이렇게 자릿수에 따라 숫자를 받아올림해 주면서 11의 거듭제곱 패턴을 볼 수 있는데, 이것은 파스칼의 삼각형이 보여주는 수학 마술의 시작에 불과하다. 다음에는 더 재미있는 내용들이 있다.

Exercise 17

파스칼의 삼각형: 악수 문제

문제

봅과 보노는 큰 파티를 열 계획이다. 두 사람은 자신들 말고도 20명이 참석하는 파티를 생각하고 있다. 그들은 모든 파티 참석자가 일 대 일로 인사를 나누도록 하려 한다. 봅과 보노는 참석하는 사람들을 모두 알고 있지만 참석자끼리는 아무도 서로 알지 못하기 때문에 사회자를 두어 인사를 유도하려고 한다. 사회자는 소개 한 번에 2파운드씩 받기로 했으며 각각 1분 15초씩 인사를 나누게 해야 한다. 이때 사회자는 몇 번이나 소개를 시켜야 할까? 그가 받을 수 있는 돈은 얼마인가? 또한 시간당 얼마씩 돈을 벌게 될까?

방법

이 문제를 푸는 한 가지 방법은 모든 인사 소개를 체계적인 목록으로 만들어 보는 것이다. 인원을 20명으로 하면 목록이 방대해지기 때문에 그 수를 줄여서 어떤 패턴이 나타나는지 살펴보도록 하자. 일단 6명으로 목록을 만들어 본다.

A—B	B—C	C—D	D—E	E—F
A—C	B—D	C—E	D—F	
A—D	B—E	C—F		
A—E	B—F			
A—F				

내려갈수록 인사 소개가 한 번씩 줄어드는 이유는 이미 만난 사람들은 또 만날 필요가 없기 때문이다. (말하자면 앤디를 브루스에게 소개했다면 브루스를 다시 앤디에게 소개할 필요가 없다.) 6명이라면 $1 + 2 + 3 + 4 + 5 = 15$번의 소개를 해야 한다(15는 5번째 3각수이다. → pp.16~17).

20명의 손님이 있다면 앤디는 19명에게 자신을 소개해야 하고 브루스는 18명을 만나 인사를 나눠야 하며, 크리스는 17명…… 이런 식이 될 것이다. 따라서 총 소개 횟수는,

$19 + 18 + 17 + 16 + 15 + 14 + 13 +$
$12 + 11 + 10 + 9 + 8 + 7 + 6 + 5 +$
$4 + 3 + 2 + 1 = 190$

이렇게 더하는 것은 만만치 않지만 그 결과 값이 19번째 삼각수라는 것을 알 수 있다. 마침 삼각수를 구하는 공식은 다음과 같다.

$$\frac{(n)(n-1)}{2}$$

이번 경우를 대입해 보면 $\frac{(20)(19)}{2} =$ 190이다.

조합을 이용하여 2항식을 푸는 방법은 p.137을 보라.

또 다른 방법은 조합을 이용하는 것인데 앞(→ p.127)에서 이미 살펴본 내용이다. 앤디가 브루스를 만나건 브루스가 앤디를 만나건 중요한 것이 아니므로 순서를 따지지 않아도 된다. 그래서 이번 경우는 순열이 아니라 조합을 사용해야 한다. 이전에 본 것처럼 조합은 원소가 n개인 집합에서 원소가 r개인 부분집합을 골라내는 방법의 가짓수다. 위 문제에서는 20명으로 이루어진 집단에서 2명을 고르는 경우다.

$$_{20}C_2 = \frac{20!}{18! \cdot 2!} = \frac{20 \cdot 19 \cdot 18!}{18! \cdot 2!} = \frac{20 \cdot 19}{2}$$
$$= 190$$

이 결과 값은 악수 횟수를 나타낸다. 사회자가 소개를 한 번 할 적마다 2파운드씩 받는다면 전부 $190 \cdot 2$파운드 $= 380$파운드를 받는다. 소개 한 번에 1분 15초(1.25분)가 걸린다면, 소개를 모두 끝내는 데 소요되는 시간은 $190 \cdot 1.25$분 $= 237.5$분, 즉 3.9583시간이다. 반올림을 하면 4시간이므로 그가 시간당 버는 돈은 $380 \div 4 = 95$파운드라는 얘기다.

해답

사회자는 190번 소개를 하며 대가로 380파운드를 받기 때문에 시간당 버는 돈은 95파운드다.

이런 종류의 문제가 친숙하다면 그것은 조합 문제들의 답이 파스칼의 삼각형 안에 있기 때문이다. $_{20}C_2$의 답은 21번째 행의 3번째 항이다.

파스칼의 삼각형 2

이미 확인했듯이 파스칼의 삼각형에는 아름다움과 대칭성이 있다. 피보나치 수열이나 황금비율만 보더라도 아름다움은 어려운 수학에 대한 이해를 수반할 필요가 없다.

파스칼 삼각형의 아름다움

아름다움을 풀기 위해서는 크레용 한 세트와 모험 정신만 있으면 된다. 먼저 공통성이 있는 숫자들을 골라내는데, 예를 들어 5의 배수를 찾아서 색깔을 칠한다. 그중에 어떤 수를 선택해서 파스칼의 삼각형에 있는 숫자들을 계속 나누어 가되 소수점 이하까지 구하지 않고 나머지를 남긴다. 나머지는 0부터 방금 선택한 숫자보다 1만큼 적은 수 중 하나일 것이다. 나머지인 숫자마다 색깔을 정해서 칠해 보자. 여기까지만 해도 놀라운 패턴이 점점 나타나는 것을 볼 수 있는데, 상상력을 동원해서 다른 패턴도 찾아보라.

앞에서 사용했던 방법으로 나머지를 구해 보는데, 이번에는 2로 나눠 보자. 나머지가 1이면 색깔을 칠하고 나머지가 0이면 하얀색 그대로 남겨두자. 이렇게 하면 '시에르핀스키 삼각형'으로 알려진 형태가 만들어진다. 이 삼각형은 1915년 이를 처음으로 묘사한 폴란드 과학자 바츨라프 시에르핀스키Waclaw Sierpinski(1882~1969)의 이름을 따서 명명한 것이다. 이것은 현대에도 수백 년 전에 발견된 수학적 사실에서 새로운 관련성을 찾을 수 있다는 것을 보여 준다.

이것은 파스칼의 삼각형이 프랙탈 기하학(이상하게 생긴 나선형과 패턴들로 가득한 포스터를 본 적이 있을 것이다)과 연결되는 것을 보여 주는 예다. 수학에서 상대적으로 새로운 분야인 '프랙탈fractal'은 1975년에 프랑스 수학자 브누와 만델브로Benoit Mandelbrot에 의해 명명된 것이다.

파스칼의 삼각형과 피보나치 수열

또 다른 절묘한 마술은 파스칼 삼각형에 얕은 대각선을 그은 다음 그 선상에 있는 숫자들을 모두 더해서(옆 그림 참조) 피

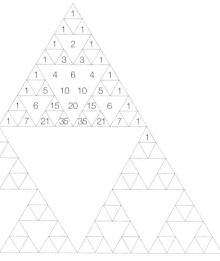

▲ 시에르핀스키의 삼각형: 파스칼의 삼각형에서 발견되는 프랙탈 패턴.

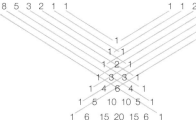

8 5 3 2 1 1   1 1 2 3 5 8 13

```
            1
           1 1
          1 2 1
         1 3 3 1
        1 4 6 4 1
      1 5 10 10 5 1
     1 6 15 20 15 6 1
```

보나치 수열을 얻는 것이다. 이것은 수학의 가장 매력적인 세 가지 성취를 연결시키는데, 바로 파스칼의 삼각형, 피보나치 수열, 황금비율이다.

파스칼의 하키 스틱

또한 파스칼의 삼각형 속에는 하키가 있다. 우리가 어떤 대각선에서 수를 더하든지 그 합의 값은 그다음 행에 존재한다. 예를 들어 왼쪽에서 5번째 대각선의 숫자 몇 개를 더해 보자. 이 숫자들이 1, 5, 15, 35, 70이라고 하면 이 숫자들을 더한 값은 126인데, 한 행 아래 왼쪽에 있는 수와 같다. 이렇게 하면 숫자들은 하키 스틱의 자루가 되고 그 합은 스틱의 날blade이 된다. 이번에는 오른쪽에서 3

번째 대각선의 숫자 1, 3, 6, 10을 선택하자. 이것들을 더한 값 역시 한 줄 아래 오른쪽에 있다. 스틱 자루의 길이는 바뀔 수 있지만 반드시 1에서 시작해야 하는데, 왼쪽과 오른쪽 어디에서 시작하느냐에 따라 스틱의 날은 항상 한 줄 아래 왼쪽이나 오른쪽에 있게 된다.

파스칼의 삼각형과 꽃

파스칼 삼각형의 절묘한 마지막 속성은 '파스칼 꽃잎'이다. 삼각형에서 어떤 숫자를 선택했을 때 그것이 가장자리에 있는 수가 아니라면 꽃의 꽃잎처럼 6개의 다른 숫자들로 둘러싸인다. 그중 숫자 세 개를 서로 곱한 값은 나머지 다른 숫자들의 곱과 같다. 예를 들어 6번째 행에서 왼쪽에서 3번째 숫자를 선택해 보자. 그 숫자는 10인데, 그 주위로 있는 숫자들은 4, 6, 10, 20, 15, 5이다. 이때 이웃하지 않는 숫자 4, 10, 15를 곱하면 600이 나오며, 이웃하지 않는 나머지 숫자 6, 20, 5를 곱해도 600이 나온다.

▼ 왼쪽 그림은 파스칼의 하키 스틱, 오른쪽 그림은 파스칼의 꽃잎이다. 두 가지 모두 이 유명한 삼각형 안에 숨어 있는 패턴을 보여 주는 좋은 예다.

이항정리

이항정리는 2항식을 전개하는(곱해서 꺼내는) 간단한 방법이다. 이항정리의 확실한 예는 동전 던지기처럼 두 가지 경우 밖에 없는 확률 문제에서 확인할 수 있다. 사용이 제한적일 것 같지만 실제로는 어떤 것들을 두 그룹으로 나눌 때 간편하고 유용하게 쓰인다.

2항식의 전개

어떤 수든지 0번 거듭제곱하면 1이기 때문에 $(x+y)^0$을 전개하면 1이다. $(x+y)^1$은 전개하면 $1x + 1y$가 된다.

그다음으로 $(x+y)^2$을 전개하려면 괄호 안의 2항식을 두 번 써서 $(x+y)$$(x+y)$로 만든 다음 괄호 전개(→ pp.34~35)를 수행한다. 이것은 $1x^2 + 1xy + 1xy + 1y^2$이 되며 같은 항끼리 합치면 $1x^2 + 2xy + 1y^2$이다.

$(x+y)^3$을 전개시키려면 괄호 안의 2항식을 세 번 쓰면,

$$(x+y)(x+y)(x+y)$$

이제 첫 두 개 항을 괄호 전개해서 간소화하면,

$$(1x^2 + 2xy + 1y^2)(x+y)$$

그런 다음 3항식과 2항식을 서로 곱하면,

$$1x^3 + 1x^2y + 2x^2y + 2xy^2 + 1xy^2 + 1y^3$$

마지막으로 동류항끼리 연산하면 결과는 다음과 같다.

$$1x^3 + 3x^2y + 3xy^2 + 1y^3$$

알다시피 이런 계산을 하다 보면 쉽게 지친다. 나는 수학을 사랑하지만 이 다음의 전개식은 풀고 싶지 않기 때문에 이 정도만 하기로 한다. 그런데 희소식은 2항식을 전개하는 더 멋진 방법이 있다는 것이다. 지금까지 2항식 전개로 얻는 내용은 다음과 같다.

$$(x+y)^0 = 1$$
$$(x+y)^1 = 1x + 1y$$
$$(x+y)^2 = 1x^2 + 2xy + 1y^2$$
$$(x+y)^3 = 1x^3 + 3x^2y + 3xy^2 + 1y^3$$

전개식의 계수를 눈여겨보면 이 숫자들이 파스칼의 삼각형에서 온 것임을 알 수 있다. 만약 $(x+y)^4$을 전개하려고 하면 방금 전과 같은 따분한 작업 없이도 가능하다. $(x+y)^4$을 전개하면 다음과 같다.

$$(x+y)^4 = 1x^4 + 4x^3y + 6x^2y^2 + 4xy^3 + 1y^4$$

그래서 x의 지수는 4, 3, 2, 1, 0으로 감소하며 y의 지수는 0부터 시작하여 4까지 증가한다. 또 어떤 항이든 이 전개식

조합에 대해 더 알고
싶으면 pp.126~127을 보라

에 있는 지수들의 합은 4이다. 4에 주목하는 것은 원래 2항식인 $(x+y)^4$의 지수이기 때문이다. 그럼 $(x+y)^5$을 전개하려면 파스칼의 삼각형에서 계수를 참고하고 거기다가 변수를 붙이면 된다.

$$(x+y)^5 = 1x^5 + 5x^4y + 10x^3y^2 + 10x^2y^3 + 5xy^4 + 1y^5$$

계승을 이용한 전개

$(x+y)^{13}$을 전개하려면 어떻게 해야 할까? 계수를 알아내기 위해 파스칼 삼각형의 14번째 줄까지 작성해야 할까? 그건 아니다. 다행히도 계승을 이용하면 전개식의 계수를 알아낼 수 있다. 마지막 예제를 다시 보자.

$$1x^5 + 5x^4y + 10x^3y^2 + 10x^2y^3 + 5xy^4 + 1y^5$$

두 번째 항의 계수는 5이다. 이 숫자는 계승으로 나타낼 수 있다. 변수 x와 y의 지수들의 합은 5이며 x의 지수는 4, y의 지수는 1이다. 이것은 $\frac{5!}{4! \cdot 1!}$로 쓸 수 있으며 간소화하면 5가 된다. 다음 항은 x의 지수가 3이고 y의 지수는 2이므로, 이 항의 계수는 $\frac{5!}{3! \cdot 2!}$이 된다. 따라서 각 항의 계수를 구하는 공식은 다음과 같다.

$$\frac{(지수의 \; 합)!}{(첫 \; 번째 \; 지수)!(두 \; 번째 \; 지수)!}$$

이제 $(x+y)^{13}$을 전개시키려면 변수를 순서대로 쓴 다음 계수를 나중에 적어야 한다. 계수를 뺀 처음 세 항은 다음과 같다.

$$x^{13} + x^{12}y + x^{11}y^2 + \cdots$$

여기에 계수를 추가해 주면,

$$\frac{13!}{13!0!}x^{13} + \frac{13!}{12!1!}x^{12}y + \frac{13!}{11!2!}x^{11}y^2 + \cdots$$

계승을 간소화해서 계산하면, 결과는 다음과 같다.

$$1x^{13} + 13x^{12}y + 78x^{11}y^2 + \cdots$$

또 다른 전개 방법

이항 전개의 계수를 구하는 또 다른 방법은 조합을 사용하는 것이다. 마지막 예제인 $(x+y)^{13}$을 전개해서 나오는 처음 몇 개의 항은 다음과 같다.

$$_{13}C_0 x^{13} + _{13}C_1 x^{12}y + _{13}C_2 x^{11}y^2 + \cdots$$

세 가지 방법 모두 본질적으로는 같기 때문에 자신에게 맞는 것을 사용하면 된다.

18 확률: 동전 던지기

문제

지미는 로버트에게 한 가지 내기를 제안한다. 지미는 동전을 열 번 던져서 앞면이 0번, 2번, 3번, 7번, 8번, 9번, 10번 나오면 로버트에게 1파운드를 주고 동전의 앞면이 4번, 5번, 6번 나오면 1파운드를 받겠다고 한다. 로버트는 이 내기를 받아들여야 할까?

방법

대부분의 사람들은 자신에게 이상하거나 위험한 것을 감지하는 직관이 있다고 느낀다. 그러나 실제로 대다수의 사람들은 확률을 따져 보지 않는다. 이것은 많은 사람들이 로또 복권을 사는 것과 카지노에서 큰 돈을 벌 수 있다고 생각하는 것을 보면 알 수 있다.

이제 다시 문제로 돌아가 보자. 많은 사람들은 지미의 내기를 받아들인다. 왜냐하면 이기는 경우는 8가지이고 지는 경우는 3가지라고 생각하기 때문이다. 하지만 놀랍게도 이것은 틀린 생각이다.

이것을 알아보는 한 가지 방법은 그 내기를 반복 수행한 다음 어떤 경우가 자주 나오는지 감을 잡는 것이다. 동전을 10번 던져서 앞면이 나오는 횟수를 세는 행동을 반복하다 보면 종 모양을 닮은 막대그래프를 얻을 수 있는데(다음쪽 참조) 앞면이 5번일 때의 확률이 가장 높은 것으로 보아 가장 많이 나오는 경우라는 것을 알 수 있다.

더 정확하고 빠른 방법은 이항정리를 이용하는 것이다(→ pp.136~137). 동전 던지기는 앞면 아니면 뒷면 이렇게 두 가지 경우밖에 없으며 2항식으로 쓰면 $(h+t)$이다. 지미는 동전을 10번 던지기 때문에 2항식은 $(h+t)^{10}$이 되며 이항정리를 이용하여 전개하면 다음과 같이 표현할 수 있다.

$$h^{10} + 10h^9t + 45h^8t^2 + 120h^7t^3 + 210h^6t^4$$
$$+ 252h^5t^5 + 210h^4t^6 + 120h^3t^7 + 45h^2t^8$$
$$+ 10ht^9 + t^{10}$$

자, 앞면이 나올 확률도 $\frac{1}{2}$이고 뒷면이 나올 확률도 $\frac{1}{2}$이다. 지미는 앞면이 4번, 5번, 6번 나오기를 고대한다. 앞면이

4번, 뒷면이 6번 나올 확률은 이항 전개식에서 h의 차수가 4, t의 차수가 6인 항, 즉 $210h^4t^6$이 될 것이다. 앞면과 뒷면이 나오는 확률은 모두 $\frac{1}{2}$이므로 이것을 대입할 수 있다.

$210(\frac{1}{2})^4(\frac{1}{2})^6$, 즉 0.205078125

앞면이 5번 나오고 뒷면이 5번 나올 확률은 $252h^5t^5$인데, h와 t에 $\frac{1}{2}$을 대입하면 다음과 같다.

$252(\frac{1}{2})^5(\frac{1}{2})^5$, 즉 0.24609375

앞면이 6번 나오고 뒷면이 4번 나올 확률은 $210h^6t^4$인데, h와 t에 $\frac{1}{2}$을 대입하면 다음과 같다.

$210(\frac{1}{2})^6(\frac{1}{2})^4$, 즉 0.205078125

위에서 나온 값들을 모두 더하면 앞면이 4번, 5번, 6번 나올 확률은 0.65625, 즉 65.625%이다. 지미가 내기에서 이길 확률은 $\frac{2}{3}$인 반면에 로버트가 이길 확률은 $\frac{1}{3}$이다.

해답

로버트는 내기를 거절해야 한다. 그가 이길 확률이 적기 때문이다. 평균적으로 봤을 때 내기가 3회 진행되면 지미가 1 파운드를 더 얻게 된다.

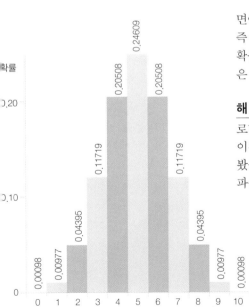

확률

0.20

0.10

0

0.00098 0.00977 0.04395 0.11719 0.20508 0.24609 0.20508 0.11719 0.04395 0.00977 0.00098

0 1 2 3 4 5 6 7 8 9 10

양면의 수

레온하르트 오일러 LEONHARD EULER

레온하르트 오일러는 1707년 스위스의 바젤에서 태어났는데, 그의 아버지 파울은 당대의 유명한 수학자 요한 베르누이 Johann Bernoulli와 친구였다. 파울은 아들에게 기초 수학을 가르쳤다. 1720년 그는 대학에 들어가자마자 잠재력을 드러내기 시작했다. 베르누이는 종종 오일러의 질문에 답해 주었고 그에게 좀 더 공부하기를 권했다. 1723년 오일러는 철학 석사 학위를 받는다. 파울는 아들이 신학에 매진하길 바랐지만 베르누이는 그가 아버지를 설득해 수학을 공부할 수 있도록 도왔다.

상트페테르부르크, 베를린 그리고 귀환

1726년 상트페테르부르크의 러시아 왕립 과학원을 다니던 베르누이의 장남 니콜라우스가 세상을 떠나자 오일러가 그 자리를 물려받았다. 오일러는 베르누이의 차남 다니엘과 함께 살면서 연구에 매진했다. 하지만 다니엘은 과학원에 환멸을 느껴 1733년에 그곳을 떠났고 오일러가 그를 대신해 수석 석좌교수에 올랐다. 군주제가 흔들리면서 긴장감이 고조되자 1741년 오일러는 베를린의 교수직으로 옮겼다. 이후 이곳에서 25년을 보냈다. 이 시기에 많은 논문을 썼고 1759년 베를린 아카데미의 학장이 되었다.

1776년 오일러는 다시 러시아 왕립 과학원으로 돌아왔지만 얼마되지 않아서 시력을 잃었다. 눈이 보이지 않았지만 그는 아들 요한과 크리스토프의 도움으로 연구를 계속할 수 있었다. 그는 1783년 9월 18일 상트페테르부르크에서 생을 마감할 때까지 저술 활동을 계속했다.

쾨니히스베르크 KÖNIGSBERG의 다리

'쾨니히스베르크의 다리'는 수학에서 고전적 문제다. 쾨니히스베르크는 과거 프러시아의 일부였지만 현재는 리투아니아와 폴란드 사이에 낀 러시아 영토 칼리닌그라드에 해당하는 지역으로, 두 섬과 그 사이를 흐르는 강이 있다. 이곳에는 두 섬을 강의 양편으로 연결하고 섬 사이를 연결하는 7개의 다리가 있다. 문제는 각 다리를 한 번씩만 지나서 모두 건널 수 있는가이다. 오일러는 이것이 불가능하다는 것을 증명한다. 이유는 각 땅에 연결된 다리의 개수에 있었다. 시작하거나 끝나는 곳이 아닌 이상 중간 경유지에서는 그곳에 들어가면 다시 나와야 한다. 그러기 위해서는 최소 2개의 다리가 필요하기 때문에 경유하는 곳은 반드시 짝수 개의 다리가 있어야 한다. 쾨니히스베르크는 이 조건이 부합하지 않는데, 각 땅들이 모두 홀수 개의

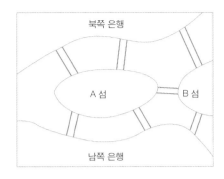

북쪽 은행

A 섬 B 섬

남쪽 은행

◀ 쾨니히스베르크의 다리는 교점(땅)과 선(다리)으로 단순화시켜 나타낼 수 있다. 많은 지도가 이런 형식을 취하는데, 예를 들어 열차 지도는 기차역을 점으로 선로를 선으로 표시한다. 오일러의 경로는 실용적인 목적으로 많이 응용되는데, 운송 회사에서는 운송 경로에 대한 계획을 세울 때 한 번 지나간 길을 다시 지나가지 않도록 해서 연료와 운송 경비를 절감한다.

다리를 가지고 있기 때문이다. 이것은 후일 '오일러의 경로'라고 불리는데, 각 다리(혹은 선)를 한 번씩만 거쳐서 다 지나려면 2개의 땅(혹은 교점)은 홀수 개의 다리를 가져야 한다는 것이 필요충분조건이다.

위 문제에서는 두 섬 사이에 있는 다리를 제거하면 '오일러의 경로'가 가능하게 된다. '오일러의 회로'는 출발 지점으로 다시 돌아오는 것인데, 모든 땅(교점)이 짝수 개의 다리(선)로 연결되어 있어야 가능하다.

쾨니히스베르크의 다리와 관련된 문제를 통해 오일러는 $V - E + F = 2$라는 공식까지 만들어 냈는데, 여기서 V는 교점vertex의 개수이고 E는 선edge의 개수, F는 다면체(→ p.53)의 면face 개수이다.

표기법에 관한 단상

오일러는 현재 우리가 사용하는 중요한 표기법 중 몇 가지를 만들었는데, 그중에는 변수 x에 대한 함수 f(x), 합계를 나타내는 그리스 문자 Σ(시그마), 허수 i 그리고 2.71828…의 값을 나타내는 자연상수 e 등이 있다. 자연상수 e는 존 나피에(→ p.160)가 쓴 책에서 처음 언급되지만, 오일러의 스승의 아들인 야콥 베르누이Jakob Bernoulli가 처음 발견한 사람으로 알려져 있다. 오일러는 이 상수값을 대신해 문자 e를 사용했는데, 그것은 현재까지 사용되고 있다. 숫자 e는 π와 φ(→ pp.18~19, 100~101)처럼 또 하나의 멋진 숫자이다. 숫자 e는 다음과 같이 무한급수를 사용하여 산출될 수 있다.

$$e = \frac{1}{0!} + \frac{1}{1!} + \frac{1}{2!} + \frac{1}{3!} + \frac{1}{4!} \cdots$$

이 숫자로 인해 수학에서 가장 아름다운 방정식 중 하나인 $e^{i\pi} + 1 = 0$이 만들어졌다.

오일러의 회로

문제

한 중년의 남자가 인생에 대해 고민한다. 42번째 생일이 지난 후로 아래를 내려다보면 배가 불룩 튀어나온 것이 보인다. 다시 운동을 시작하기로 결심하지만 안타깝게도 그는 20대가 아니다. 아, 20대로 다시 돌아갈 수만 있다면…… 20대는 최상의 몸매를 만들기 위해 달리고 30대는 몸매를 유지하려고 달린다면 40대는 피할 수 없는 노화를 늦추려고 달린다. 아직도 우울한가? 마이클은 달리기 프로그램을 시작하기로 한다. 근처에 있는 야영장이 겨울에는 문을 닫기 때문에 조용하고 한적해서 달리기하기에는 아주 좋은 장소가 될 것이다. 야영장 지도는 오른쪽에 있는데, 마이클은 주차장에서 시작해 모든 길을 한 번씩 달리고 다시 주차장으로 돌아오려고 한다. 그것이 가능할까? 만약 불가능하다면 무엇을 어떻게 바꿔야 가능할까?

방법

이것은 고전적인 '오일러의 회로'에 관한 문제다. 지도를 보면 7개의 교점, 즉 길들이 만나는 7곳의 장소가 있다. 주차장은 들어오고 나가는 길이 단지 2개이므로 짝수 교점이다. 그런데 다른 6곳은 모두 홀수 교점이다. 따라서 현재의 구성으로는 오일러의 회로를 할 수 없다.

이것은 조정이 필요하다는 의미다. 지역 환경부서에 무턱대고 새로운 길을 만들어 달라고 하면 엄청 황당해 할 것이므로 당장 마이클이 할 수 있는 것은 달리는 길을 빼거나 어떤 길을 두 번씩 달리는 것뿐이다. 이제 각 길에 이름을 붙여 보자. 이렇게 하면 10개의 길이 탄생한다. 이제 교점에도 이름을 붙여 보자. 오일러의 회로가 되기 위해서는 교점과 접하는 길이 짝수 개여야 한다.

만약 뛰어온 길을 두 번 뛴다면, 이것은 새로운 길을 추가하는 것이라고 치

자. 멋진 몸매를 대한 열망으로 가득한 마이클은 거리가 짧은 길을 빼고 기꺼이 먼 길을 두 번 뛸 것이다.

마이클은 A에서 B를 거쳐 C로 뛰면서 2번 길을 제거해 C를 짝수 교점으로 만든다. 그런 다음 C에서 D를 거쳐 E로 뛰면서 6번 길을 삭제해 D와 G를 짝수 교점으로 만든다. 그다음에는 E에서 F, G를 거쳐 다시 F로 달린다. 9번 길 위를 다시 뛰면 길을 하나 추가하는 것이므로 F와 E도 짝수 교점이 된다. 마지막으로 E에서 B를 거쳐 1번 길을 다시 뛰면A와 B도 짝수 교점이 된다.

이렇게 하면 '오일러의 회로'가 완성될 것이다. 어쨌든 뛰는 거리는 2.5km이다.

오일러의 회로에 대해서는 pp.140～141을 보라.

해답

가까운 2개의 길을 제외하고 다른 2개의 길을 중복해서 뛰면 '오일러의 회로'가 만들어진다. 길 번호에 따라 만들어진 경로는 1 → 3 → 4 → 5→ 9 → 7 → 8 → 9 → 10 → 1이다.

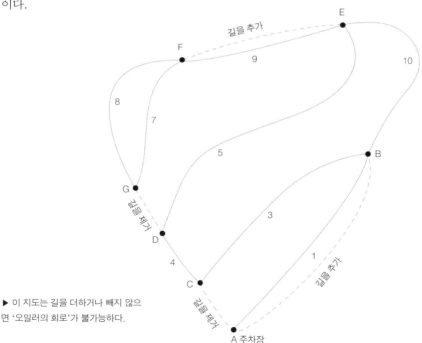

▶ 이 지도는 길을 더하거나 빼지 않으면 '오일러의 회로'가 불가능하다.

칼 프리드리히 가우스CARL FRIEDRICH GAUSS

칼 프리드리히 가우스는 당시 모든 것을 알고 있었다고 할 정도로 대단한 천재였다. 어릴 적부터 그의 영리함은 주위 사람들을 놀라게 했다.

수학 천재

1777년 가우스는 독일 브룬스비크에서 태어났다. 7세 때 초등학교에서 그는 특유의 영특함으로 선생님을 놀라게 했다 (→ pp.146~147). 11세에는 중등학교에 진학하여 언어를 공부하며 15세가 되던 1792년에는 브룬스비크 대학에 들어갔다. 거기서 가우스는 혼자의 힘으로 이항정리를 발견한다(→ pp.136~137). 3년 후 가우스는 괴팅겐 대학으로 가지만 학위를 마치지 않고 다시 브룬스비크로 돌아와 1799년에 학위를 받는다. 가우스는 브룬스비크의 공작으로부터 장학금을 받고 있었는데, 그의 요청으로 박사 학위 논문을 헬름스테트 대학에 제출했다. 가우스의 논문은 대수학의 기본 정리에 관한 것이었다.

파란만장한 삶

가우스는 1805년에 결혼했는데, 그 후 5년간 여러 힘든 일을 겪었다. 1807년 가우스의 든든한 후원자였던 브룬스비크

Works

● 《정수론 연구DISQUISITIONES ARITHMETICAE》: 논문을 제외하고 1801년에 발표한 《정수론 연구》는 그의 첫 번째 책이다. 여기서 가우스는 대체로 정수 이론를 다루고 있으며 소수(→ pp.16~17)와 디오판토스의 방정식(→ pp.66~67)에 대한 연구도 포함하고 있다.

● 《천체운동론THEORY OF CELESTIAL MOVEMENT》: 1809년 가우스는 두 번째 저서를 발표한다. 그는 이 책에서 당시에는 새로운 행성들로 여겨졌지만, 지금은 왜소 행성dwarf planet과 소행성으로 알려진 세레스Ceres와 팔라스Pallas의 궤도를 예측했다.

● 그 외 논문들: 가우스는 급수, 적분, 통계학, 기하학 등과 관련한 글들을 포함해 많은 논문을 남겼다.

대수학의 기본 정리

가우스가 수학에 공헌한 가장 중요한 업적 중 하나는 '대수학의 기본 정리fundamental theorem of algebra'와 관련한 연구이다. 이 정리에 따르면 실수와 복소수의 계수로 이루어진 다항식은 복소수 평면에서 하나 이상의 근을 갖는다. 쉽게 말하자면 n차 다항식이 있고 그 계수가 실수나 복소수라면 n개의 근 혹은 해를 갖는다는 것이다. 예를 들어 112페이지에 있는 2차방정식(포물선)은 차수가 2이고 세 가지 경우에 모두 2개의 근(해)을 갖는데, 첫 번째는 2개의 서로 다른 실근, 두 번째는 2개의 같은 실근, 세 번째는 2개의 복소수 근이다. 가우스는 1799년에 이것을 기하학적으로 증명했고 1816년에 두 가지 심층적인 증명 방법들을 추가했으며 1849년에는 앞서 했던 증명들을 개정 보완했다.

의 공작이 프러시아 군대와 싸우다가 전사했으며 그해 가우스는 괴팅겐 천문대 소장을 맡았다. 이 일이 있기 전에 가우스는 세레스(지금은 왜소행성으로 분류됨)와 팰라스(지금은 소행성으로 분류됨)라는 두 천체의 행로를 정확히 예측한 적이 있었다. 1808년에는 가우스의 아버지가 죽었다. 그리고 다음 해에 아내 요한나가 둘째 아들 루이스를 출산하다가 죽는데, 어렵게 낳은 아들 또한 다음 해에 죽었다. 1년 후 가우스는 요한나의 가장 친한 친구였던 민나와 재혼했다.

베버와의 공동 연구

1831년 가우스는 독일 물리학자 빌헬름 베버Wilhelm Weber를 괴팅겐으로 초청해 함께 공동 연구를 시작한다.

두 사람은 공동으로 많은 논문들을 저술하지만 1837년 하노버 정부가 베버의 정치적 입장에 반대하자 그는 괴팅겐을 떠나게 되었다.

가우스는 1855년 2월 23일에 세상을 떠났지만 그의 연구 업적은 아직도 여러 형태로 우리 주변에 남아 있다. 그중에서 두 가지 예를 들자면 자속magnetic flux의 기본 단위(Wb)에는 베버의 이름이 들어 있으며 물체에서 자기장을 제거하는 '디가우싱degaussing' 처리는 가우스의 이름에서 따온 것이다. 이것은 우리가 텔레비전이나 컴퓨터의 모니터를 켤 때 '딩'하고 소리가 나면서 일어나는 동작이다.

"수학자들에게 어떤 특이한 단점들이 있다는 말은 어느 정도 사실일지 모르나 그것은 수학자들만의 문제가 아니다. 한 가지 일에만 몰두하는 사람들은 다 마찬가지일 테니까."
— 칼 프리드리히 가우스

등차급수

문제

우리는 지금 18세기 후반의 독일에 있다. 과로로 피곤한 선생님은 처리해야 할 일이 있어서 학생들에게 1부터 100까지 더하는 숙제를 낸다. 그런데 왕자병인 학생 칼이 5분도 채 안 돼서 숙제를 끝내고 선생님을 괴롭히기 시작한다. 귀찮기는 했지만 선생님은 이 '수학 왕자'의 재능을 알아본다. 우리는 칼이 했던 방법을 따라할 수 있을까?

방법

칼은 아주 영리하다. 다른 아이들이 1부터 100까지 더하는 데 여념이 없는 동안 그는 먼저 생각을 한다.

칼은 1부터 100까지 숫자를 더할 수도 있고 100부터 1까지 더할 수도 있는데 두 가지 결과는 동일하다는 것을 안다.

$$1+2+3+\cdots+98+99+100 = sum$$

혹은

$$100+99+98+\cdots+3+2+1 = sum$$

숫자가 커지는 순서대로 더하는 리스트를 써보고 그다음에는 작아지는 순서대로 더하는 리스트를 써본 후 칼이 알아낸 것은 같은 열에 있는 숫자들의 합은 모두 같으며 위와 아래에 있는 급수를 모두 더하면 두 배가 된다는 사실이다.

$$1+2+3+\cdots+98+99+100 = sum$$
$$100+99+98+\cdots+3+2+1 = sum$$

$$101 + 101 + 101\cdots + 101 + 101 + 101 = 2 \cdot \text{sum}$$

이제 100개의 101이 생겼기 때문에 칼은 좌변에 있는 급수들의 합을 다음과 같이 곱의 형태로 다시 쓸 수 있다.

$$100(101) = 2 \cdot sum$$

이제 양변을 2로 나누면 합을 구할 수 있다.

$$\frac{100(101)}{2} = sum$$

$$5050 = sum$$

해답

1부터 100까지 숫자를 모두 더하면 5050이다.

등차급수

가우스가 생각해 낸 이 방법은 등차급수의 합에 대한 일반 공식으로 이어진다.

우선 등차급수는 이전 숫자에 공차를 더해서 나오는 수들로 구성된 급수이다. 예를 들어 3+7+11+15+19+23은 등차급수라고 할 수 있다. 이 수열에서 첫 번째 항은 3이고 공차는 4이며 항의 개수는 6이다. 등차급수의 합을 구하는 공식은 다음과 같다

$$s = \frac{n}{2}(2a + (n-1) \cdot d)$$

여기서 a는 첫 번째 항이고 d는 공차이며 n은 항의 개수이다. 위의 급수에서 해당 숫자들을 공식에 대입하면 다음과 같다.

$$s = \frac{6}{2}(2 \cdot 3 + (6-1) \cdot 4)$$

이것을 간소화하면 $s = 3(6 + (5)4)$이고 최종적으로 $s = 78$이 된다.

Exercise 21 등비급수

문제

보니는 매우 어려운 결정을 해야 한다. 그녀는 복권에 당첨되었는데, 두 가지 중에서 하나를 선택해야 한다. 첫 번째는 1000만 파운드를 일시불로 당장 받는 것이고 두 번째는 첫째 날 1페니, 둘째 날 2페니, 셋째 날 4페니를 받는 방식으로 한 달 동안 매일 2배수의 돈을 받는 것이다. 그녀는 어떤 선택을 해야 할까?

방법

두 가지 선택 모두 정말 좋아 보인다. 그 누가 1000만 파운드를 받고도 불만이 있을 수 있을까? 문제는 두 번째를 선택했을 때 받을 수 있는 돈이 1000만 파운드보다 많지 않을까 하는 것이다. 보니는 수학을 썩 좋아하진 않지만 기꺼이 시간을 들여 어떤 선택이 나은지 알아보려고 한다.

1번 선택 = 1000만 파운드
2번 선택 = 약간의 계산 필요

먼저 한 달의 날수를 30일이라고 하자. 이제 보니는 매일 받게 될 금액을 표로 만들 수 있다. 표를 보면 알겠지만 이것은 몇 가지 다른 방식으로 쓸 수 있다.

이제 이것을 합으로 나타내면 다음과 같다.

날짜	금액(단위 £)	금액(두 번째 방식)	금액(세 번째 방식)
1	0.01	0.01	$0.01 \cdot 2^0$
2	0.02	$0.01 \cdot 2$	$0.01 \cdot 2^1$
3	0.04	$0.01 \cdot 2 \cdot 2$	$0.01 \cdot 2^2$
4	0.08	$0.01 \cdot 2 \cdot 2 \cdot 2$	$0.01 \cdot 2^3$
5	0.16	$0.01 \cdot 2 \cdot 2 \cdot 2 \cdot 2$	$0.01 \cdot 2^4$

$$sum = 0.01 \cdot 2^0 + 0.01 \cdot 2^1 + 0.01 \cdot 2^2 + 0.01 \cdot 2^3 + \cdots + 0.01 \cdot 2^{28} + 0.01 \cdot 2^{29}$$

아직도 보니는 서로 다른 30개의 숫자를 더해야 한다. 이것을 해결할 다른 접근법은 칼이 등차급수(→ pp.146~147)에서 사용했던 것과 비슷한 방법을 사용하는 것이다. 보니는 위의 급수에다 2를 곱해서 새로운 급수를 만들어 낸다.

$$2 \cdot sum = 0.01 \cdot 2^1 + 0.01 \cdot 2^2 + 0.01 \cdot 2^3 + 0.01 \cdot 2^4 + \cdots + 0.01 \cdot 2^{29} + 0.01 \cdot 2^{30}$$

2를 곱했더니 급수의 지수가 1씩 증가한 것을 볼 수 있다(보니가 항들 사이에 곱해진 숫자인 2를 선택한 것은 급수를 쓰기가 쉽기 때문이다). 이제 더 큰 급수에서 작은 급수를 빼준다.

$$2 \cdot sum = 0.01 \cdot 2^1 + 0.01 \cdot 2^2 + 0.01 \cdot 2^3 + 0.01 \cdot 2^4 + \cdots + 0.01 \cdot 2^{29} + 0.01 \cdot 2^{30}$$
$$sum = 0.01 \cdot 2^0 + 0.01 \cdot 2^1 + 0.01 \cdot 2^2 + 0.01 \cdot 2^3 + \cdots + 0.01 \cdot 2^{28} + 0.01 \cdot 2^{29}$$

보시다시피 두 급수의 대부분의 항들이 동일하다. 뺄셈을 마무리하면 남는 것은 다음과 같다.

$$sum = -0.01 \cdot 2^0 + 0.01 \cdot 2^{30}$$

이것은 다시 다음과 같이 간소화될 수 있다.

$$sum = 0.01 \cdot 2^{30} - 0.01 \cdot 2^0$$
$$= 10,737,418.25$$

해답

1년 중 11개월은 두 번째 선택이 더 낫다. 하지만 2월에는 500만 파운드를 더 받을 수 있는 첫 번째 선택이 더 낫다.

등비급수

이것은 등비급수의 합을 내는 일반 공식으로 이어진다.

$$s = a\frac{(r^n - 1)}{(r - 1)}$$

여기서 a는 첫 번째 항, r은 공비이고 n은 전체 항의 개수이다.

6

이자와 암호

지금까지 우리는 대수학의 역사를 살펴보면서 초보적이며
경쾌한 예들을 다루기도 했지만 대수학이 실생활에서도 대단히
유용하게 쓰인다는 것 또한 알게 됐다. 그럼 이 장에서는
일상생활에서 대수학이 가장 많이 응용되는 두 가지 영역을
살펴보자. 현대의 난해한 금융 체계나 컴퓨터의 복잡한 암호
체계를 분석하기에는 허용된 지면이 좁기 때문에,
대신에 좀 더 접근이 용이하면서도 여전히 매력적인 금리와
기본적인 암호화에 대해 다룰 것이다.

지수의 법칙

돈, 특히 이자율로 들어가기 전에 지수가 무엇인지 요약해 보자. 지수는 연속적인 곱을 나타내는데, 예를 들면 2^5(여기서 지수는 5)은 $2 \cdot 2 \cdot 2 \cdot 2 \cdot 2$와 같다.

거듭제곱(혹은 승수)은 세 가지 부분, 즉 계수, 밑, 지수로 구성된다. 예를 들면 $3x^5$에서 계수는 3, 밑은 x, 지수는 5이다. 그럼 지수를 지배하는 몇 가지 법칙을 살펴보자.

1) $x^n \cdot x^m = x^{n+m}$
같은 밑을 가진 승수들을 곱할 때는 지수들을 합하면 된다. 예를 들면,

$$x^2 \cdot x^3 = x^5 \text{ 혹은}$$
$$(x \cdot x) \cdot (x \cdot x \cdot x) = (x \cdot x \cdot x \cdot x \cdot x)$$

2) $x^n \div x^m = x^{n-m}$
같은 밑을 가진 승수들을 나눌 때는 지수들을 빼면 된다. 예를 들면,

$$x^7 \div x^4 = x^3 \text{ 혹은}$$
$$\frac{(x \cdot x \cdot x \cdot x \cdot x \cdot x \cdot x)}{(x \cdot x \cdot x \cdot x)} = \frac{(x \cdot x \cdot x \cdot \cancel{x} \cdot \cancel{x} \cdot \cancel{x} \cdot \cancel{x})}{(\cancel{x} \cdot \cancel{x} \cdot \cancel{x} \cdot \cancel{x})}$$
$$= (x \cdot x \cdot x) = x^3$$

3) $(x^n)^m = x^{n \cdot m}$
승수를 어떤 지수값만큼 거듭제곱(승)하려면 지수들을 곱하면 된다. 예를 들면,

$$(x^3)^2 = x^6 \text{ 혹은}$$
$$(x^3) \cdot (x^3) = x^6 \text{(1법칙 이용)}$$

4) $(xy)^m = x^m y^m$
두 개 이상의 밑을 가진 수나 변수를 어떤 지수 값만큼 거듭제곱하는 것은 그 지수를 각각의 밑에 나눠 주는 것과 같다. 예를 들면,

$$(xy)^3 = (xy)(xy)(xy)$$
$$= (x \cdot x \cdot x)(y \cdot y \cdot y) = x^3 y^3$$

5) $\left(\frac{x}{y}\right)^m = \frac{x^m}{y^m}$
분수인 수나 변수를 어떤 지수 값만큼 거듭제곱하는 것은 그 지수를 분자와 분모에 나눠 주는 것과 같다. 예를 들면,

$$\left(\frac{x}{y}\right)^3 = \left(\frac{x}{y}\right)\left(\frac{x}{y}\right)\left(\frac{x}{y}\right) = \frac{(x \cdot x \cdot x)}{(y \cdot y \cdot y)} = \frac{x^3}{y^3}$$

6) $x^0 = 1$이며, 이때 $x \neq 0$이어야 한다. 예를 들면,

$$\frac{x^3}{x^3} = \frac{(x \cdot x \cdot x)}{(x \cdot x \cdot x)} = \frac{(\cancel{x} \cdot \cancel{x} \cdot \cancel{x})}{(\cancel{x} \cdot \cancel{x} \cdot \cancel{x})} = 1$$

제2법칙을 이용하면 $\frac{x^3}{x^3} = x^{3-3} = x^0$이 나오는데, 수학적 일관성에 따라 예의 결과와 같아야 하므로 $x^0 = 1$이다. 모든 것의 0승은 밑이 0이 아닌 경우에 모두 1이다.

7) $x^{-m} = \frac{1}{x^m}$
이것은 제6법칙, 그리고 제2법칙의 역산과 관련이 있다. 예를 들면,

$$x^{-4} = x^{0-4} = \frac{x^0}{x^4} = \frac{1}{x^4} \text{ 이므로}$$
$$x^{-4} = \frac{1}{x^4} \text{이다.}$$

8) $\dfrac{1}{x^{-m}} = x^m$

이것은 제6법칙과 제2법칙을 적용하면 된다. 예를 들면,

$$\dfrac{1}{x^{-4}} = \dfrac{x^0}{x^{-4}} = x^{0-(-4)} = x^{0+4} = x^4 \text{이므로}$$
$$\dfrac{1}{x^{-4}} = x^4 \text{이다.}$$

법칙 7과 법칙 8의 경우, 분수의 분모와 분자를 바꾸면 지수의 부호가 바뀐다는 점을 기억하면 풀이가 더 쉽다. 예를 들면,

$$2^{-3} = \dfrac{3^2}{2^3} = \dfrac{9}{8} = 1.125$$

이쯤되면 지수의 법칙이 앞(→ pp.14~15)에서 소개했던 숫자 집합의 순서를 따른다는 사실을 눈치 챘을 것이다. 처음 5가지 법칙은 자연수 지수를 다뤘고 법칙 6은 0인 지수를 소개함으로써 0과 자연수의 집합에 해당하는 지수를 소개했다. 또한 법칙 7과 법칙 8은 정수인 지수들을 소개하고 있다. 이제 우리는 지수를 유리수, 즉 분수의 영역까지 확장하는 두 가지 법칙을 더 살펴볼 것이다. 사실상 이 둘은 한 법칙이지만 두 개로 분리해서 살펴보는 것이 이해가 더 쉽다.

9) $\sqrt[n]{x} = x^{\frac{1}{n}}$

예로 x의 제곱근을 구해 보자. 먼저 제곱근은 $\sqrt[2]{x}$로 쓸 수 있으며 이것은 $x^{\frac{1}{2}}$과 같을 것이다. 일반적으로 제곱근의 첨수는 생략하지만 세제곱근부터는 그것을 명시해 준다. 예제의 양변을 제곱하면 법칙 9를 증명할 수 있는데, 먼저 좌변을 제곱하면 결과는 다음과 같다.

$$\sqrt{x} \bullet \sqrt{x} = \sqrt{x \bullet x} = \sqrt{x^2} = x$$

우변의 분수 지수도 제곱하면 같은 결과가 나올 것이다(여기에는 주의할 사항이 있다. → 글상자). 따라서 $\sqrt[3]{x}$ 는 $x^{\frac{1}{3}}$과 같을 것이며 그 외의 경우도 같은 등식이 성립할 것이다. 마지막 법칙은 법칙 9의 연장선상에 있다.

10) $\sqrt[n]{x^m} = x^{\frac{m}{n}}$ 또는 $\left(\sqrt[n]{x}\right)^m = x^{\frac{m}{n}}$

예를 들면, 다음과 같다.

$$\sqrt[3]{x^2} = x^{\frac{2}{3}} \text{ 또는 } \left(\sqrt[3]{x}\right)^2 = x^{\frac{2}{3}}$$

주의 사항

지수를 다룰 때는 가끔씩 예기치 못한 결과가 나올 수 있기 때문에 주의를 기울여야 한다. −2의 제곱의 제곱근, 즉 $\sqrt{(-2)^2}$ 을 예를 들어보자. BEDMAS의 연산 순서에 따라 먼저 −2의 제곱을 계산하면 4가 되며 4의 제곱근은 2이다. 하지만 $\left(\sqrt{(-2)}\right)^2$의 경우, 먼저 $\sqrt{(-2)}$ 는 $\sqrt{2} \cdot i$ 로 표현될 수 있으며 제곱하면 $2 \cdot i^2$이고 최종 결과는 −2이다. 보다시피 연산 순서가 결과에 큰 영향을 미친다.

이자에 관한 두 문제

문제 1: 이자 갚기

앨런은 솔로 음반을 취입하려는 데 돈이 부족하다. 그는 친구인 토니에게 돈을 꿔달라고 부탁하는데, 450파운드를 빌려주면 3년 안에 이자를 쳐서 갚겠다고 한다. 그들은 연리 5%의 이율에 동의한다. 단리 이자라고 가정하면 토니가 3년 후에 받게 될 돈은 얼마일까?

방법

비록 이 문제는 단리 이자라는 것을 분명히 했지만 복리 이자(→ pp.158~159)에 대한 언급이 없을 때에는 당연히 단리 이자를 고수해야 한다는 점을 명심하자.

단리 이자를 계산하는 공식은 아주 간단하다. 그것은 $I = Prt$인데, 여기서 I는 얻게 되는 이자, P는 원금(관점에 따라 대부금 혹은 투자금), r은 보통 소수인 이율, t는 기간이다. 따라서 문제에 공식을 적용하면 다음과 같다.

$$I = Prt$$
$$I = (450)(0.05)(3)$$
$$I = 67.5$$

해답

최종 이자는 67.50파운드이고 토니가 앨런에게 빌려줬던 원금은 450파운드이다. 따라서 토니가 3년 후에 받게 될 돈은 총 517.50파운드이다.

문제 2: 수익률 정하기

그레이엄은 자신의 새 노래가 빅 히트를 칠 것으로 확신한다. 그는 바비에게 780파운드를 빌려주면 3년 후에 (원금에 이자까지 쳐서) 1000파운드를 갚겠다고 한다. 단리 이자라고 가정하면 바비의 수익률(이율)은 얼마인가?

방법

이번에도 단리 이자의 공식 $I = Prt$를 사용해 보자. 여기서 원금 P는 780파운드, 기간 t는 3년, 벌어들이게 될 이자 I는 1000파운드에서 780파운드를 뺀 220파운드가 될 것이다. 이 값들을 우리의 공식에 대입하면 결과는 다음과 같다.

$$220 = (780)(r)(3)$$

곱셈이 사랑스러운 이유 중 하나는 연산 순서가 중요치 않다는 것이다. 이것은 '곱셈의 교환 법칙'이라는 것으로, 어렵게 들리지만 사실은 아주 간단한 것이다. 무슨 의미냐 하면 2 • 3의 연산 결과는 3 • 2와 같다는 것이다.

이 법칙을 위의 등식에 적용하면, 미지의 r은 건너뛰고 780과 3을 곱해서 다음과 같은 결과가 나온다.

$$220 = 2340(r)$$

우변에 r만 남기려면 양변을 2340으로 나눠 주면 된다.

$$\frac{220}{2340} = \frac{2340(r)}{2340}$$
$$0.094 = r$$

해답

위의 소수를 (100을 곱해서) 백분율로 나타내면 바비가 3년에 걸쳐 단리 이자로 9.4%의 수익을 올리게 된다는 것을 알 수 있다.

지수 방정식 EXPONENTIAL EQUATION

지수는 금융(복리 이자), 생물학(증가와 감소), 물리학(방사능), 화학(반응 속도), 경제학(수요와 공급의 곡선) 등을 비롯해 기타 여러 분야에서 사용된다. 예를 들어, 캐나다의 브리티시 컬럼비아에서는 소나무 숲이 재선충pine tree beetle에 감염되어 죽어가는 속도가 지수적이다.

지수 방정식은 지수 자리에 변수가 있는 방정식이다. 이것은 지수를 가진 방정식과 혼동해서는 안 된다. 예를 들어 $2^x = 8$은 지수 방정식인 반면 $x^2 = 9$는 지수 방정식이 아니다. 어쨌든 실제 세계에서 사용되는 몇 가지 지수 방정식을 살펴보기 전에 먼저 그것을 어떻게 푸는지 알아보자.

지수 방정식 풀기

때때로 지수 방정식을 푸는 것은 아주 간단하다. 예를 들어 $2^x = 8$을 보면 누구나 $x = 3$이라고 할 것이며 그것은 맞는 답이다. 숫자에 대한 이러한 직관은 설명하기 어렵지만 실제로는 매우 인상적인 계산을 해낸다. 우리는 우변의 8을 2의 거듭제곱인 $2^x = 2^3$으로 바꾼 다음, 양변 모두 밑이 동일하므로 지수를 비교해서 $x = 3$이라는 결과를 얻게 된 것이다.

또 다른 예인 $3^{2x-1} = 27$도 같은 방식으로 풀 수 있다. 27은 3^3이기 때문에 $3^{2x-1} = 3^3$으로 쓸 수 있으며 양변 모두 밑이 동일하므로 지수를 비교하면 $2x - 1 = 3$이라는 등식을 얻게 된다. 이 등식의 양변에 1을 더하면 $2x = 4$가 되고 다시 양변을 2로 나누면 $x = 2$가 된다.

다음 예제인 $2 \cdot 3^x = 162$의 경우, 우리는 본능적으로 2와 3을 곱하려고 한다. 하지만 잠깐 멈추고 살펴보라. 3은 지수 x를 '떠받들고' 있지만 2는 아니다. 그래서 첫 단계로 양변을 2로 나눠 3^x을 한쪽에 남기면 $3^x = 81$이 된다. 그다음으로 81은 3^4이기 때문에 $3^x = 3^4$으로 쓸 수 있으며 지수를 비교하면 $x = 4$이다.

지금까지는 쉬웠지만 $2^x = 12$와 같은 문제는 겉보기와는 달리 앞서했던 방법으로는 풀 수가 없다. 그 방법으로 알 수 있는 것은 그 해가 3과 4 사이에 있다는 정도다($2^3 = 8$이고 $2^4 = 16$이기 때문이다). 좀 더 정확한 해를 구하기 위해서는 로그(→pp.160~161)가 필요하다.

소나무 재선충

소나무 재선충은 브리티시 컬럼비아에서 큰 문제를 일으키고 있는 작은 벌레다. 1990년대 후반부터 겨울에 이상 고온이 계속되자 숲을 휩쓸어 왔다. 감염된 면적의 증가 추세는 지수 방정식의 형태를 띠고 있다.

따로 다루지는 않겠지만 '회귀regression'라는 방법을 사용하면 다음 도표에 있는 데이터와 가장 잘 맞아떨어지는 방정식을 찾을 수 있다. 물론 실제 삶에서 완벽함이란 있을 수 없다.

일단 그 방정식은 $A = 63(2.32)^t$인데,

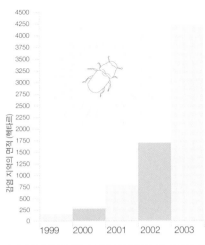

연도	감염 지역의 면적 (헥타르)
1999	164.6
2000	284.0
2001	785.5
2002	1968.6
2003	4200.0

브리티시 컬럼비아 산림청 자료

A는 감염된 면적, t는 1998년 이후의 햇수(1999년의 경우, $t=1$이다). 이 방정식을 통해 삼림감독관들이 숲의 황폐화 수준을 예측할 수 있다. 하지만 실제로는 먹이 공급이 감소하면서 이 방정식은 점점 맞지 않게 된다. 소나무 재선충은 먹을 나무가 떨어지면 모두 소멸될 것이기 때문이다.

방사성 붕괴

지수 방정식의 중요성을 보여 줄 또 다른 예는 캐나다가 생산하는 의료용 방사성 동위원소(방사성 물질)에 관한 것이다. 2007년 12월에는 이를 생산하던 원자로 1기가 가동이 중단되면서 세계적 품귀 현상이 생겼다. 그때 많은 사람들은 방사성 물질을 생산하던 초크 리버 연구소를 향해 비축량을 늘렸어야 했다고 주장했다. 하지만 이것은 일반적인 몰이해를 보여 주는 사례이다. 대부분의 사람들은 방사성 물질을 생각할 때 '원자폭탄'을 떠올리며 장기적 수명을 지닌 방사성 물질을 생각한다. 그것은 끔찍한 물건이지만 사실 많은 방사성 원소들은 짧은 반감기(어떤 원소의 절반이 붕괴되는 데 걸리는 시간)를 가진다. 예를 들어 갑상선암 치료에 사용되는 요오드–131은 반감기가 8일밖에 안 된다.

따라서 요오드–131을 미리 비축한다면 그 생산업체는 초과적인 생산으로 인해 야기된 방사성 붕괴분에 대한 부담을 떠안아야 할 것이다. 어쨌든 32일간 지속되는 가동 중단의 끝에 100kg이 남아 있어야 한다고 치자. 요오드–131의 반감 질량에 대한 공식은 다음과 같다.

$$F = I \left(\frac{1}{2} \right)^{\frac{d}{8}}$$

여기서 F는 최종 질량, I는 최초 질량, d는 지난 날수이다(8은 요오드–131의 반감기). $F = 100$이고 $d = 32$라는 것을 알기 때문에 I에 대한 방정식을 풀면 다음과 같다.

$$100 = I \left(\frac{1}{2} \right)^{\frac{32}{8}}$$
$$100 = I \left(\frac{1}{2} \right)^{4}$$
$$100 = I \left(\frac{1}{16} \right)$$
$$1600 = I$$

따라서 초크 리버 연구소는 원자로가 가동 중단되는 시점에 32일 후 필요할 물량의 16배에 해당하는 요오드–131을 비축하고 있어야 할 것이다.

복리 이자

문제

랄프는 약간의 돈, 정확히 얘기하자면 2000파운드가 생겼다. 그는 그 돈을 고정 금리인 국채에 투자하기로 결심한다. 연리 6%로 15년간 투자한다면 얼마를 돌려받게 될까?

방법

복리compound라는 것은 원금에서 발생한 이자가 원금에 합해져서 새로운 원금이 되고 거기서 다음 이자가 발생하는 방식을 말한다. 이 문제에서는 투자가 15년간 이루어지므로 이런 과정이 15번 일어나게 된다. 이것을 푸는 한 가지 방법은 먼저 1년 후의 이자를 계산해서 그것을 원금에 더하고 그 원금을 바탕으로 다음 해의 이자를 계산해서 그것을 다시 원금에 더하는 것이다. 그렇게 하면 다음과 같은 도표가 만들어질 수 있다.

하지만 이 과정을 15번째 해에 이르기까지 계속한다는 것은 상당한 고역이다. 더 쉬운 방법은 다음 공식을 사용하는 것이다.

$$A = P(1 + r)^n$$

A는 돌려받게 되는 총액, P는 투자된 원금, r은 소수인 이율, n은 햇수이다. 따라서 문제에서 제시한 값을 적용하면,

$A = 2000(1 + 0.06)^{15}$
$A = 2000(1.06)^{15}$
$A = 2000(2.396558193)$
$A = 4793.11$

연도	원금	이율 (I = Prt)	새 원금
1	2000	120	2120
2	2120	127.2	2247.2
3	2247.2	134.832	2382.032
...	...	...	...

해답

15년 후에 랄프는 4793.11파운드를 받게 될 것이다. 이것은 이자가 더 많은 이자를 만들어 내는 복리 이자의 위력을 입증한다. 만약 랄프가 단리 이자를 채택했다면 3800파운드를 받게 되는데, 복리 이자와는 거의 1000파운드나 차이가 난다.

지수에 대해
더 알고 싶으면
pp.152～153을 보라.

복리 이자의 공식 추출

복리 이자의 공식을 추출하려면 반대편의 표를 통해 매년 돈이 벌리는 과정을 살펴봐야 한다.

첫 해에 생성된 금액은 원금에다 1년 동안의 이자를 더한 $P+I$이다. 이때 $I=Prt$이므로 (I에 Prt를 대입하면) $P+Prt$라고 쓸 수 있으며, 햇수 $t=1$이므로 $1P+rP$라고 다시 쓸 수 있다. 여기서 공통 인수 P로 묶어 주면 $P(1+r)$이 되는데, 이것은 두 번째 해의 원금이 된다.

두 번째 해에도 우리는 원금에다 1년 동안의 이자를 더하는데, 이 해의 원금은 $P(1+r)$이기 때문에 연말에 생성될 금액은 $P(1+r)+I$이다. 여기서 $I=P(1+r) \cdot r$($t=1$임을 명심하라)이므로 두 번째 연말에는 좀 더 새롭고 복잡한 공식인 $P(1+r)+P(1+r) \cdot r$이 등장한다.

이것을 공통 인수 $P(1+r)$로 묶어 주면 $P(1+r)(1+r)$, 즉 $P(1+r)^2$이 된다.

이 과정이 이해하기 어렵다면 복잡한 부분을 별모양으로, 즉 $P(1+r)=$ ★을 사용해서 치환해 보자. 이렇게 하면 ★ + ★r이 되며 이것은 1★ + r★로 다시 쓸 수 있다. 이것을 공통 인수 ★로 묶어 주면 ★$(1+r)$이 나온다. 마지막으로 ★에 원래의 식인 $P(1+r)$을 대입하면 $P(1+r)(1+r)$이 된다.

3년 후에 돈은 $P(1+r)(1+r)(1+r)$로 불어날 것이며 4년 후에는 $P(1+r)(1+r)(1+r)(1+r)$이 될 것이다. 우리는 여기에서 특정한 패턴을 발견할 수 있으며 이미 지수가 거듭제곱을 표현한다고 배웠기에 이 지난한 과정을 $A=P(I+r)^n$으로 대체할 수 있다.

로그LOGARITHMS

지금까지 지수를 살펴보았기 때문에 다음은 로그를 만날 차례다. 본질적으로 수학은 어딘가로 갔다가 돌아오는 과정에 관한 것이다. 대체로 우리는 무언가를 하는 방법을 먼저 배우고 그다음에 그것을 되돌리는 방법을 배운다. 수학에서도 우리는 먼저 더하기를 배우고 나중에 뺄셈을 배우며, 곱셈을 배운 다음 나눗셈을 배운다. 제곱을 배우고 나서 제곱근을 배우는 것도 같은 이치다. 지수와 로그 또한 마찬가지이며, 로그는 단순히 지수의 역inverse이라고 보면 된다.

로그: 새로운 아이들이 나타나다

로그는 수학에 있어서 비교적 새로운 개념이다. 로그에 대한 설명이 처음 등장하는 것은 1614년 스코틀랜드의 수학자 존 나피에John Napier의 저서 《경이적인 로그 법칙의 기술Mirifici Logarithmorum Canonis Descriptio》에서다. 비슷한 시기에 스위스의 수학자 요스트 뷔르기Joost Bürgi(1552~1632)도 독자적으로 로그 개념을 발견했지만 나피에보다 4년 늦게 발표했다.

원래 로그는 복잡한 곱셈과 나눗셈 문제들을 풀기 위해 개발되었지만, 오늘날에는 계산기와 컴퓨터의 등장으로 인해 폭넓게 응용되고 있다. 로그는 계산자slide rule의 기초라고 할 수 있는데, 이것은 1950~1960년대에 과학과 수학에 몰두했던 사람들이 지니고 다니던 도구다. 1980년대가 되자 그들은 모두 자를 버리고 계산기를 선택했다.

어쨌든 로그는 여전히 사용되며 대체로 숫자들의 크기를 비교하는 것을 도와준다. 가장 일반적인 로그는 밑base이 10인 로그를 갖는다.

로그의 역할은 10의 거듭제곱을 기초로 해서 그 지수 값을 내보내는 것이다. 예를 들어 $\log(10)$은 1인데, $10 = 10^1$이기 때문이다. $\log(100)$은 $100 = 10^2$이므로 2, $\log(1000) = 3$, $\log(10,000) = 4$이며, 나머지도 같은 방식을 따른다. $\log(250) \approx 2.4$인데 $250 \approx 10^{2.4}$이기 때문이다.

이것은 폭넓은 범위의 수들을 취해서 더 작고 다루기 편한 수들로 바꿔 주는 효과가 있다. 사실 1부터 10억까지의 수는 0에서 9까지의 숫자를 가지고 쓸 수 있다.

지진의 강도를 나타내는 리히터 진도Richter scale, 산성의 정도를 나타내는 페하(pH), 소리의 강도인 데시벨(dB)은 모두 로그를 사용한다.

로그의 실용적인 사용

로그를 실용적으로 사용하고 있는 것 중 하나가 지진의 강도를 측정하는 리히터 진도다. 그것은 로그를 적용한 값이기 때문에 리히터 진도가 1 증가는 지진 강도가 10배 증가하는 것에 해당한다.

어떤 지진의 진도가 4이고 또 다른 지진의 진도가 7이라고 하면 두 지진의 강도 차이는 3이 아니라 1000이다($7 - 4 = 3$

이므로 10^3은 1000). 이 때문에 진도 4는 좀처럼 느껴지지 않는 정도인 반면 진도 7은 매우 심각하다.

어떤 물질의 산성이나 알칼리성이 어느 정도인지 측정하는 pH 또한 아주 흡사한 방식을 취하지만, 이것은 수소 이온 농도의 음의 로그negative log이기 때문에 산성이 강할수록 더 작은 값을 가진다. pH의 범위는 1부터 14까지 있는데, 1은 가장 강한 산성이고 14는 가장 약한 산성(혹은 가장 강한 알칼리성)이다. 예를 들어 우유는 pH 6.5이고 탄산 음료는 2.5이다. 이것은 탄산 음료가 우유보다 산성이 10,000배 강하며(6.4 − 2.5 = 4이므로 10^4 = 10,000) 반대로 우유는 알칼리성이 10,000배 강하다는 뜻이다(일반적으로 말하자면 말이다).

데시벨(dB)은 리히터 진도와 아주 비슷하지만 10의 배수로 나타낸다는 점이 다르다. 데시벨 수치가 10씩 증가할 때마다 소리의 강도는 10배씩 증가한다.

데시벨 수치를 다루는 가장 간단한 방법은 그것을 10으로 나눈 다음 리히터 진도처럼 취급하는 것이다.

예를 들어 100dB인 시끄러운 음악과 60dB인 대화는 소리의 강도에 있어서 10,000배 차이가 난다. 이것은 두 개의 데시벨 수치를 10으로 나눈 다음 뺀 값이 4이기 때문에 강도의 차이가 10^4 = 10,000이 된 것이다.

120dB의 소음은 단기적인 노출만으로 청각 손상을 야기하며, 85dB의 소음은 (8시간 이상) 장기적으로 노출될 경우에 청각 손상을 입을 수 있다. 소리의 강도가 5dB 증가할 때마다 청각 손상을 줄 수 있는 노출 시간은 반으로 줄어든다. 따라서 여러분이 90dB인 소리를 듣고 있다면 4시간 후에 청각 손상을 입게 되며, 95dB의 경우는 2시간, 100dB의 경우는 1시간 만에 청각 손상을 입게 된다. 120dB 정도의 소음은 단지 4분 후에 장기적인 청각 손상을 입힌다.

▼ 데시벨 크기

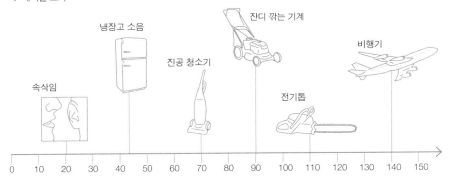

속삭임　　냉장고 소음　　진공 청소기　　잔디 깎는 기계　　전기톱　　비행기

0　10　20　30　40　50　60　70　80　90　100　110　120　130　140　150

72의 법칙

'72의 법칙'을 사용하면 특정 금리로 투자한 돈이 언제쯤 2배가 되는지 쉽고 빠르게 추측할 수 있다. 공식은 간단하게 '시간 $= \frac{72}{\text{이율}}$'이다. 예를 들면 연이율이 6%라면 투자금을 2배로 만드는 데 걸리는 시간은 $\frac{72}{6}$, 즉 12년이다. 아주 간편한 공식이라서 약간만 머리를 쓰면 되며 종이와 연필만으로 쉽게 구할 수 있다. 이것은 어림잡기에는 몹시 유용한 법칙이지만 정밀하지는 않다.

자세히 살펴보기

이 법칙은 정확한 해에 대한 근사치를 산출할 뿐이다. 위에서 나온 예의 정확한 답을 구하려면 등식 $2 = 1(1.06)^n$에서 n값을 알아내야 한다. (이 등식은 158페이지에 나온 복리 이자 계산 공식이다.) 여기서는 1파운드의 원금을 투자해서 2파운드를 받는다고 하자. 우리가 풀어야 할 변수 n은 지수이기 때문에 로그를 사용해야 한다. 답을 구하는 과정은 아래와 같다.

복리 이자의 공식: $A = P(1 + i)^n$

위 식에 원금 1파운드, 최종 금액 2파운드 그리고 6%의 이율을 대입하면 등식은 $2 = 1(1 + 0.06)^n$이 된다. 조건에 맞는 다른 숫자들도 사용이 가능하지만 1과 2를 사용하면 식이 간편해진다.

괄호 안을 계산하면 $2 = 1(1.06)^n$

양쪽을 1로 나누면 $2 = 1.06^n$

양쪽에 로그를 씌우면 $\log(2) = \log(1.06)^n$

n을 앞으로 보내면(로그의 속성 중 하나), $\log(2) = n\log(1.06)$이 된다.

그다음으로 양변을 $\log(1.06)$으로 나누면 $\frac{\log(2)}{\log(1.06)} = n$이 되므로, 최종 결과는

$$11.9 = n$$

이렇게 하고 보면 앞서 산출한 12는 로그를 사용한 값과 거의 같으면서도 훨씬 쉽게 나온 것이므로 '72의 법칙'은 아주 쓸 만하다고 할 수 있다. 하지만 거기에는 어느 정도의 오차가 있다. 이 경우에 근사치는 12년인데, 정확한 해는 11년 327일 혹은 약 한 달이 빠진 12년이다. 그렇지만 144개월과 143개월로 놓고 비교하면 그 차이는 커 보이지 않는다.

얼마나 정확한가

'72의 법칙'으로 구한 근사치와 로그를 사용한 정확한 해는 이율이 대략 7.85%일 때 일치한다. 근사치의 오차는 이율이 6.30% ~ 0.43%이면 한 달 이내이고, 5.26% ~ 15.66%이면 두 달 이내이다.

따라서 72의 법칙을 쓰면 이자율이 7.85%보다 낮을 경우 투자금을 2배로 불

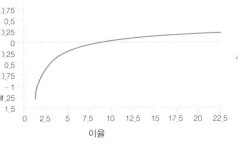

리는 데 소요되는 시간은 실제보다 더 길게 나온다. 나중에 만기가 되어 돈을 받을 때는 투자 기간에 비해 수익률이 적다고 울적할 수 있겠지만, 실제로 소요된 시간은 72의 법칙으로 계산한 것보다 더 짧기 때문에 약간의 위안이 될 수는 있다.

추가적인 두 가지 예

연이율이 각각 8%와 4%일 때 투자금이 2배가 되는 데 필요한 시간의 근사치를 구해 보자. 그리고 실제로 소요되는 정확한 시간도 구해 보자.

근사치:

8%일 때는 '시간 $= \frac{78}{8}$'이므로 9년,

4%일 때는 '시간 $= \frac{72}{4}$'이므로 18년이다.

정확한 값:

8%일 때,

$$2 = 1(1.08)^n$$
$$2 = 1.08^n$$
$$\log 2 = \log 1.08^n$$
$$\log 2 = n\log 1.08$$
$$\frac{\log 2}{\log 1.08} = n$$
$$9.01 = n$$

4%일 때,

$$2 = 1(1.04)^n$$
$$2 = 1.04^n$$
$$\log 2 = \log 1.04^n$$
$$\log 2 = n\log 1.04$$
$$\frac{\log 2}{\log 1.04} = n$$
$$17.67 = n$$

이렇게 8%일 때 72의 법칙으로 계산해 보면 약 2~3일 정도 적게 나온다. 9년이라는 시간을 감안하면 그리 큰 차이는 아니다. 4%일 때 72의 법칙은 약 120일, 즉 4달 정도 시간이 많이 걸리는 것으로 많은 오차가 발생했지만 예상보다 적은 시간이 걸리니 좋은 일 아닌가? 눈치 챘겠지만 정확한 시간을 계산하는 식은 항상 $\log(2)$를 $\log(1 + 이율)$로 나누는 것으로 귀결된다.

반대로 계산하기

나는 1998년 봄에 처음으로 집을 구입했다. 2008년 봄 무렵 그 집은 10년 전에 지불했던 가격의 2배가 되었다. 이때는 세계적인 불황이 있기 전이었는데, 기분이 좋아진 나는 수익률을 계산하고 싶어졌다. 물론 나는 72의 법칙을 사용했다. 이번에는 변수들의 위치가 바뀐 '수익율 $= \frac{72}{지간}$'로 계산해야 했는데, 간단한 계산을 마치자 그동안 7.2%의 이익을 보았다는 것을 알게 되었다. 고백하건대 내 집의 현재 가격이 얼마나 되는지는 알고 싶지 않다.

두 가지 투자법

문제

청년인 로저와 피트는 자신들 세대가 어떤 세대인지 알고 있다. 그들은 세계적인 경제 침체로 현재와 미래가 밝지 않다고 생각한다. 로저는 20세부터 시작해서 29세가 될 때까지 매년 생일마다 1000파운드를 저축하려고 한다. 피트는 지금은 조금 즐기면서 살다가 30세부터 64세까지 매년 1000파운드씩 저축하려고 한다. 연이율을 6.6% 복리로 하면 65세가 될 때 둘 중에 누가 더 많은 돈을 받게 될 것인가?

방법

먼저 로저의 경우를 살펴보자. 20세에 불입한 돈은 45년간 투자한 셈이고 다음 해에 저축한 돈은 44년, 이런 식으로 마지막에 넣은 돈은 36년을 저축한 것이다. 만약 각각의 돈에 대해 계산하면 그 결과는 아래와 같다.

이제 '65세 때의 금액' 칸에 있는 돈을 모두 더하면 그가 65세 때 받을 총 금액을 구할 수 있다.

$$총 금액 = 1000(1.066)^{36} + 1000(1.066)^{37} + \cdots + 1000(1.066)^{44} + 1000(1.066)^{45}$$

이 식은 10개의 항으로 된 등비급수인데, 첫 항은 $1000(1.066)^{36}$이고 등비 r은 1.066이다. 등비급수의 합을 구하기 위한 공식은 다음과 같다.

투자 시기	65세 때 가치	투자 시기	65세 때 가치
20세	$1000(1.066)^{45}$	25세	$1000(1.066)^{40}$
21세	$1000(1.066)^{44}$	26세	$1000(1.066)^{39}$
22세	$1000(1.066)^{43}$	27세	$1000(1.066)^{38}$
23세	$1000(1.066)^{42}$	28세	$1000(1.066)^{37}$
24세	$1000(1.066)^{41}$	29세	$1000(1.066)^{36}$

$$S_n = \frac{a(r^n - 1)}{r - 1}$$

이 공식을 이용해 합산을 하면,

$$S_n = \frac{a(r^n - 1)}{r - 1}$$

$$S_n = \frac{1000(1.066)^{36}(1.066^{10} - 1)}{1.066 - 1}$$

지수를 가진 숫자들을 괄호 안에 넣고 계산하면 다음과 같은 최종 결과가 나온다.

$$S_n = \frac{1000(1.066^{46} - 1.066^{36})}{0.066}$$

$$S_n = 135,350.47파운드$$

이제 피트의 경우를 살펴보자. 30세에 불입한 돈은 35년간 투자한 셈이고 다음 해에 저축한 돈은 34년, 이런 식으로 마지막에 넣은 돈은 1년간만 저축한 것이다. 만약 각각의 돈에 대해 계산하면 그 결과는 아래의 표와 같다(일부 항은 생략되었음).

총 금액 $= 1000(1.066)^1 + 1000(1.066)^2 + \cdots + 1000(1.066)^{34} + 1000(1.066)^{35}$

이 식은 35개의 항으로 된 등비급수인데, 첫 항은 $1000(1.066)^1$이고 등비 r은 1.066이다. 등비급수의 합을 구하기 위한 공식 $S_n = \frac{a(r^n - 1)}{r - 1}$을 사용하면 다음과 같다.

$$S_n = \frac{1000(1.066)^1(1.066^{35} - 1)}{1.066 - 1}$$

분자에 있는 $(1.066)^1$을 괄호 안으로 집어넣으면 다음과 같은 최종 결과가 나온다.

$$S_n = \frac{1000(1.066^{36} - 1.066^1)}{0.066}$$

$$S_n = 135,105.47파운드$$

해답

로저는 겨우 10,000파운드를 저축에 투자하지만 35,000파운드를 투자한 피트보다 245파운드나 더 받게 된다는 것을 알 수 있다.

은퇴를 전혀 고려하고 있지 않을 때 투자를 위한 최적기가 온다는 것은 재미있는 역설이다. 희망 사항이지만 시간이 지나면 상처가 아물듯 주식 시장도 회복되길 바란다.

투자 시기	65세 때 가치	투자 시기	65세 때 가치
30세	$1000(1.066)^{35}$	62세	$1000(1.066)^3$
31세	$1000(1.066)^{34}$	63세	$1000(1.066)^2$
32세	$1000(1.066)^{33}$	64세	$1000(1.066)^1$

Exercise 25 연금 계산법

> ### 문제
>
> 마이크는 55세가 되면 은퇴하려고 한다. 이를 위해 그는 매달 은퇴 계좌
> 에 돈을 집어넣으려고 한다. 문제는 그가 매달 얼마의 돈을 저금해야 하
> 는가다.

방법

문제를 풀기에 앞서 몇 가지가 정해져야
한다. 첫째로 마이크의 현재 나이인데,
그가 24세냐 20세냐에 따라 많은 차이가
생겨날 것이다.

그리고 그의 씀씀이가 어떤지도 관건
이다. 누구든지 55세에 은퇴할 수 있지
만 문제는 얼마나 편안한 노후를 보내느
냐이다. 현재 마이크는 2250파운드를 매
달 지출한다. 은퇴설계사는 현재의 지출
을 줄여서라도 은퇴 시 현재 수입의 60%
의 돈을 보유하고 있어야 한다고 한다.
그러려면 매달 1350파운드가 필요하다.

세 번째로 그의 은퇴 기간이 정해져
야 한다. 많은 은퇴자들은 예상한 것보
다 오래 살아서 파산하지 않을까 걱정한
다. 생각해 보면 이상한 일이다. 오래 살
아서 기쁘기는 하지만 동시에 그것을 걱
정해야 하는 것이다. 어쨌건 그런 실존
적인 문제는 차치하고 마이크는 자신이
85세까지는 산다고 생각한다.

네 번째는 투자 방식이다. 마이크는
연이율 6%, 즉 0.5%의 월이율($\frac{6\%}{12}$)로 매
달 돈을 저축한다. '월 복리'라는 말은 달
마다 새로운 이자가 붙는 것을 말한다.

마지막으로 물가상승률을 계산해야
한다. 여기에서는 물가상승률이 2.5%로
일정하다고 가정한다.

이제 문제에 필요한 변수들을 설정
했기 때문에 답을 구할 수 있다.

얼마나 많은 돈이 필요할까

이쯤 되면 여러분은 '이봐요, 이미 1350
파운드라고 말했잖아요'라고 생각할 수
도 있는데, 그것은 어떤 의미에서 맞는
말이다. 하지만 1350파운드는 현재의 물
가에 기준을 둔 것이므로 앞으로의 물가
상승률을 고려해야 한다. 따라서 마이크
는 정확히 1350파운드가 아니라 그에 상
당하는 미래의 금액에 대한 계획을 세워
야 한다. 여기서는 은퇴 기간이 30년이므
로 15년째 드는 금액을 기준으로 은퇴 시
필요한 총 금액을 계산하기로 한다.

이것은 은퇴 초기 15년간은 더 나은
생활 수준(더 큰 구매력)을 유지하고 나중
으로 갈수록 생활 수준이 낮아지는 것(더

작은 구매력)을 의미한다. 은퇴하고 15년
이 지나면 마이크는 70세인데, 다시 말
하면 현재로부터 50년 후가 된다. 미래
에 필요한 금액을 구하는 공식은 이율에
물가상승률을 대입한 복리 계산식을 사
용한다. 그렇게 하면 이율은 0.025이다.

미래 금액 = 현재 금액$(1 + 이율)^{햇수}$
미래 금액 = $1350(1 + 0.025)^{50}$
미래 금액 = $1350(1.025)^{50}$
미래 금액 = 4640

이런 식으로 계산하니 지금은 1350파
운드면 구입할 수 있는 것을 50년 후에는
4640파운드가 있어야 구입할 수 있다.
이제는 매달 4640파운드 상당의 돈
을 30년간 쓰기 위해 55살이 된 마이크
에게 필요한 연금이 얼마인지 알아보자.
공식은 다음과 같다.

$$총 금액 = 불입액 \frac{\left(1 - (1 + 월이율)^{-개월수}\right)}{월이율}$$

여기서 총 금액은 아직 모르는 값이
고 불입액은 4640, 월이율은 0.005(0.5%
를 소수로 표시한 것으로, 6%의 연이율을 12개월
로 나누면 0.5%가 나온다)이며, 개월 수는
360(12개월×30년)이다. 이를 위의 식에
대입하면 다음과 같다.

$$총 금액 = 4640 \frac{\left(1 - (1 + 0.005)^{-360}\right)}{0.005}$$

$$총 금액 = 4640 \frac{\left(1 - (1.005)^{-360}\right)}{0.005}$$

총 금액 = 773,913.09파운드

이것이 마이크가 55세가 되었을 때
편안한 은퇴 생활을 하기 위해 필요한
총 금액이다.

매달 얼마씩 저축해야 하는가

이제 773,913.09파운드를 모으기 위해
매달 마이크가 저축해야 하는 돈은 얼마
인지 알아볼 차례이다. 이를 위해서는
앞과 같은 공식을 적용해야 하는데, 이
번에는 공식을 유도하지 않고 다음 공식
을 그대로 사용하기로 한다.

$$총 금액 = 불입액(1 + 월이율) \frac{\left[(1 + 월이율)^{개월수} - 1\right]}{월이율}$$

여기서 총금액은 773,913.09파운드
이고 불입액은 모르는 금액이며, 이자율
은 0.005(이것 역시 6%를 12개월로 나눈 것을
소수로 표현한 것이다), 개월 수는 모두 420
(12개월×35년)이므로 그 값들을 대입하
면 다음과 같다.

$$733913.09 = 불입액(1 + 0.005) \frac{\left[(1.005)^{420} - 1\right]}{0.005}$$

$$733913.09 = 불입액(1.005) \frac{\left[(1.005)^{420} - 1\right]}{0.005}$$

$$\frac{733913.09}{(1431.83385)} = 불입액$$

$$불입액 = 512.57파운드$$

해답

결국 마이크가 은퇴 후에 매달 1350파
운드에 상당하는 돈을 쓰면서 살려면 매
달 512.57파운드를 은퇴 계좌에 넣어야
한다.

의미 암호와 조합 암호

이제 돈과 관련된 내용에서 벗어나 프라이버시 영역으로 들어가 보자. 오늘날 계좌의 패스워드나 주민번호 혹은 그 비슷한 것들이 없는 삶을 상상할 수 있을까? 개인 정보를 유출당하지 않고 메시지를 주고받는 능력이 매우 중요한 시대가 되었다. 의미 암호나 조합 암호를 포함한 암호술cryptography의 기법과 그 수학적 개념들은 고대 그리스 시절부터 우리 곁에 있었다.

고금을 통틀어 정치적, 군사적, 경제적으로 가장 비밀스러운 내용은 의미 암호나 조합 암호의 형태로 전달되어 왔으며 암호화 기술과 관련된 사람은 오직 선택된 소수였다. 그렇지만 지금처럼 산업화된 사회에서는 거의 모든 사람이 일상생활에서 암호화 기술을 직접 다루고 있다. 신용카드나 체크카드를 사용할 때나 '보안 수준이 높은' 웹사이트를 이용할 때, 자동차 문을 원격으로 열 때도 우리는 암호화 기술을 사용한다. 그러나 아직 많은 사람들이 그 중요성을 모르고 있다.

의미 암호CODES

의미 암호와 조합 암호는 실제로는 다른 것이지만 많은 사람들이 혼용하고 있다. 엄밀히 말해 암호는 비밀 언어인데, 어떤 단어를 암호로 쓴다는 것은 원래의 뜻과는 다른 의미로 사용한다는 것을 말한다.

이것은 옛날 스파이 영화에서 나오는 것과 비슷한데, 2차 세계 대전 중에는 '당근 요리가 끝났다'와 같은 모호한 문장이 라디오 방송을 통해 레지스탕스 대원들에게 전해지기도 했다. 미군 역시 암호병을 썼는데, 그중 가장 유명한 것이 나바호족으로 그들의 언어는 비밀스런 군사 정보를 전달하는 데 사용되곤 했다.

조합 암호CIPHERS

의미 암호와 다르게 조합 암호는 비밀어가 아니라 언어를 변환시켜 키가 없는 사람은 알아볼 수 없게 만드는 것이다. 여기서 키란 정보를 암호화하고 해독하는 체계를 말한다. 보내는 사람이 '평문 plain text'을 암호화하여 '암호문ciphered text'을 만들어 보내면 받는 사람은 동일한 키를 사용하여 암호문을 원래의 평문으로 변환시킨다.

어떤 조합 암호가 얼마나 훌륭한지 알아보는 척도는 침입자가 키를 찾아내거나 해킹하는 데 걸리는 시간이다. 물론 시간이 오래 걸릴수록 암호화가 잘된 것이다.

조합 암호 풀기

대수학 여정을 마감하는 차원에서 아주 재미있는 두 가지 조합 암호들을 살펴볼 것이다. 비교적 간단한 시저 암호Caesar cipher(→ pp.170~171)와 약간 더 복잡한 비제네르 암호Vigenère cipher(→ pp.172~173)인데, 비제네르 암호는 시저 암호의 발전된 형태로 미국 남북전쟁에서도 사용되었다.

이 두 가지는 모두 대치식 암호substitution ciphers로서 문자들을 서로 바꾸어 암호화한다. 이런 퍼즐은 간단하지는 않지만 알고리즘 응용력과 어느 정도의 인내심만 있으면 풀 수 있다. 그런 암호문을 풀기 위한 가장 쉬운 접근법은 '출현 빈도 차트letter-frequenmcy chart'를 사용하는 것인데, 영어로 된 문장들의 경우 거의 3분의 1을 e, t, a가 차지하고 있다. 이것을 안다면 암호화된 문자 중에서 어떤 것이 실제로 e, t, a인지 찾을 수 있고 다른 문자도 마찬가지이다. 다른 실마리도 있는데, 예를 들어 공백이 암호화된 문장에서도 유지된다고 할 때 한 문자로 된 단어는 'I' 혹은 'a'일 가능성이 높다는 것이다. 두 개의 문자로 된 가장 흔한 단어는 'of,' 'to,' 'in,' 'it'이며, 세 개의 문자로 구성된 가장 흔한 단어는 'the,' 'and,' 'for,' 'are'일 것이다.

어떤 암호는 그런 암호화를 거치지 않지만 중요해 보이지 않는 문장들 안에 숨겨져 있기도 한다. 이런 암호문에서는 10자나 20자 중에 한 문자만 의미를 가지고 있으며 나머지는 잉여 문자라고 할 수 있다. 이런 식으로 의미 있는 문자를 찾는 것은 마치 금덩어리를 찾기 위해 많은 모래를 걸러내야 하는 사금 채취와 비슷하다.

스텐실 암호stencil cipher도 이런 방법 중 하나다. 메시지를 보내는 사람이 장문의 아리송한 글을 써 보내면 받는 사람은 구멍이 뚫린 종이 한 장을 그 위에 덮는다. 이것은 중요치 않은 글을 덮어 버리고 의미 있는 문자와 메시지만 남게 만든다. 그렇지만 스텐실 암호는 해독당하기 쉽고 의도치 않았던 메시지를 보게 될 가능성도 있다.

에니그마ENIGMA 암호 해독

아마도 가장 유명한 암호문 사례는 2차 대전 중 독일의 에니그마(그리스어로 '수수께끼'라는 뜻) 기계에 의해 만들어진 것일 것이다. 이 기계는 회전자rotors를 이용해 대단히 복잡한 암호화 체계를 생성했고 그에 따라 비밀 정보가 암호화되고 해독되었다. 그러나 연합군은 영국의 블레츨리 파크Bletchley Park(암호 해독 전담 부대가 위치한 곳으로, 수학자 앨런 튜링Alan Turing의 암호 해독팀이 결정적인 역할을 했다)에서 에니그마 암호 체계를 분석하는 데 성공했고, 이는 전쟁의 종식을 앞당긴 것으로 평가받고 있다.

▼ 2차 대전 중 독일군들이 '텔레타이프teletype(전신을 통해 메시지를 주고받을 수 있는 통신 기기'와 비슷한 장비로 통신을 하고 있는데, 실제로는 에니그마 기계인 것으로 추정된다.

시저 암호CAESAR CIPHERS

문제

멜라니와 빅토리아는 엠마를 위해 깜짝 파티를 계획하고 있다. 그들은 대부분 온라인으로 대화를 하기 때문에 멜라니와 빅토리아는 혹시 엠마가 보더라도 알 수 없는 암호가 필요하다. 시저 암호를 사용하여 'THE PARTY FOR EMMA WILL BE ON NOVEMBER NINTH(엠마를 위한 파티는 11월 9일에 할 거야)'를 암호화하고 답신 'QRYHPEHU QLQWK VRXQGV JRRG VHH BRX WKHUH'를 해독하라.

방법

시저 암호는 너무 많이 알려져 있기 때문에 신입 정보요원들에게는 추천할 만한 것이 못 된다. 하지만 사용하기가 간편해서 소녀들의 가벼운 메시지를 보내는 데는 더할 나위 없이 훌륭하다.

먼저 멜라니와 빅토리아는 얼마만큼 '문자 이동letter shift'을 할지 정해야 하는데, 1부터 26까지 선택할 수 있다. 그런 다음 알파벳을 한 줄로 쓰고 그 아래에 다시 알파벳 한 줄을 더 쓰는데, 그 줄에는 앞서 정한 만큼의 문자 이동을 적용한다. 예를 들어 A는 알파벳의 첫 번째 문자인데, 문자를 3만큼 이동한 경우에

는 A 대신에 그 밑에 있는 네 번째 문자 D를 써야 한다. 이렇게 위쪽의 알파벳과 문자 이동이 적용된 아래쪽의 알파벳을 대응시키면 전체 문장을 암호화할 수 있다.

먼저 위쪽에서 원하는 알파벳을 찾은 다음 아래쪽에서 상응하는 문자와 바꾼다. 그들의 메시지 중 처음 몇 개의 문자를 예로 들면 'T'는 'W,' 'H'는 'K,' 'E'는 'H'가 되는 식이다. 이 암호는 별로 복잡한 것이 아니기 때문에 원래 메시지에 있던 공백은 그대로 둘 것이다. 이렇게 만들어진 암호문은 'WKH SD UWB IRU HPPD ZLOO EH RQ

A B C D E F G H I J K L M N O P Q R S T U V W X Y Z

D E F G H I J K L M N O P Q R S T U V W X Y Z A B C

QRYHPEHU QLQWK'이다.

답신 'QRYHPEHU QLQWK VRXQ GV JRRG VHH BRX WKHUH'를 해독하기 위해서는 위쪽의 알파벳과 아래쪽의 알파벳을 대조해야 하는데, 'Q'는 'N'이 되고 'R'은 'O'가 되는 식이다. 해독의 끝난 메시지는 'November ninth sounds good see you there(11월 9일 괜찮아, 그때 보자)'가 된다.

시저 암호는 공식으로 만들 수도 있다. 하지만 먼저 A = 0, B = 1과 같이 각각의 문자에 숫자를 할당해야 한다. 암호화의 공식은 $E_n(x) = (x + n)(\mathrm{mod}\ 26)$인데, 여기서 x는 바꾸려는 문자의 번호이고 n은 문자가 이동한 값이다. 'mod 26'은 26개의 알파벳 문자들을 다 지나치면 처음으로 다시 돌아오라는 의미이다. 그럼 첫 번째 예로 T는 알파벳의 20번째 문자이기 때문에 문자 이동 값을 3이라고 하면, $E_n(x) = (20 + 3)$, 즉 $E_n(x) = 23$이 된다. 이것은 T를 알파벳의 23번째에 해당하는 문자, 즉 W로 바꾸라는 의미다.

이미 짐작했을 수도 있지만 해독하는 공식은 $D_n(x) = (x - n)(\mathrm{mod}\ 26)$인데, 여기서 x는 해독하려는 문자의 번호다. 좀 전의 예제를 역으로 풀어보면 $D_n(x) = (23 - 3)$, 즉, $D_n(x) = (20)$이 된다. 이것은 W를 20번째 문자인 T로 바꾸라는 의미다.

해답
'THE PARTY FOR EMMA WILL BE ON NOVEBER

NINTH'를 암호화하면 'WKH SDUWB IRU HPPD ZLOO EH RQ QRYHPEHU QLQWK'가 되며, 답신 'QRYHPEHU QLQWK VRXQGV JRRG VHH BRX WKHUH'를 해독하면 'NOVEMBER NINTH SOUNDS GOOD SEE YOU THERE'가 된다.

DYH FDHVDU*

시저 암호는 원하는 만큼 문자 이동을 할 수 있지만 시저 자신은 앞서의 예제와 같이 3만큼만 이동시켰다고 전해진다. 어쨌든 시저 암호는 선택의 폭이 좁기 때문에 (영어 알파벳의 경우는 26가지) 해독당하기 쉽다. 하지만 시저가 살던 시기에는 문자를 읽을 줄 아는 사람들이 드물었기 때문에 훌륭한 암호 체계로 사용되었을 것이다.

오히려 요즘 사람들은 온라인에서 험담이나 농담 같은 사적인 대화들을 숨기기 위해 시저 암호의 일종인 '로트13ROT13'을 널리 사용하고 있다.

* AVE CAESAR

◀ 줄리어스 시저는 자신의 이름을 붙인 암호를 사용한 최초의 인물로 알려져 있다.

비제네르 암호 VIGENÈRE CIPHER

문제

멜라니와 빅토리아는 그들이 사용하는 시저 암호가 해킹당할 수도 있다는 생각에 더 강한 비제네르 암호를 사용하기로 한다. 이제 그들은 문자 이동 대신에 키워드를 선택한다. 비제네르 암호를 사용해서 'OUR COVER IS BLOWN, WE NEED TO MAKE NEW PLANS(우리 계획이 들통났어, 새로운 계획이 필요해)'를 암호화하고, 답신 'OIKSGW, HJBG PXK EBDJXF KL AWVV DXHVXF UXQWKWVR WU TGUNFGW'를 해독하라.

방법

멜라니와 빅토리아는 Jan, Feb, Mar와 같이 메시지를 보내는 달을 세 개의 문자로 축약한 키워드를 사용해서 문장을 암호화하기로 한다.

멜라니는 9월에 빅토리아에게 보낼 다음의 메시지를 암호화한다.

블레즈 드 비제네르

BLAISE DE VIGENÈRE

블레즈 드 비제네르(1523～1596)는 프랑스의 외교관이었다. 그는 독자적인 암호 체계를 개발했지만 이상하게도 자신의 이름을 붙이지 않았다. 실제로 비제네르 암호는 1553년에 이탈리아 암호학자 지오반 바티스타 벨라조Giovan Battista Bellaso에 의해서 소개됐다.

'OUR COVER IS BLOWN, WE NEED TO MAKE NEW PLANS'

먼저 그녀는 메시지를 암호로 만들기 위해 '격자 테이블tabula recta'이 필요하다. (비제네르 암호는 문자 이동이 일정하지 않은 시저 암호라고 할 수 있다.) 예를 들어, 우리는 이전의 예제에서 문자들을 3만큼 이동시켰는데, 그것은 오른편에 있는 격자 테이블의 D행과 같다. 비제네르 암호에서는 키워드를 사용해서 문자 이동을 변화시키기 때문에 같은 문자라도 다르게 암호화될 수 있다.

멜라니와 빅토리아는 순환하는 키워드를 사용하는데, 다시 말해 매달 바뀌는 키워드를 사용한다는 것이다. 멜라니의 메시지는 9월에 보내지는 것이므로 키워드는 'SEP'이다.

```
  | A B C D E F G H I J K L M N O P Q R S T U V W X Y Z
A | A B C D E F G H I J K L M N O P Q R S T U V W X Y Z
B | B C D E F G H I J K L M N O P Q R S T U V W X Y Z A
C | C D E F G H I J K L M N O P Q R S T U V W X Y Z A B
D | D E F G H I J K L M N O P Q R S T U V W X Y Z A B C
E | E F G H I J K L M N O P Q R S T U V W X Y Z A B C D
F | F G H I J K L M N O P Q R S T U V W X Y Z A B C D E
G | G H I J K L M N O P Q R S T U V W X Y Z A B C D E F
H | H I J K L M N O P Q R S T U V W X Y Z A B C D E F G
I | I J K L M N O P Q R S T U V W X Y Z A B C D E F G H
J | J K L M N O P Q R S T U V W X Y Z A B C D E F G H I
K | K L M N O P Q R S T U V W X Y Z A B C D E F G H I J
L | L M N O P Q R S T U V W X Y Z A B C D E F G H I J K
M | M N O P Q R S T U V W X Y Z A B C D E F G H I J K L
N | N O P Q R S T U V W X Y Z A B C D E F G H I J K L M
O | O P Q R S T U V W X Y Z A B C D E F G H I J K L M N
P | P Q R S T U V W X Y Z A B C D E F G H I J K L M N O
Q | Q R S T U V W X Y Z A B C D E F G H I J K L M N O P
R | R S T U V W X Y Z A B C D E F G H I J K L M N O P Q
S | S T U V W X Y Z A B C D E F G H I J K L M N O P Q R
T | T U V W X Y Z A B C D E F G H I J K L M N O P Q R S
U | U V W X Y Z A B C D E F G H I J K L M N O P Q R S T
V | V W X Y Z A B C D E F G H I J K L M N O P Q R S T U
W | W X Y Z A B C D E F G H I J K L M N O P Q R S T U V
X | X Y Z A B C D E F G H I J K L M N O P Q R S T U V W
Y | Y Z A B C D E F G H I J K L M N O P Q R S T U V W X
Z | Z A B C D E F G H I J K L M N O P Q R S T U V W X Y
```

이것은 위의 격자 테이블에서 S, E, P 행의 알파벳들을 사용한다는 것을 의미한다.

```
  | A B C D E F G H I J K L M N O P Q R S T U V W X Y Z
S | S T U V W X Y Z A B C D E F G H I J K L M N O P Q R
E | E F G H I J K L M N O P Q R S T U V W X Y Z A B C D
P | P Q R S T U V W X Y Z A B C D E F G H I J K L M N O
```

이제 메시지를 암호화하는 방식을 살펴보자. 메시지의 첫 번째 문자는 S행을 사용하고, 두 번째 문자는 E행을 사용하며, 세 번째 문자는 P행을 사용한다. 키워드의 개수가 3(암호 키의 순환 주기)이기 때문에 네 번째 문자는 다시 S행으로 돌아오며 이런 방식으로 계속 순환한다.

이런 방식으로 암호화를 계속하면 'OUR COVER IS BLOWN, WE NEED TO MAKE NEW PLANS'는 'GYG USKWV XK FAGAC, OI CWIS LS BSOT FIL HPPFW'가 된다.

멜라니는 빅토리아로부터 온 답신 'OIKS GW, HJBG PXK EBDJXF KL AWVV DXHV XF UXQWKWVR WU TGUNFGW'를 해독하기 위해 O행, C행, T행을 사용하는데, 이것이 10월에 도착한 메시지이기 때문이다.

```
  | A B C D E F G H I J K L M N O P Q R S T U V W X Y Z
O | O P Q R S T U V W X Y Z A B C D E F G H I J K L M N
C | C D E F G H I J K L M N O P Q R S T U V W X Y Z A B
T | T U V W X Y Z A B C D E F G H I J K L M N O P Q R S
```

이제 해독하는 과정을 살펴보자. 먼저 그녀는 첫 번째 O행에서 답신의 첫 번째 문자 'O'를 찾는데, 그것은 맨 윗줄의 'A'와 일직선상에 있다. C행에서 찾은 두 번째 문자 'I'는 맨 윗줄의 'G'와 일직선상에 있으며, T행에서 찾은 세 번째 문자 'K'는 맨 윗줄의 'R'과 일직선상에 있다. 그녀는 이런 방식으로 세 개의 행들을 돌면서 모든 문자를 해독한다.

빅토리아에게서 온 답신 'OIKSGW, HJBG PXK EBDJXF KL AWVV DXHVXF UXQW KWVR WU TGUNFGW'를 해독한 결과는 'AGREED, THIS NEW CIPHER IS MUCH BETTER. SECURITY IS ASSURED(그래, 이 암호 방식이 훨씬 좋은 것 같아. 보안도 확실하고)'이다.

해답

'OUR COVER IS BLOWN, WE NEED TO MAKE NEW PLANS'라는 평문을 암호화하면 'GYG USKWV XK FAGAC, OI CWIS LS BSOT FIL HPPFW'가 된다.

또한 답신 'OIKSGW, HJBG PXK EBDJ XF KL AWVV DXHVXF UXQWKWVR WU TGUNFGW'를 평문으로 해독한 것은 'AGREED, THIS NEW CIPHER IS MUCH BETTER. SECURITY IS ASSURED'이다.

찾아보기

용어와 기호

다음의 용어와 기호는 대부분 본문에 등장할 때 설명한 것들이지만 몇 가지는 이해하는 데 도움을 주고자 포함시켰다.

• 거듭제곱(승수)power: 엄격히 말하면 밑과 지수가 조합된 것을 이르는 말이지만, 보통은 그 지수만을 얘기하는 데 사용된다.

• 계수coefficient: 변수 앞에 곱해진 상수 값. 예) $3x^2$에서 계수는 3이다.

• 곱multiplication: • 기호는 변수 x와의 혼동을 막기 위하여 '×' 대신 사용된다. 또한 붙어 있는 변수들 사이에는 곱이 존재하는 것으로 간주한다. 예) $x • y$ 혹은 xy는 둘다 'x 곱하기 y'이다.

• 다항식polynomial: 정수인 지수들을 포함하는 항들의 모임. 1개의 항을 가진 다항식은 1항식, 2개의 항을 가진 다항식은 2항식, 3개의 항을 가진 다항식은 3항식이다.

• 동류항: 같은 형태와 같은 개수의 변수를 가진 항들. 예) $6x^2$와 $8x^2$는 동류항이다. 하지만 $6x^2$과 $8x$는 지수가 다르기 때문에 동류항이 아니며 $6y^2$과 $8x^2$은 변수가 다르기 때문에 동류항이 아니다.

• 등식(혹은 방정식): 등호(=)를 포함하는 식. 예) $3× - 5 = 13$은 등식이다. 주의) $≈$기호는 '대략 같다'는 뜻이다.

• 밑base: 거듭제곱의 기초를 이루며 지수를 동반한 수나 변수. 예) x^2에서 밑은 x이다.

• 변수variable: 흔히 x나 y로 쓰며 항에서 가변적인 값을 나타내는 데 사용되는 기호.

• 부등식inequation: 보통은 등호가 있을 위치에 부등호가 있는 식. 예) $3(x + 2) ≤ 2x + 5$는 부등식이다. 부등호의 종류에는 $≠$(같지 않다), $<$(~보다 작다), $>$(~보다 크다), $≥$(~보다 크거나 같다) 그리고 $≤$(~보다 작거나 같다)가 있다.

• 식expression: 등호나 부등호를 갖지 않는 수나 변수들의 모임. 예) $(3× - 4) + 5$는 하나의 식이다.

• 지수exponent: 거듭제곱의 횟수를 나타내는 수나 변수. 예) x^2에서 지수는 ^{2}이며 $x • x$와 같다. 마찬가지로 x^3은 $x • x • x$와 같다. 주의) x는 x^1을 의미한다.

• $±$: $±$ 기호는 대수학적 맥락에서 하나의 공식 내에 두 개의 등식(방정식)이 있는 것을 말하며, 두 개의 해를 의미하기도 한다. 예) $(x + 3) = ±7$은 $x = -10$과 $x = 4$라는 두 개의 정확한 해를 산출한다.

• 항term: 한 개의 수나 변수, 혹은 여러 개의 수나 변수들의 곱. 더하거나 빼기에 의해 다른 항과 분리된다.

선을 넘는 사람들에게
뱉어주고 싶은 속마음

일러두기
본문의 내용은 저자의 실제 경험을 토대로 작성된 글입니다. 허구는 일절
없으며 저자의 이야기인 동시에 당신의 이야기일 수 있습니다.

선을 넘는
사람들에게
뱉어주고 싶은
속마음

김신영 지음

whale books

한동안 전부 내 잘못이라고 생각했다

직장 생활을 시작한 이후 나는 줄곧 화가 나 있었다. 어렵사리 일을 마치고 집에 돌아와서도 하루 종일 내게 있었던 일들을 곱씹으며 화를 식히지 못한 채로 잠이 들었다. 자책하며 나를 탓하다가도 도저히 납득할 수 없는 억울함에 치를 떨었다. 주변 사람들에게 내 힘듦을 털어놓아도 '회사 생활이 다 그렇지' '네 성격이 별나서 그래. 너 좀 예민하잖아' '누구는 회사 생활이 좋아서 하냐? 힘든 게 당연한 거지' 이런 영양가 없는 말들만 돌아왔다. 이 말을 듣고 나면 별것 아닌 일에 불만 품고 엄살 부리는 사람이 된 것만 같아 황급히 입을 닫았다. 괜찮은 척하면 정말로 다 괜찮아질 거라 믿으며 나조차도 내 감정을 무시하기에만 급급했다.

두 번째로 회사를 그만두던 날, 결국 나조차도 모든 게 내 잘 못일지 모른다고 생각했다. "너는 어딜 가도 같을 거야. 남들 다 하는 회사 생활조차 못 버티면 다른 일도 할 수 없어." 어렵사리 사직서를 냈을 때 누군가가 내게 했던 말처럼 모든 게 버티지 못 한 내 탓이라고 여겼다. 앞으로 잘하면 된다고 괜찮은 척 애쓰다 가도 불쑥불쑥 억울함이 밀려왔다.

그럴 때마다 글을 쓰기 시작했다. 나를 아프게 했던 무례한 말과 행동을 하나둘 글로 옮기다 보니 그동안 내가 참 많이 애써 왔다는 걸 깨달을 수 있었다. 괜찮은 척하느라 참 많이 힘들었겠 구나. 결코 퇴사라는 결과가 내 탓만은 아니구나. 작은 위안을 얻게 되었다.

이 책은 과거의 순간순간을 그대로 복기했다. 그리고 차마 입 밖으로 내뱉지 못하고 속으로 되뇌던 마음을 덧붙였다. '요즘 것 들'인 우리 '김 사원들'도 나쁜 말을 할 줄 안다. (심지어 더 새롭 고 다채롭게 사람 마음 할퀴는 말 많이 안다.) 다만 입 밖으로 내 보내기 전에 생각하고 안 할 뿐이라는 걸, 이제라도 알아주면 좋 겠다.

누구나 하는 직장 생활이지만 그 누구에게도 만족스럽지 못 한 직장 생활이라는 게 참 아이러니하다. 이런 '웃픈' 상황에서도 꿋꿋하게 출근하고 퇴근하고 있을 또 다른 김 사원들에게 이 책이 작은 위로가 됐으면 좋겠다. 더불어 지켜야 할 최소한의 선조차 지키지 못하는 사람들을 애써 참아줄 필요가 있는지 반문하고 싶다. 내 존엄성이 침해당했으면 저항해서라도 되찾는 게 우리가 배운 상식 아닐지 되짚어보는 계기가 됐으면 한다. 버티지 못하는 신입 사원은 필요 없다고 내뱉기 전에 혹여나 버텨온 자신에게 문제가 있었던 것은 아닌지 한번쯤 스스로 질문해보길 원한다.

　오늘 하루도 아프고 힘들고 화가 난다는 자신의 감정에 솔직하지 못해 힘들었을 김 사원들에게 말하고 싶다. 당신의 잘못이, 결코 우리의 잘못이 아니라고.

차례

Chapter 1.
돌아서면 기분 묘해지는 상태

Chapter 2.
반복되는 무례함에 '예민함 안테나'가 세워지는 상태

Chapter 5.
분노보다 무기력과 우울감이 밀려오는 상태

○ **2015년~2016년, 첫 회사 '휘청휘청 컴퍼니'**

"내가 다니는 회사가 진짜로 망해갈 줄 몰랐다. 휘청대는 회사에서 내 자리조차 위태롭다."

- **등장인물**

  양 이사(1st 1팀 팀장): 별명은 무법상사, 쓰레기, 스티븐 스필뽀구 등등 세상 모든 나쁜 말들, 결국 성희롱으로 회사에서 쫓겨남

  김 이사(2nd 1팀 팀장): "인포데스크에는 여자가 어울려."

  김 부장(영업3팀 팀장): "아픈 상처에는 고춧가루가 약이지."

  천 사원(영업1팀 사원): "내 출근 시간은 왜 점점 더 빨라질까?"

어쩌다 보니 양 이사의 출근 셔틀

김 사원(영업1팀 막내 사원) : '회사 생활, 그게 뭐죠?' 백지상태

이자 진공 상태

모든 게 서툴렀던 25세, 나는 직장인이 됐다. 첫 번째 회사는 하루가 다르게 휘청댔고 신입 사원인 내 자리조차 위태롭기 일쑤였다. 나는 방랑자처럼 3개월마다 여기저기 팀을 옮겨 다니기 바빴다. 결국 점점 더 망해가는 회사에서 결심했다. 무조건 망하지 않을 큰 기업에서 일하겠다고.

○ 2016년~2017년, 두 번째 회사 '마셔마셔 컴퍼니'

"어째 미팅보다 회식이 더 많은 것 같다. 술 마시다 죽겠는데?"

  · 등장인물

김 실장/김 상무(영업1실 실장): 최단 기간 내 임원으로 승진한 김 라인(사내 정치)의 실세다. "나는 눈빛만 봐도 다 알아. 나처럼 되려면 말이야~"

홍 팀장(기업영업팀 팀장): 18년 차 직장인이자 사내 홍일점,

"저는 (팀장이지만) 그런 거 잘 몰라요."

문 과장(기업영업팀 과장): 감정 조절 못하는 37세 고슴도치

이 차장(기업영업팀 차장): "안녕? 나는 눈치 없는 고구마야!"

이 부장(기업영업팀 부장): 공황장애 부장님, 걸어 다니는 종합 병원

최 부장(기업영업팀 부장): 불만 많은 정치 열혈투사

장 과장(기업영업팀 과장): 오빠병 말기 환자, "나는 평생 오빠 이고만 싶어."

김 사원(기업영업팀 사원): (두 번째 회사지만) "저 이제 그만 퇴사해도 될까요?"

박 사원(기업영업팀 사원): 동병상련이 느껴지는 막내 사원

이 팀장/이 이사(공공영업팀 팀장): "내가 사내 정치 생활만 20년 차야~"

어렵사리 들어간 두 번째 회사는 모든 게 내 상식 이하였다. 누구를 위한 자리인지 모를 회식이 잦았고, 매번 반복되는 회식은 가학적이기 그지없었다. 거듭된 퇴사와 실망스러운 회사 생활에 한동안은 많이 억울해하며 그 시점 안에 갇혀 지냈다.

○ 그리고 현재, 여전히 회사원

퇴사 이후, 지난 직장 생활의 경험들이 사진을 찍듯 한 컷 한 컷의 장면으로 매 순간 머릿속에 떠올랐다. 길을 가다가도 우연히 전 직장 상사와 닮은 사람을 보게 되면, 퇴사 사유나 시기와는 상관없이 그가 내게 했던 말들이 생각이 났다.

사회 초년생 시기 두 직장에서 겪었던 순간을 사진을 찍는 마음으로 써 내려갔다. 앞으로 펼쳐질 글의 순서는 각 회사의 입사, 퇴사 순서와는 상관이 없다. 순간순간 고개 드는 분노는 비슷했지만 하나하나 따져보면 제각기 다른 불쾌감을 주었고, 그 불쾌했던 감정에 이름을 붙여 사건을 묶었다. 두 회사에서의 업무와 환경은 달랐지만 감정의 골병은 별반 다르지 않았다.

Chapter 1

돌아서면
기분 묘해지는 상태

첫인사

입사하고 보름 정도 지나고 나니, 어느새 한 해를 마무리하는 12월이었다. 회사는 연말 행사 준비로 여념이 없었다. 모두가 분주한 12월 어느 날, 신입 사원이었던 나는 사람들에게 패기 있는 첫인사를 건넸다.

"안녕하세요, 기업영업팀 김 사원입니다. 앞으로 잘 부탁드립니다."

음악이 흐르는 행사장 안, 나와 동기들은 사람들 앞에 서서 차례대로 자기소개를 시작했고, 마지막으로 내 손을 떠난 마이크는 눈 깜짝할 새에 실장님의 손으로 넘어갔다.

"저 친구는 해군 장교 출신이고 올해 나이가 서른하나예요."

남자 동기에 대한 코멘트가 내 귀를 가볍게 스쳤고, 뒤이어 나와 동기 언니를 가리키며 내뱉은 그의 말은 내 귀에 송곳같이 박혔다.

"아, 이번에 여자 둘을 뽑았어요. 옆 팀 경영지원실에서 둘 중에 누가 더 예쁘냐고 투표를 했는데, 결과는 김 사원이 이겼어요. 박수 한번 주세요."

'엥?'

어이없는 멘트가 끝나자 황당하게도 박수 소리가 들려왔다. 나는 이 말의 의미를 제대로 파악할 틈도 없이 얼떨결에 고개를 숙여 인사했다. 그날은 50명이 훌쩍 넘는 처음 보는 사람들 앞에서 흡사 동물원 원숭이가 된 것 같은 날이었다.

이 말을 말미암아 추측해보건대, 실장님의 뇌 구조는 한 가지 명령어로 도식화된 알고리즘을 갖고 있는 게 틀림없다.

'눈앞에 보이는 사람이 남자인가? 남자라면 동료, 여자라면 동료가 아닌 성적 대상이다.'

그의 농담에 같이 웃는 저 사람들은 이 알고리즘을 이해하고 있을까. 얼떨결에 인사해버린 나도 이 알고리즘에 의해 재배열된 건 아닐까. 집으로 돌아가는 길에 오늘 내 귀에 박힌 말의 의

미를 쉴 새 없이 되새겼고, 본능적으로 남자 동기와 나의 출발선
이 조금은 다른 위치에 그어져 있다는 걸 직감했다.

실장님, 잠시 잊으셨나 봅니다. 저도 남자 동기랑 똑같이 시
험 보고 면접 봐서 입사했습니다. 어떤 생각으로 저를 뽑으셨
는지 모르겠지만, 저는 당신 눈요기나 하라고 여기 입사한 게
아닙니다. 동물원 원숭이가 되고 싶은 생각은 더더욱 없고요!

8시 30분

첫 출근을 한 날, 팀장님으로부터 앞으로 8시 30분까지 출근하라는 지시를 받았다. 그리고 8시 40분에 출근한 날 "김 사원, 오늘 좀 늦었네"라는 말을 들었다. 출퇴근 시간만 거의 왕복 3시간이었는데 이 짓을 열흘 정도 반복하고 나니 피곤해서 회사를 그만두고 싶다는 생각이 절로 들었다. 무엇보다 출퇴근길에 꼭 건너야 하는 육교를 지날 때마다 곡소리가 절로 새어 나왔다. 이른 아침과 늦은 밤, 한겨울 한파에 꽁꽁 얼어버린 육교 위를 하이힐 신고 건너자니 발이 너무 시려서 그냥 내 발목을 잘라버리고 싶은 심정이랄까. 특히 매주 월요일은 오전 8시부터 팀 회의가 잡혀 있어서 출근이 더 힘든 날이었다.

세 번째로 맞이한 월요일 아침, 7시 50분쯤 출근해서 1층 엘리베이터를 재빨리 잡아탔는데 그 안에 실장님과 이사님이 계셨다.

"응, 왔니? 너 왜 이렇게 일찍 출근했니?"

"오늘 기업영업팀 주간 회의가 있습니다."

"원래는 몇 시쯤 오니?"

"8시 반까지 출근하려고 노력 중입니다."

"팀장님한테 9시까지 출근하라는 말 못 들었니?"

"네?"

하, 이 느낌 뭐지? 27년 만에 어른한테서 처음 느껴보는 배신감이었다. 일찍 출근하니까 매번 지하철 좌석에 앉아서 올 수 있긴 했는데, 한 번도 눈을 제대로 뜨고 출근해본 적이 없었다. 대학교 시험 기간에 밤새워서 벼락치기하고 나면 느껴지던 뻐근함이 온몸에 한가득이었다. 이런 나한테 홍 팀장님이 9시까지 출근하란 말을 안 해줬다. 뵌 지 얼마 안 됐지만 단언컨대 내가 팀장님을 좋아하기는 이미 힘들 것 같았다. 내 마음을 아는지 모르는지 실장님과 홍 팀장님의 대화가 더 가관이다.

"홍 팀장, 얘 왜 이렇게 일찍 오니?"

"김 사원이 자발적으로 일찍 출근하는 겁니다."

"얘가 자발적으로 일찍 출근한다고? 무슨 말도 안 되는 소리를 해. 내일부터 얘 8시 40분 이전에 회사에서 보이면 너 가만 안 둘 줄 알아."

와! 홍 팀장아, 저는 9시까지라고 하면 진짜로 9시까지 올 거예요. 8시 반까지 출근, 솔직히 많이 버겁습니다. 강남역 환승할 때마다 숨이 끊어지기 직전입니다. 전에 있던 회사는 가깝기라도 했는데, 출퇴근 시간 때문에 진심으로 이직을 후회합니다. 일찍 출근하는 건 의무가 아니라 권장 사항 아닌가요? 9시부터 18시까지가 원래 근로 시간이잖아요. 저는 아침에 꼭 머리를 감아야 하는 사람이고 깔끔한 상태로 집에서 나와야 하루 종일 마음이 편안해요. 지각은 안 할게요. 저도 지각하면 제가 조금 밉거든요. 아무리 생각해도 8시 반 강제 출근은 너무 올드한 거 같아요.

하나만 걸려라

신입 사원 연수가 끝난 직후 OJT 기간이 바로 이어졌다. OJT가 흔히 말하는 직장 내 교육 훈련일 거라 생각한 내 예상은 완전히 빗나갔다. 상사와 함께 자리한 탁자 위, 나와 내 가족들에 대한 질문이 끊임없이 이어졌다.

"아버지는 아직 직장 생활 하시니?"

"동생은 요즘 뭐 하니?"

"해외여행은 많이 다녀봤니?"

"외국어는 어느 정도 하니?"

"너 나이가 몇이지?"

"만약에 재수했는데 수능 시험 망치면 다시 공부해서 지원할 거니?"

"전 직장은 왜 퇴사했니?"

"직장 생활 얼마나 할 생각이니?"

"대학생 때 용돈은 얼마나 받았니? 아르바이트는 해봤니?"

"결혼은 언제쯤 할 생각이니?"

"부모님이 이런 큰 회사에 입사했다고 하니까 뭐라시니?"

"대학 동기들과 비교했을 때, 이 회사에 입사한 게 어느 정도 성공한 거라고 생각하니?"

내 약점이 무엇인지 알아내려 상사의 뇌가 끊임없이 굴러가는 소리와 내 퇴사 가능성이 얼마쯤 되는지 계산기 두드리는 소리가 질문으로 쏟아지기 시작했다. 내 동기는 신입으로 지원하기에 늦은 나이와 넉넉지 못한 집안 형편이, 나는 1년을 채우지 못한 직장 경험이 약점이라고 생각하는 듯했다. 대학생 때 했던 인턴 경험까지도 약점으로 만드는 이 상황이 그냥 어이가 없었다.

이런 식으로 나오니 솔직하게 대답한 질문이 몇 개 없었다. 짧은 사회 경험이었지만 본능적으로 알게 된 게 있었는데, 사람들은 회사에 목매는 사람을 그다지 가치 있다고 생각하지 않는다는 것이다. 회사밖에 믿을 게 없는 사람은 함부로 휘둘러도 된다고 착각하는 게 현실이다. 종종 상사가 대화 중간중간 아내가 돈을 잘 벌고 집안 환경이 좋다거나 부모님께 물려받을 재산이 있다는 것으로 자랑하는 경우가 있는데, 사실 그 사람은 회사 밖에서는 별거 없다는 게 팩트다. 그냥 자신을 만만하게 보지 말아 달라고 최소한의 장벽을 치는 거다. 그래서 나도 똑같이 해줬다. 적당한 거짓말을 섞어서 솔직한 척 모든 질문에 대답했고, 이 세상에 내가 가진 콤플렉스 따위는 아무것도 없는 듯이 새로운 나를 창조했다. 그리고 퇴사하는 순간까지 일관성 있는 거짓말을 위해 긴장을 놓지 말자고 다짐했다. 딱히 얻을 게 없는 사람에게 군이 내 약점을 들춰 보일 필요는 없으니까.

칭찬도 가지가지

과장님, 부장님, 실장님……. 연로한 어르신들 틈에서 일을 할 때면 내가 20대 젊은이가 아니라 철부지 초등학생인가 싶을 때가 있다.

다이어리에 회의 내용을 정리하고 있으면
"오, 김 사원. 글씨도 예쁘게 잘 쓰네."
글씨로 어른한테 칭찬받은 게 얼마 만이었더라? 우리 엄마가 콩밥에서 콩 안 골라내고 잘 먹는다고 칭찬할 때 이 느낌이었던 것 같은데? 이분 나를 너무 과도하게 귀여워해주시는 것 같다.

사수 옆에서 다이어리를 들고 서 있을 때는

"오, 김 사원 좀 봐봐. 이 사원, 김 사원은 일을 할 줄 알아."

음, 저 그냥 서 있었는데요. 그런데 왜 갑자기 가만히 있는 이 사원을 옆에 끼워 넣어요? 설마 그거 둘이 경쟁 붙이려는 거?

말씀하시는 이야기를 조용히 듣고 앉아 있으면

"김 사원은 눈빛이 너무 좋아. 눈빛이 정말 좋다."

어머, 제 눈빛을 알아봐 주시다니 정말 황송할 따름입니다. 남자 친구조차 제 눈빛을 이렇게 칭찬해준 적은 없는데 말이에요.

내심 기분 좋기도 하고 의심스럽기도 한 이런 작은 칭찬들이 쌓여갈 때쯤 문득 깨닫게 된 사실이 있었다. 이분들, 내가 일을 잘하기를 그다지 기대하지 않는다는 것과 그저 말 잘 듣는 순진한 어린아이의 모습을 기대한다는 것. 칭찬받고 싶은 마음에 상사에게 잘 보이려 기를 쓰고, 다른 동기를 칭찬할 때면 불꽃같이 질투하면서 내가 더 예쁨받고 싶다고 떼쓰는 어린아이 같은 모습을 (지금 20대 후반인 내게) 기대하신다.

그냥 다시 어린아이로 태어나고 싶은 심정이다.

여우야, 곰이야?

"지원자는 자신을 생각할 때 여우에 더 가까운 것 같아요, 아니면 곰에 더 가까운 것 같아요?" 내가 면접 볼 때 들었던 질문 중 하나다. 이 질문은 내게 마치 샴푸하다가 덜 헹구고 나온 듯한 찝찝한 느낌을 남겼다. 당시 "자신과 가장 닮은 동물이 무엇인지 설명해보세요" 이런 말도 안 되는 질문이 유행이었던 때라 그냥 비슷한 질문인가 보다 생각했었다.

옆 지원자가 먼저 대답했다.

"저는 곰에 더 가까운 것 같습니다. 하나를 시작하면 무엇이든 끝까지 마무리하는 편입니다. 또한 솔직한 편이라 다른 사람에게 마음에 없는 말을 잘 못합니다. 그래서 저는 곰에 더 가까운 것 같습니다.”

내 차례가 왔다.

“저는 제가 지금까지 곰인 줄 알았는데 옆 지원자의 말을 들어보니 여우에 더 가까운 것 같습니다. 저는 다른 사람들이 저로 인해 기뻐하는 모습을 보는 게 좋습니다. 그래서 때로는 마음에 없는 말도 잘하는 편입니다. 이런 면에서 보면 여우에 더 가까운 것 같습니다.”

클리어! 그러나 깔끔하게 대답한 이 질문에는 예상치 못한 함정이 있었다. 바로 이곳에서 내가 취해야 할 행동에 대한 복선인 셈이었다. 입사 후 나는 똑같은 질문을 다시 받았고 정해진 답안도 함께 내려졌다. “나는 여우 같은 애가 좋아.” 나는 묻고 싶었다. 회사 생활에서 여우 같다는 건 도대체 어떤 의미인지.

상사가 원하는 말과 행동을 다른 사람보다 빨리 알아차리면 되는 건가요? 만약 이런 의미라면 제가 남들보다 유리할 수도 있겠네요. 상대가 원하는 행동을 알아채는 게 제게 그렇게 어려운 일은 아니거든요. 그런데 그런 행동을 하는 제 모습을 자각하는 게 저는 좀 치욕스러워요. 제가 한 행동이 누군가에게 잘 보이려고 한 행동이라는 걸 이미 알고 있고, 그걸 상사가 칭찬한다는 건 제 마음을 들켰다는 거잖아요. 마치 남모르게 예뻐 보이고 싶어서 머리 모양을 바꿨는데, 그걸 누군가가 냉큼 알아채고 "머리 바꿨네" 칭찬하면 부끄러움이 한번에 밀려오는 것처럼요. 제가 변태인가요? 이곳에서 제 자리를 찾으려면 상사가 좋아할 만한 행동을 끊임없이 해야 한다는 건데, 이 느낌을 어떻게 감당해야 하는 걸까요? 그냥 편한 회사 생활을 위한 '날 위한 행동'이라고 자기 위로를 해야 하나요? 오늘은 제가 너무 변태 같아서 잠이 오지 않네요.

월급 관리는 하니?

첫 월급 받은 다음 날, 일층 카페에서 같은 실 사람들과 커피를 함께 마셨다. 어찌나 질문들이 이렇게 일관적인지……. 다들 첫 월급을 어떻게 썼느냐고 물으신다.

"김 사원, 첫 월급 탔는데 부모님께 뭐 해드렸어?"

"부모님께 밥 한번 사야지. 같은 팀 사람들한테도 사고."

그냥 가볍고 의례적인 인사치레 정도의 말들이 오간다. 사실 첫 월급의 개념이 예전같지 않다는 건 우리 모두가 알고 있다. 나조차도 중고 신입이고 요즘 신입 사원들 중에서 인턴 한 번 안 해본 친구는 없으니까. 월급에 대한 질문이 꼬리에 꼬리를 물다가 월급 관리에 대한 질문까지 자연스레 이어졌다.

이 사원이 대답했다.

"그냥 부모님께 관리해달라고 다 드려요."

뒤이어 내가 대답했다.

"저는 일부만 관리해달라고 드리고 나머지는 다 씁니다."

내 대답이 끝나자마자 실장님이 날 가리키며 이렇게 말한다.

"얘는 자기 꺼 절대 안 빼앗기는 애야. 혹시 관리하기 힘들면 내가 네 월급 관리해줄까? 하하하. 이러면 이제 소송까지 가는 건가? 하하하하."

'뭔 말이야?' 순식간에 뭐가 훅 지나간 느낌인데……. 뭔 말인지 잘 모르겠지만 그에게 내 월급을 단 한 푼도 맡기고 싶지 않은 건 확실했다.

실장님, 혹시 '투잡' 뛰십니까? 제가 생각하는 상사는 매일 밤새워 일하고 출장도 자주 가야 해서 엄청 바쁜데, 실장님은 자산관리사로 투잡 뛰실 시간이 있나 봅니다. 혹시 자산관리사 자격증이라도 있으세요? 진정 제 월급을 관리하고 싶으시면 포트폴리오 하나 만들어 오세요. 실장님이 지난 20년간 자산 관리를 얼마나 잘 해왔는지 제 눈으로 확인해야 제 피 같은 돈을 맡기지 않겠습니까.

제가 돈 벌려고 회사 다니는 건 맞는데요. 돈 쓰는 건 회사가 관여할 바가 아니에요. 10년을 벌어 땡거지가 되는 한이 있어도 제 월급은 제가 알아서 하겠습니다. 실장님은 자신의 노후 준비에 열을 올리시면 됩니다. 누가 그러는데, 요즘은 건강관리 좀만 잘해도 200살까지도 살아 숨 쉬는 세상이래요.

남자 친구 얘기 좀 해봐

회사에 입사하면, 사람들이 내가 그동안 뭘 얼마나 준비해서 들어왔는지 궁금해할 줄 알았다. 그런데 사람들은 사실 그딴 거에 관심이 없다. 물론 이게 신입 사원의 장점일 수도 있다. 그런데 문제는 나보다 내 연애에 더 관심이 많다는 거다.

"남자 친구 있니?"

"너는 이상형이 어떻게 되니?"

"남자 친구랑은 사귄 지 오래됐어?"

"결혼은 언제 할 거니? 그냥 빨리 해버려."

"남자가 헤어지자고 할 것 같으면 넌 어떻게 하니?"

"좋은 남자란 말이야~"

"데이트 비용은 얼마나 쓰니?"

"요즘 애들은 데이트할 때 뭐 하니?"

"이번 주말에는 남자 친구랑 데이트했어?"

"남자 친구랑 부모님도 아는 사이고?"

처음에는 질문의 의도가 무엇인지 계속 생각했는데, 어느 순간 이런 질문에 더 이상 나의 소중한 지적 에너지를 쓰고 싶지 않다는 결론에 다다랐다. '내가 왜 진지하게 대답해야 하는 거지?' 청개구리 심보가 발동했다. 그 순간부터는 머리를 거쳐서 입으로 나가는 말 대신 머리를 거치지 않고 순수하게 입에서 터져 나오는 방언들로 마구 대답했다.

"남자 친구 있고 사귄 지 오래됐어요. 저는 눈에 거슬리는 단점 없는 완벽한 남자가 좋아요. 사람 보는 눈 다 똑같죠, 뭐. 제가 눈이 세상 높아서 생각보다 연애를 많이 못 했어요. 데이트 비용 많이 써요. 근데 저는 커피 한 잔만 샀어요. 그동안 취업 준비생이라 돈이 없었거든요. 좋은 남자요? 나한테 잘하면 좋은 남자고 못하면 강아지 아닌가요? 저한테 헤어지자고 할 것 같은 남자는 그냥 제가 먼저 차버려요. 나 싫다는 남자 꼭 만나야 되나요? 그냥 버리면 되지. 세상의 반이 남자예요."

그 이후부터 남자 조건 밝히는 된장녀가 된 것 같았지만 이분들이 어떻게 생각하든 그건 내가 상관할 바가 아니었다. 최소한 질문하는 당신들보다 내가 남자 보는 눈은 더 정확하고 연애도 훨씬 잘할 테니까. 내 남자 친구에 대해 질문할 에너지로 당신이 오늘만큼은 집에서 더 착한 남편이 됐으면 좋겠다.

저기요, 결혼 생활 안 궁금해요

인스타그램에는 행복한 부부들이 넘쳐나던데, 왜 상사들은 결혼 생활을 항상 '후회'라는 단어로 표현할까?

남자 동기 하나가 입사 직전에 결혼한 신혼이었다. 자연스레 동기에게는 신혼 생활에 대한 질문이 쏟아질 수밖에 없었다. 보통 신혼부부들에게는 "좋을 때다" "깨소금 냄새가 여기까지 나네" 이런 달콤한 말들을 건넨다는데, 결혼했다는 동기의 말이 떨어지기 무섭게 상사들이 "결혼을 왜 했어?" "나는 결혼을 후회해. 얼른 이혼하고 와" 이러는 게 아닌가! 결혼한 지 한 달도 채 안 된 신랑한테 이혼이라니.

이후에도 결혼이라는 단어 끝에는 언제나 '결혼은 미친 짓'이라는 설명이 붙었다. 도대체 이토록 후회하는 결혼을 왜 다들 꾸역꾸역 했을까? 막상 아내 앞에 가면 찍소리도 못하니까 밖에 나와서라도 어떻게든 기를 펴고 싶은 걸까.

이뿐만이 아니다. 회사 안에는 자꾸만 결혼 생활을 미리 체험시키려는 분들이 있다.

"김 사원, 너는 아직 어려서 모르겠지만 부부 사이에서 중요한 건 말이야……."

"연애도 결혼 생활도 갑처럼 해야 돼. 남녀 사이에는 밀당이 정말 중요해."

"남자는 다 똑같아. 너 남자 친구도 별수 없어. 항상 의심해야 한다니까."

"세상에는 예쁜 여자가 너무 많아. 나는 결혼을 후회해."

"아내가 결혼 전에는 날씬했는데 이제 뚱땡이가 다 됐어."

가만히 듣고 있으면 자신을 깎아내리는 방법도, 아내를 깎아내리는 방법도 참 여러 가지라는 생각이 든다. 집에 들어가면 말 잘 듣는 착한 남편이면서 괜히 밖에 나와서 센 척하는 이분들의 심리는 뭘까? 같이 듣던 동기가 내 표정을 읽었는지 귀에 대고 속삭였다.

"불행한 결혼 생활로 젊은 애들 관심 받고 싶은 거야. 그냥 여기저기 흘려보는 거지. 행복한 결혼 생활 이야기는 우리가 관심을 안 갖잖아. 내가 딱 보니까 아직 아내를 덜 싫어해. 아내가 정말 싫으면 밖에 나와서 욕도 안 한대.”

결혼은 사람을 어른으로 성장시킨다고 하던데, 혹시 싫은 걸 참아내고 인내하는 과정에서 얻어지는 성장을 의미하나요? 상사들아, 저는 굳이 미리 성장하고 싶지는 않네요. 혹시라도 미래의 남편이 여러분 같을까 봐 참 겁이 납니다. 더 이상 제게 결혼 생활의 현실을 알려주지 마세요. 전혀 궁금하지 않아요!

캐주얼 데이라고 쓰고
복장 감시 데이라고 읽는다

세상에는 참 많고 많은 기념일이 있다. 한때 회사에도 이런 비슷한 종류의 기념일 붐이 불던 시기가 있었다. 이름하여 캐주얼 데이! 대기업 H 사를 선두로, 온갖 회사들이 일주일에 하루 편한 복장이 허용되는 날을 지정하기 시작했다. 다른 층 사람들 말에 따르면 우리 회사는 매주 금요일이 캐주얼 데이라고 했다.

어느 금요일 아침, 때마침 실장님이 해외 출장을 떠나서 자리에 없으시니 회사 사람들 마음이 평소보다 조금씩은 넓어져 있지 않을까 생각하며 눈을 떴다. 일어나 보니 바지랑 블라우스가 죄다 덜 말라 있었고, 그렇다고 입던 거 또 입기는 싫어서 슬쩍 주말에만 입는 청바지를 꺼내 입었다. 눈치를 살피며 조용히 출근했는데 웬걸? 반나절 동안 내 복장에 대해 지적하는 사람이 아무도 없었다. '이제 금요일에는 편하게 입어도 되겠구나' 속으로 생각하며 매우 흡족해하고 있었다. 그런데 오후가 돼서야 내가 김칫국을 사발째 들이켜고 있었다는 걸 깨달았다. 이 차장님은 홍 팀장님과 함께 나갔던 미팅을 끝마치고 들어오자마자 오전부터 마음속에 꾹꾹 담아두었던 말을 폭포수처럼 꺼내놓기 시작했다.

"김 사원, 팀장님이 너 오늘 미팅 데리고 나가려고 했는데 복장이 청바지여서 못 데리고 나갔다고 하시더라. 청바지 입으면 안 돼."

"아, 팀장님이 뭐라고 하셨어요?"

"응. 다시는 청바지 입지 마!"

하……. 홍 팀장님, 정말 청바지 때문에 절 미팅에 안 데리고 나갔다고요? 이 말을 제가 믿어야 되나요? 솔직히 말해서 이 차장님 지금 복장보다 제 청바지가 더 깔끔해 보이는걸요. 셔츠에 힐까지 갖춰 신었는데, 이게 미팅에 부적합하다고요? 제 눈에는 이 차장님 빨간 넥타이랑 홍 팀장님 항아리 원피스가 더 최악인데……. 특히 빨간 넥타이, 사놓고 한 번도 안 빤 것 같아 보여요. 뭐, 그래요……. 백번 양보해서 그렇다고 쳐요. 그동안의 암묵적인 관습도 있고 하니 제 청바지가 아직은 팀장님께 많이 거슬릴 수 있죠. 그런데 남자들한테 사계절 내내 재킷이랑 긴팔 셔츠 요구하는 건 좀 아니지 않나? 칼 정장으로 직장인의 품위를 지키라는 건가? 저는 그런 의도 잘 모르겠고, 그냥 일주일에 하루는 편하게 입고 싶습니다. 정장 바지 그냥 회사에 챙겨두고 다니면 되잖아요. 솔직히 비즈니스 정장, 하나같이 비싸고 불편하고 주말마다 다림질하는 건 더더욱 최악이고! 비즈니스맨의 품위 유지, 저는 그거 그만하고 싶습니다만. 다 같이 동참하면 참 살기 편하고 좋을 텐데 말이죠.

힘든 일 있으면 말해봐

　입사 직후 3개월간, 누군가가 선배들에게 '신입 사원들이 불편해하는 점 있으면 찾아서 보고하라'는 미션을 내린 듯하다. 혼자 앉아 있을 때면 선배들은 내 입장을 생각해주는 척하며 곁에서 슬쩍 묻는다.

　"회사 생활 하면서 뭐 힘든 점 없어? 힘든 거 있으면 한번 말해봐."

　제발, 진짜 궁금해서 묻는 질문이면 좋겠다. 회사라는 곳은 참 이상하다. 내가 무슨 말 한마디만 하면 다음 날 부서 전체가 내가 한 말을 알고 있다. 일명 '프락치'가 곳곳에 심어져 있는 게 분명하다. 이런 질문을 받을 때마다 나는 그냥 대충 그날의 분위기를 살펴서 대답의 방향을 정한다.

- **진지한 분위기** : "아……. 다들 너무 잘 해주시는데, 아직 누가 누군지 잘 모르겠어요. 저번에 엘리베이터에서 인사 안 한다고 혼났는데, 저는 정말 그분이 누군지 몰랐거든요."
- **가벼운 분위기** : "에이, 없어요. 다들 잘 챙겨주세요. 정말 아무 문제도 없는데요."

둘 다 새빨간 거짓말이다, 이 자식들아. 나날이 숨이 막혀 죽을 지경이다. 주변 사람들에게 그다지 관심 없는 내가 사람을 이토록 미워할 수 있는 인간이었나 싶을 정도다. 아니, 이 사람들은 무슨 단세포도 아니고, 이런 분위기에서 힘든 점 없느냐고 대놓고 물어보면 도대체 누가 '이것 때문에 너무 힘들어요' 하고 직접적으로 말할 수 있다는 걸까. 나더러 대놓고 고자질하라는 거야?

한번은 옥상에서 옆 팀 대리님이 비슷한 질문을 또 던지시길래 비꼬듯 넋두리를 한 적이 있었다. "뭐, 어차피 바뀌지도 않을 텐데요." 그랬더니 "응, 안 바뀌어. 바꾸려고 하면 너만 힘들다" 하는 대답이 돌아왔다. 역시나였다. 말해서 해결될 일이 없다면 일말의 기대도 하지 않기로 결심했다.

한 회사의 조직 문화가 바뀐다는 건 생각보다 더 오랜 시간과 많은 투자가 필요하다. 조직이 변화해가는 긴 시간 동안 나 같은 마루타 수십 명의 희생 또한 막을 수 없다. 사실 인정하기 싫지만 이 모든 상황이 내 능력이 부족한 탓이라는 걸 알고 있다. 모두가 일하기 좋다고 하는 회사를 내 맘대로 골라서 갈 수 없었으니까. 취업하려면 일단 면접에 붙어야 했고 그래서 재빨리 회사가, 회사의 사람들이 원하는 모습에 날 끼워 맞춰버린 탓도 있다. 체질에 맞지도 않는 조직 문화에 하루 종일 억지로 날 끼워 맞추고 있으니, 마음이 편하지 않은 건 너무 당연한 일이다.

책상 정리 평가?!

　실장님이 일을 하다가 시간이 좀 남으셨는지 신입 사원 세 명을 네모난 탁자 앞으로 불러 앉혔다. 갑자기 한 사람씩 돌아가면서 구두로 한 줄짜리 인사평가를 내려주신다.

　"최 사원, 너는 일을 아주 잘할지는 잘 모르겠는데 어찌 됐든 오래는 다닐 것 같아. 이 사원은 아주 잘하고 있어. 이대로만 계속하면 돼. 김 사원, 너는 잘 모르겠어. 네 생각에 너는 어떨 거 같니?"

　"저요? 잘 모르겠는데요."

　"그래, 너도 너를 잘 모르겠는데 난들 너를 알겠니. 그런데 김 사원, 회피하면 안 돼. 부딪쳐야 돼."

　"네."

다음에는 난데없이 '책상 정리 능력' 평가로 넘어갔다.

"내가 오늘 아침에 와서 너희 책상 위를 싹 훑어봤어. 대충 보니까 최 사원은 100점. 김 사원은 그거보다는 좀 부족해. 점수로 하면 80점. 마지막으로 이 사원은 70점이야. 책상 정리는 좀 더 해야겠더라."

"네."

살아생전 내 책상 정리 능력을 점수로 평가받게 될 일이 있을 줄은 몰랐다. 마치 책상 정리 능력을 보면 내 회사 생활 전반을 예측할 수 있다고 착각하는 듯하다. 내 생활 태도에 대한 평가와 추측을 난데없이 마주할 때면 답답하다는 생각이 절로 든다. 실장님이 순전히 자신만의 기준으로 날 평가했듯 나도 순전히 내 기준에서 실장님을 평가해보건대, 실장님은 현재 일하는 회사가 곧 자신의 인생 전부라고 생각하는 삶을 사는 게 분명하다. 또한 신입 사원인 내 삶의 방향도 자신과 같아야 한다고 생각하는 듯싶다.

미안하지만 나는 되도록 이 회사와 내 인생이 독립사건 같은 관계이기를 원한다. 이 회사가 내 인생의 전부가 되는 불행한 순간을 도저히 마주할 수가 없다. 회사 내에서 내 의지대로 할 수 있는 게 도대체 얼마나 된단 말인가. 기껏해야 하루에 몇 층 화장실을 몇 번 이용할 것인가, 혹은 카페에서 어떤 음료를 주문할 것인가처럼 겨우 한두 가지 자유의지밖에 없지 않은가. 심지어 이조차도 카페에 혼자 내려와 앉아 있으면 "왜 너 혼자야?" 하고 이상한 듯 반응하는 사람이 대부분이다. 오늘부터 이제 나는 책상 위에 물건조차 마음대로 놓을 수가 없게 됐다.

내 의지대로 할 수 있는 게 조금도 없는데 내 인생을 맡기라는 건 그냥 인생 걸고 베팅 한번 하라는 거잖아. 아, 직장에 도무지 확신이 서지 않는다.

취미는 내가 정해줄게

처음 만난 사람들이 서로 알아가기 시작할 때 많이 묻는 질문이 있다. "취미가 뭐예요?" 때로는 면접 질문이 되기도 하고 상대의 성향을 파악하는 척도가 되기도 한다. 그런데 사실 사람들이 이력서에 적어놓은 취미 대부분은 직무와 관련된 것처럼 꾸며놓은 가짜 취미일 것이다. 나 역시 이력서에 적어 넣은 내 취미는 가짜였다. B2B 영업 직무에 지원하다 보니, 왠지 운동으로 스트레스를 풀어야만 할 것 같은 나만의 강박관념이 있었다. 그래서 이력서에는 1년에 한 번 탈까 말까 한 자전거 타기, 5년에 한 번 칠까 말까 한 배드민턴, 겨우 한 달 하다가 때려치운 필라테스, 요가 등등 가짜 취미를 두루두루 넣었다. 입사 후에는 더더욱 이력서대로 살고 싶지 않았다. 그게 더 현실감 있는 거라고 생각했다. 그래서 누군가 내게 취미를 물으면 솔직하게 있는 그대로 대답하고 다녔다.

"김 사원, 너는 취미가 뭐야? 운동 같은 거 하는 거 있어?"

"저는 운동을 별로 안 좋아합니다. 평소에 출퇴근할 때 한두 정거장 정도 일찍 내려서 걷는 게 다예요."

"스트레스는 어떻게 풀어?"

"그냥 자는데요."

"김 사원, 사내 골프 동아리가 있어. 너도 이제 쳐야지. 취미로 골프 배워. 배워서 동아리 같이 하면 되겠다."

"골프 동아리요? 사내에 그런 동아리가 있었어요?"

"응, 너 골프 쳐야 돼. 이제 곧 필요할 테니까 미리 배워두면 좋잖아."

"아, 제가 골프가 필요해요?"

"응, 배워두면 좋잖아. 사내 동아리 들어. 실장님이 지금 골프 안 치는 사람들 다 강제적으로 치게 하라고 지시하셨어."

"열심히 연습하면 내가 김 사원 머리 올려줄게."

아, 직장 상사와의 골프를 취미로 하라니요. 스트레스가 풀릴 것 같지 않은데요. 실장님이 저희들 강제적으로 골프 치게 하라고 하셨다고요? 팀장님, 이 세상에 남이 시켜서 하는 취미가 어디 있어요? 만약 부하 직원에게 취미가 꼭 필요하다고 생각되신다면, 지금부터 저 스스로 열심히 발로 뛰어 취미를 찾아보겠습니다. 그리고 골프 치는 게 그렇게 필요하면 회사에서 교육비로 힘 좀 써보시지 그러셨어요. 제 월급이 지금 얼마라고 골프를 칩니까? 부모님 지원받아서 레저하게 생겼잖아요. 가끔 일 때문에 주말이 증발하는 건 어쩔 수 없다 쳐도 회사 동아리가 제 주말에 개입하는 건 얘기가 다르죠. 제 취미만큼은 직장 상사가 절대 침범할 수도 없고 침범해서는 안 되는 금단의 영역이거든요. 그리고 제가 진짜 이 말까지는 안 하려고 했는데……. 골프 치고 나면 또 친목 도모 운운하며 회식하러 가자고 할 거잖아요. 그냥 같이 술 마시고 놀러 다닐 막내 하나가 필요해서 치게 하려는 거면서. 정말 안 봐도 비디오다!

해외 워크숍

회사 밖에서 먹는 점심 메뉴 중에 가장 좋아하는 음식 하나를 꼽으라면 가끔 사 먹는 갈낙탕이다. 갈낙탕 한 그릇을 뚝딱 먹고 나면 왠지 내 몸이 건강해지고 겨울 추위도 별 탈 없이 잘 이겨 낼 수 있을 것 같은 생각이 든다. 그런데 막상 갈비 한 대를 뼈째로 한참 뜯다 보면 금세 변덕스러운 마음이 든다. 뜨거운 국물을 가득 넣어 배가 불러오는 느낌은 언제 느껴도 유쾌하지 않다. 넉넉히 편하게 입던 바지가 한순간에 숨쉬기 힘들 정도로 딱 맞을 때, 척추가 비틀어지는 것 같은 갑갑함을 느낀다. 회사에서 말이 나온 해외 워크숍은 딱 갈낙탕을 양껏 먹은 것 같은 갑갑함을 주었다. 추운 겨울, 오랜만에 팀원들과 갈낙탕을 한 그릇씩 먹고 있었는데 팀장님이 내게 갑작스러운 질문 하나를 하셨다.

"김 사원, 워크숍 해외로 가고 싶지? 해외로 나가면 너무 좋을 거 같지 않아?"

"저는 국내도 좋은데요."

"그래? 왜?"

"음, 저희 어차피 워크숍 가는 건데 국내인지 해외인지가 크게 차이가 있을까요?"

의미심장하게 개기고 싶은 마음을 담아 해외 워크숍에 반대표를 하나 투척했다. 입사 전에는 막연하게 해외 워크숍을 보내주는 회사는 다 좋은 회사로 보였다. 회사 인심이 얼마나 넉넉하면 직원 전부에게 해외여행을 보내줄까. 나도 그런 여유 있는 회사를 다니면 참 좋을 것 같다고 생각했다. 그런데 막상 이분들과 비행기 안에서 보낼 시간들을 상상하니 가기 전부터 가슴에 돌덩이를 얹은 듯한 갑갑함이 밀려온다. 엄마랑 가도 예민하게 되는 해외여행을 내가 이분들과 함께 가야 하다니, 청천벽력 같다. 심지어 해외로 가면 밤에 잠까지 같이 자야 한다는 건데, 국내면 하루라지만 해외면 도대체 며칠을 같이 자야 하는 걸까. 어차피 또 술만 마실 워크숍이라면 그냥 당일치기가 딱이다.

그러다 문득 얼마 전에 들었던 남동생의 2박 3일 예비군 훈련 소식이 생각났다. '유레카! 회사가 군대보다 나은 이유를 오늘 또 겨우 하나 찾았네.' 군대는 싫은 사람들이랑 하루 종일 같이 있는 것도 모자라서 잠까지 같이 자야 한다. 내가 군대 가서 이 사람들과 부대 생활을 했다면 탈영병 예약이다. 그나마 회사는 퇴근하고 나면 잠은 집에서 따로 잘 수 있으니까 감사해야 할 일이다. 이렇게 감사하고 소박한 마음으로 며칠을 보내고 난 뒤, 다행히 해외 워크숍은 윗분들의 반대로 무산됐다는 소식이 들려왔다.

그날 실장님이 말했다. "내가 우리 실 사람들 해외 워크숍 지원해달라고 했어. 우리한테 그 정도 지원을 못 해주느냐고. 이번에는 좀 어렵게 됐는데 다음번에는 해외로 나갈 수 있을 거야, 김 사원."

괜찮아요, 실장님. 여행은 역시 어디를 가는지보다 누구랑 가는지가 참 중요한 것 같아요. 저희가 왜 해외 워크숍을 가나요? 외국 술이 더 맛있어서 가는 것도 아니고! 차라리 한국에 남아 소주를 마시겠습니다!

너 〈미생〉 봤어?

신입 사원 연수원 퇴소 전날, 각 팀의 팀장님들을 처음 만나 뵙고 인사드리는 자리가 있었다. 면접 이후, 5명이 처음으로 연수원 탁자 위에 마주 앉으니 마땅한 대화 주제도 없고 가벼운 농담도 금세 소진됐다. 인사팀에서도 이걸 우려했는지, 입사 이후 자신의 직무 로드맵을 팀장님들과 함께 이야기해보라는 미션을 줬다. 그중에서 가장 기억에 남는 질문 두 가지가 있다.

"회사 내에서 이루고 싶은 단기 목표가 무엇인가?"
"회사 내에서 이루고 싶은 장기 목표가 무엇인가?"

음, 지금 다시 생각해봐도 질문 참 후지다. 솔직히 질문에 대한 있는 그대로의 내 생각은 이렇다.

팀장님, 회사 내 목표 그런 건 아직 저도 잘 모르겠어요. 일단 취업이라는 급한 불은 껐으니 돈 벌고 일하면서 제가 뭘 잘하고 좋아하는지 찾아볼 생각이에요. 지금 회사에서 하는 일이 제 적성에 맞으면 더할 나위 없이 행운이겠지만, 일단 하루하루 별 탈 없이 잘 지내면 좋겠습니다. 시키는 일은 대충 하지 않고 열심히 할게요. 회사에서 월급 받으니까요. 저도 하고 싶은 게 명확하지 않은 제가 참 싫고, 인생 잘못 살고 있는 것 같아 많이 우울하지만 주입식 교육을 받은 저로서는 현재 이게 최선인 것 같습니다.

날것 그대로의 내 진심을 입 밖으로 토해내는 순간, 우리 홍 팀장님의 반응은 보나마나 뻔했을 것이다. "뭐 저런 이상한 애가 들어왔어? 요즘 애들은 왜 저 모양이야? 지금 신입 사원이 할 소리야? 뽑아줬으면 감사하다고 하고 다녀야지. 나 애 안 받을래"라고.

내 진심을 마음 깊숙한 곳에 넣어두고 4차 면접 보듯이 신입 사원다운 진부한 답변을 내드렸다. 이야기가 마무리될 무렵 적극적인 의지를 표현해보고자 준비된 멘트 하나를 던졌다. "저는 입사 전에 뭘 더 준비하면 좋을까요?" 이때 옆 팀 팀장님의 예상치 못한 현실 조언이 돌아왔다.

"너 〈미생〉 봤어? 그거 내 인생 드라마야. 입사 전에 꼭 한 번씩 돌려 보고 와."

"아, 정말요? 제가 드라마를 별로 안 좋아해서 아직 못 봤는데요. 오늘 가서 보겠습니다."

미처 몰랐다. 내 인생이 〈미생〉의 주인공들과 똑같아지리라고는……. 불합리한 드라마 상황과 현실이 닮아 있으면 참 못됐다고 생각하는 게 정상이지, 그게 받아들여야 하는 현실인가? '너도 〈미생〉의 인물들처럼 그런 일 좀 당해도 감수해라'는 건 좀 아니지 않나? 마 부장이 안영이 얼굴에 A4용지 집어던져서 상처 내고 손가락으로 이마 밀치는 거, 현실에 있으면 누가 봐도 바로 권고사직 내리고 내보내는 게 마땅하잖아. 그런데 안영이가 참고 버티는 것이 잘하는 일처럼 미디어에서 비추는 게 참 기분이 더럽더라. 인권이 침해당했으면 합당한 조치를 취해달라고 주장하는 게 내가 그동안 학교에서 배운 상식 아니었어? 아, 여긴 회사구나.

머리 쓰다듬지 마

자료 보고, 모니터 보고, 키보드 치고……. 공장 컨베이어벨트 부품이라도 된 듯 같은 동작을 계속 반복한다. 3개월째 틈날 때마다 데이터 노가다 중이다. A4용지로 가득 찬 박스가 4개째를 넘어서면서부터는 그냥 나더러 퇴사하라는 뜻인가 싶었다. 문 과장님이 옆에서 "이 데이터 작업이 다음 일의 토대가 되는 중요한 일이야" 하며 괜히 조미료를 치는데, 선배들이 귀찮아하는 일을 내가 대신하고 있다는 것쯤은 시작할 때부터 알고 있었다. 자리에서 단순 작업을 하다 보면, 이 차장님이 가끔 와서 "잘 돼가?"라며 내 머리를 쓰다듬고 간다. 이 행동, 선배들이 미룬 일보다 내 심기를 자주 건드린다.

이 차장님의 입장에서 생각해보면, 머리 쓰다듬는 행동이 분명 나쁜 의도로 한 건 아니었을 것이다. 기껏해야 내가 귀엽다거나 기특하다 정도의 의미였을 것이다. 어쩌면 그냥 무의식적인 행동이라 기억조차 안 날 수도 있다.

그러나 내 입장에서 생각해보면, 머리 쓰다듬는 행동이 썩 불쾌하다. 나도 엄연한 성인인데 지금 이 차장님은 날 어린아이로 착각하시는 것 같다. 더 과격하게 표현하면 내가 자기네 집 강아지인 줄 오해하는 것 같다. 결론적으로 이 차장님보다 하등한 생명체로 취급받는 기분이다.

이 차장님은 날 귀엽게 여길 만한 자격이 있는 사람이 아니다. 날 조카뻘이라고 여겨서 한 행동이라고 이해해보려 해도 우리 집안에서는 삼촌도 내 머리를 아무렇게나 쓰다듬지 않는다. 심지어 남자 친구조차도 내 머리를 귀엽다고 막 쓰다듬지 않는다. 이 차장님이 날 기특하게 여겼다면 그 표현은 아주 심플하게 "수고해" 혹은 "수고했어"라는 말 한마디로도 충분하다.

상사들이 내 행동 하나하나의 잘잘못을 따지듯이, 나도 과하다고 느끼는 상사들의 행동을 하나하나 지적하고 싶다. 식당에서 붙어 앉을 때 다리를 부딪치는 행동, 굳이 내 팔을 툭툭 쳐가면서 부르는 행동, 내 특정 신체 부위를 순간순간 바라보는 시선, 내 뒤에서 모니터를 가리킬 때 과도하게 가까워지는 신체 거리 등 나만 느끼는 거라 표현하기 애매한 자질구레한 불편함들…….

아무 일 아닌 것처럼 넘기니까 자꾸 선을 넘는데, 이렇게 나만 계속 참고 있는 게 과연 맞는 걸까 싶다. 하나하나 표현해서 생각의 간극을 좁혀나가자니 내가 회사 생활을 더 이상 하지 못할 것 같다는 생각이 든다. 오늘은 일단 눈을 3초간 응시하는 것으로 불쾌한 표현을 대신했다. 물론 눈치 없는 이 차장님이 내 표현을 알아차렸을 리 없다. 나는 그냥 어처구니가 없다. 불필요한 신체 접촉은 아예 안 하는 게 누가 봐도 백퍼센트 맞지 않은가.

나는 회사 안에서 너희랑 스킨십으로 친근감을 표현하고 싶은 생각 따위가 눈곱만큼도 없다.

• 곱씹을수록 기분 더러운데, 당시에는 내 기분이 왜 구린지 설명할 수 없었다

낯선 곳에서 만난 낯선 사람들은 내게 참 쉽게 질문을 던졌다. 낯설고 어색한 우리 사이를 지극히 개인적이고 무례한 질문들로 좁힐 수 있다고 착각하는 것 같았다. 처음 보는 어색한 사이일수록 '할 말과 못 할 말'을 구분해야 한다는 사실이 왠지 신입 사원인 나에게만 적용되는 느낌이었다. 하루 종일 무례한 질문에 의례적인 답변을 거듭하며 나를 방어하느라 바빴다.

나도 사실 누구보다 잘할 수 있었다. 이분들이 하는 그 지극히 개인적이고 무례한 질문들…….

'부장님, 연봉이 얼마예요? 저 여기서 10년 일하면 강남에 집 한 채 살 수 있나요?'

'상무님, 책상 정리 점수 60점이에요. 얼리어답터가 아닌데 얼리어답터처럼 보이고 싶어서 이것저것 전시해놓은 느낌이에요. 그리고 아내분께서 약국 하세요? 책상 면적의 40%가 건강기능식품이네요.'

'팀장님은 여우 같아요. 그런데 여우 짓 하는 게 제 눈에도 티가 확 나는 거 보니까 그다지 고수는 아닌가 봐요.'

입가에 맴돌기만 할 뿐 입 밖으로는 차마 꺼내지 못한 말들이 한가득이었다. 나만 당하고 있는 이 불합리한 현실이 그렇게 억울할 수가 없었다. 분명 불편한 말들이었는데 불편하다는 표현조차 제때 제대로 하지 못하는 상황이 생각할수록 억울했다. 결국 얼마 지나지 않아 나와 상사들 사이에는 높디높은 마음의 벽이 생겼다. 왠지 대화를 하면 할수록 무방비 상태에서 공격당하는 느낌이었다.

'이분은 무슨 생각으로 내게 이런 말을 하는 거지?' 말속에 숨은 의도를 찾으며 상사의 속내를 곱씹느라 바빴다. 아픈 줄도 모르고 하루 종일 정신없이 뛰어다니다가 뒤늦게 집으로 돌아와 몸에서 푸른색 멍 자국을 발견한 느낌이었다. 아픈 자국이 있기는 한데 막상 또 어떻게 아픈 줄은 모르겠는 이상한 기분이었다. 이분들은 내가 무심코 던진 말에 이렇게나 멍들어 있었다는 걸 알긴 했을까. 옛말에 무심코 던진 돌멩이에 개구리가 맞아 죽었다던데, 내 신세가 딱 그 개구리 신세와 다를 바 없어 보였다.

Chapter 2

반복되는 무례함에 '예민함 안테나'가 세워지는 상태

너 인사 안 해?

회사에 들어가게 되자 주변 어른들이 내게 사회생활 팁을 하나씩 전수해주셨다. 그중에서도 공통된 의견 하나는 바로 '인사를 잘해라'였다. 그런데 막상 사회생활을 처음 시작하니 하루에도 몇 번씩 마주치는 사람들한테 인사를 계속 하는 건 좀 애매하다. 그리고 회사 안이니까 이 사람이 선배겠구나 짐작하지, 밖에서 보면 누가 누구인지 모르는 경우가 훨씬 많았다.

입사하고 어느 날, 본사 직영 오픈 매장에 신입 사원들이 다 같이 견학을 가게 되었다. 오픈 준비 때문에 다들 편한 복장을 하고 모였다. 매장 직원들 사이사이에 회사 사람들이 있는 것 같긴 한데 정확히 누가 있는지는 알아차릴 수 없었다. 입사한 지 고작 한 달째였으니까.

동기들과 함께 새 매장을 둘러보고 있었는데, 갑자기 여자 한 분이 안 그래도 큰 눈을 더 크게 뜨며 내 앞에 다가왔다. 이를 악물고 째려보며 "너, 인사 안 하니?" 한마디를 쏘아붙였다. 물론 반사적으로 0.5초 만에 "아, 안녕하십니까!" 하고 해맑게 웃으며 인사해드렸다. 옆에 있던 박 사원에게 잘 대처했다며 칭찬받은 날이었다.

솔직히 고백하건대, 순간 정말 오싹했다. 마치 화장실에서 마주친 '일진 언니' 같았다. 신입 사원들 다 같이 있었는데 왜 나한테만 저러시나, 내가 가장 만만해 보였나……. 마주칠 때마다 저러면 어쩌지……. 한동안 겁먹어서 여기저기 인사를 열심히 하고 다녔다. 그리고 몇 달 뒤, 그 마케팅팀 팀장님은 회사를 떠났다.

나는 이런 상황이 진심으로 궁금해질 때가 있다. 만약 내가 그 선배라면, 후배가 날 몰라보고 인사를 안 했다고 해서 그렇게까지 화가 날까? 인사 받고 싶으면 그냥 내가 먼저 알은척하면 되는 일이다. "아, 너희가 이번에 들어온 신입 사원들이구나" 하고 먼저 알은척하면 인사 안 할 후배가 몇 명이나 될까. 기존에 회사를 다니던 선배들은 신입 사원 몇 명만 새로 입력하면 끝이지만, 신입 사원들은 회사에 있는 사람 전체를 새로 입력해야 한다. 그럼 당연히 자주 마주쳐 기억에 남는 사람 몇 명 외에는 그냥 지나치게 되는 거다. 후배가 자길 알아주길 원한다면 자기가 기억에 남는 선배가 되면 그만이다.

인사 한 번 못하고 지나친 일로 '이번 신입, 나한테 인사 안 하더라. 인사 잘하라고 교육 좀 해' 이렇게 말하는 선배들, 어느 집단에나 꼭 한 명씩은 있다던데. 도대체 이분들은 뭐 하자는 인간들이야? 대접받고 싶어서 안달 난 거야? 아주 공주님, 왕자님 납셨네!

일하기 싫으세요?

아침에 출근해서 컴퓨터를 켰는데 그날따라 메일 수십 통이 밀려 있었다. 그날 받은 메일 중에 내가 미처 확인하지 못한 메일이 있었던 모양이다. 내 실수에 한 선배의 화가 머리 꼭대기까지 찼는지, 출근한 지 30분 만에 메신저로 연락이 왔다.

'김 사원, 일하기 싫으세요?'

아니, 살아생전에 이런 말을 텍스트로 보게 될 줄은 몰랐다. 말로 들어도 기분이 나쁜데 텍스트로 보니까 정말 일하기가 싫어졌다. 어쩜 내 마음을 이렇게 귀신같이 잘 알고 있는지 격한 감정에 욕이 턱밑까지 차올랐다. 도대체 이 분노를 어찌할 바를 몰라 혼자 숨만 헐떡이다가 결국 수화기를 들었다.

"저기요, 이 메신저 의미가 뭐예요? 일하기 싫은 거냐고요? 메신저를 이렇게 보내면 제가 당연히 일하기 싫어지죠. 메일 못 본 건 죄송한데요, 일부러 안 읽은 거 아니에요. 그렇게 급한 거면 전화 한 통을 넣지 그러셨어요?"

"그래서 잘했다는 거예요?"

"아니요, 늦게 봐서 미안하다고 했잖아요. 그래도 말이 너무 심하신 거 아니에요? 그리고 보내신 메일도 저한테 부탁하시는 내용이잖아요."

"부탁이 아니라 요청이죠. 메일 확인 좀 잘 해주세요."

"……(아 C)."

고작 8개월 먼저 들어온 이분도 선배라며 아주 막말을 해댄다. 양 이사님이 옆에서 내 말을 듣고 계셨는지, 통화가 끝나자마자 물으셨다. "왜? 뭔데 그래?" 그래서 불쌍한 눈빛으로 메신저를 살짝 보여드렸다. 확인하시더니 그쪽 팀으로 올라가셨다.

선배님, 제가 좀 미안하게 됐어요. 일부러 고자질하려고 한 건 아닌데 어쩌다 보니 이렇게 됐네요. 어때요? 일하기 겁나 싫어지죠? 우리 나이도 동갑인데 앞으로 격의 없이 친하게 지내요. 아, 그리고 선배가 상사들한테만 잘하는 거, 다른 사람들도 이미 다 알고 있더라고요.

그 이후로 그녀에게서 더 이상 메일이나 전화가 오지 않았고 난생처음으로 옆에 있던 상사가 든든해 보인 날이었다. '고작' 8개월 선배인 이분을 보며 조직에 최적화된 인물이 아닐까 생각했다. 권위를 인정하고 권위에 누구보다 잘 순응하는 만큼 자기가 가진 작은 힘도 휘두르고 싶어서 안달 난 사람.

선배, 상사들이 아주 좋아하시겠네요. 선배의 직장 생활을 진심으로 응원합니다.

그냥 혼자 갈게요

팀에 신입 사원이 들어온다는 건 선배들에게 설레는 일이었 나 보다. 한동안 여기저기 다른 팀에 가서 인사하기 바빴고 다들 내게 내부 영업이 뭔지 제대로 알려주고 싶어 하시는 것 같았다. 그래서인지 갑작스러운 소규모 회식 자리가 참 잦았다. 나로서 는 예고 없이 갑자기 불려가는 회식 자리가 달가울 리 없었다.

며칠 내내 이름, 나이, 사는 곳, 학교 등 나의 신상 정보를 낯 선 분들에게 오픈했다. 예의상 묻는다는 건 알지만 어느 순간부 터 사람들의 관심이 참으로 지긋지긋했다. 그래도 1차까지는 날 소개한 선배들의 체면도 있으니까 예의로 자리를 지켰다. 밤 11 시쯤 그제야 옮긴 2차의 화두는 '너 우리한테 여자 대접 기대하 지 마라. 너 뽑아준 나한테 고맙게 생각해야 돼' 이런 거지 같은 말들이었다. 들려오는 말을 한 마디씩 주워 담다 보니 내 인내심은 금세 바닥을 보였고 집에 가고 싶은 욕구가 한층 더 짙어졌다. 결국 3시간 만에 머뭇거리다가 입을 열었다.

"저 이만 먼저 집에 들어가 보겠습니다."

전혀 기대하지도 않았던 선배들의 매너 타임이 시작됐다.

"왜? 늦었으니까 더 있다가 이 차장한테 집까지 태워다 달라 그래. 혼자 가면 위험해."

"괜찮아요. 그냥 택시 타고 혼자 가겠습니다. 먼저 일어나 보겠습니다."

"그러면 남자 친구한테 데리러 오라고 그래. 혼자는 위험해서 못 보내. 남자 친구 오면 그때 확인받고 일어나."

"아니요, 괜찮아요. 그냥 지금 일어나 보겠습니다."

"안 돼."

"부장님, 저는 이런 게 여자 대접이라고 생각합니다. 그냥 혼자 알아서 집에 잘 들어가겠습니다. 내일 뵙겠습니다."

순식간에 분위기가 험악해지긴 했지만 내일 일은 내일에 맡기기로 하고 인사하자마자 바로 뛰쳐나왔다. 늦어서 위험하니까 집에 데려다주겠다니……. 솔직히 말하면 내 눈에는 이 사람들이 훨씬 더 위험해 보인다. 이전부터 계속 집에 데려다주는 게 기본 매너인 듯이 자기 멋대로 호의를 베풀어놓고, 나더러 알아서 고마워하라는 태도들이 상당히 거슬린다. 그냥 집 근처에 세워달라고 해도 굳이 집 앞까지 데려다주는 이 차장의 모습은 무례해 보이기까지 한다. 집에 잘 들어갔으면 잘 들어갔다고 문자 한 통 보내라는 부장님의 지시도 따라주기가 영 불편하다.

이보세요, 나는 늘 만취 상태가 아니었고 밤길이 걱정됐으면 애초에 예고 없이 불러서 늦게까지 술을 먹이지 않으면 될 일입니다. 여자 대접을 기대한 적 없는데, 오히려 당신들이 내게 남자 대접을 기대하는 게 아닐까 싶네요. 직장 상사가 우리 집 위치를 정확히 안다는 거 자체가 굉장히 껄끄럽고요, 내키지 않는 호의더라도 받으면 마땅히 고마워해야 한다는 논리도 싫습니다. 다음에는 남자 친구가 벌써 회사 근처에 와 있다고 거짓말하는 게 더 좋은 방법 같네요.

두 손가락

　사수였던 문 과장님과 함께 외근을 나가게 된 날이었다. 대리점 근처에서 직원들과 간단하게 식사를 마치고 회의를 위해 돌아오는 길, 직장인 대부분이 그렇듯 그들도 카페 앞에서 담배 한 대씩을 입에 물었다.

　어색한 무리 속에서 조금씩 그들의 이야기에 귀를 기울이며 스며들려던 순간, 나의 마음속 평화가 순식간에 깨졌다. 문 과장님은 내게 "커피"라는 짧은 단어를 무심하게 내뱉었다. 짧고 통통한 검지와 중지 사이에 법인카드 한 장을 끼워서. 내 시선은 그의 두 손가락에 머물렀고 순간 성난 마음의 소리가 들려왔다.

　너 말이 좀 짧다. 너는 손가락이 두 개밖에 없냐? 나머지 손가

하지만 아쉽게도 문 과장님은 내 남동생이 아니다. 혹여나 내가 정색이라도 하면 반응이 뻔하다. "여직원들은 예민해서 커피 심부름 하나에도 삐쳐가지고 도저히 같이 일을 못 하겠어" 하며 맞받아칠 게 훤히 보인다. 예상되는 시나리오에 도로 입을 다물었다. 일평생 마주치는 편의점 아르바이트생한테도 카드를 이렇게 건네지는 않을 텐데, 하루 이틀 빼놓고 매일 보는 나를, 이분은 도대체 어떻게 생각하고 있는 걸까? 인도의 카스트 제도를 빌리자면 나는 문 과장님한테 수드라 정도 되려나? 커피를 사서 돌아가는 길 내가 느낀 분노를 어떻게든 그에게 표현하고 싶었는데 내가 할 수 있는 행동은 카드를 똑같이 두 손가락에 끼워서 건네는 일밖에 없었다. '덕분에 카드 겁나 잘 썼다' 하는 표정도 어렴풋이 얹어서…….

문 과장님의 기분이 나만큼 팍 상해야 하는데 표정이 너무나도 평온하다. 반항해도 반항인 줄 모르는 상황이라니, 이를 어쩌면 좋단 말인가. 다음 생에는 부디 문 과장님처럼 둔한 생명체로 태어나야겠다고 다짐했다. 오늘도 이렇게 가해자 없는 피해자가 되어버렸다.

홍일점

처음 팀에 배정받고 인사하는 날, 팀장이 여자라는 사실에 왠지 모를 안도감이 들었다. 남자만 득실거릴 것 같던 이곳에 여자 팀장이라니. 존재 자체만으로도 존경심이 차올랐다. 남자들의 세계에서 유일하게 생존한 여자 팀장에게는 무언가 특별한 게 있을지도 모른다고 기대했다. 하지만 기대가 크면 실망도 크다고 했던가. 내가 기대한 리더십 따위는 조금도 찾아볼 수 없었다.

상사의 힘에 기대고, 팀원들의 힘에 기대고……. 정말 18년 차 직장인이 맞는지 싶었다.

왜 팀장님은 한 번도 자기 의견을 피력하는 법이 없어요? 싫은 소리도 다른 사람 힘을 빌려야 할 수 있잖아요. 자기 목소리를 내지 않는 거, 저는 그 행동의 의미가 뭔지 알아요. 팀장님은 책임지고 싶지가 않은 거죠. 마음이 여린 게 항상 문제라고 말하지만 사실 악역같은 건 조금도 맡고 싶지가 않은 거잖아요.

처음에는 나도 이런 팀장님에게 측은지심이 가장 먼저 들었다. 남자들이 짜놓은 판에서 살아남기 위해 터득한 그녀만의 처세술일 거라고 이해하려 노력했다. 여성 직장인들을 타깃으로 나온 자기계발서에서 꼭 나오는 말이 있으니까. '자신의 여성성을 한껏 이용하라. 좋게 해석하면 특유의 부드러움과 유연함으로 직원들로부터 원하는 것을 얻어내라'는 말이다. 그런데 점차 팀장님의 무능력함을 마주할수록 그녀가 이 말뜻을 잘못 해석하고 있는 게 아닐까 의문이 들었다. 동시에 그 여성성이라는 말에 반발심까지 일기 시작했다. 왜 여자 상사는 꼭 여성성을 이용해야 하는 거지? 남자 상사한테는 결코 남성성을 이용하라는 말을 하지 않는다. 그리고 특유의 부드러움과 유연함, 이거 여자 상사가 아니라 모든 상사한테 필요한 덕목 아닌가. 여성성이라는 개소리 하는 자기계발서들 모두 다 불태워버릴 필요가 있다.

팀장님. 왜 그 높은 곳에서 여자 망신은 혼자 다 시키고 있는 거예요? 팀장님이 그렇게 살아남아서 사람들도 저한테 같은 모습을 기대하잖아요. 차라리 직전 직장 팀장님은 소리 지르고 육두문자 남발해도 일은 잘했고 배울 점도 있었는데…….적어도 제가 밖에서 깨지고 들어오면 같이 싸워주는 의리 정도는 있었다고요. 저는 팀장님한테 도대체 뭘 배워야 하는 거죠? 지금 휘두르는 그 여성성을 배워야 하는 건가요?

미안해요, 팀장님. 그럼 저는 배울 게 없네요. 한눈에 보기에도 제가 가진 여성성이 더 강력한 것 같아요. 지금 팀장님이 휘두르는 그 여성성은 젊을수록 더 강력한 거 알죠? 솔직히 말해봐요. 사실 팀장님 불안하잖아요. 18년 차가 돼서 팀장을 달긴 달았는데, 자신에게 그에 맞는 역량이 있는지 팀장님도 확신이 없잖아요.

나 때는 말이야

정말 궁금한 게 하나 있다. 왜 항상 선배들의 과거는 지금보다 훨씬 힘들었을까? 과거보다 현재가 조금씩 나아지고 있다는 건 그나마 내게 희망적인 소식인가.

오늘도 이 부장님을 따라 우리 팀은 옥상으로 향했다. 나는 옥상이 참 좋다. 회사에서 가장 좋은 장소를 꼽으라면 망설이지 않고 천장 뚫린 옥상이라고 말하겠다. 햇살까지 따사롭게 비치니 회사 생활이 조금 해볼 만한 것 같다는 생각마저 든다. 딱히 할 말이 생각나지 않아서 그냥 넌지시 먼저 말을 꺼냈다.

"오늘 날씨가 참 좋은 것 같아요."

그런데 대화가 예상치 못한 방향으로 흘러가 버렸다.

"응, 날씨 좋네. 너 들어오기 전까지 우리 옥상 올라오면 한숨만 쉬었는데."

"김 사원이 복덩이지. 너는 진짜 상황이 좋을 때 들어온 거야. 감사한 줄 알아. 너 들어오기 전까지 우리 정말 죽을 맛이었어. 이 부장님 힘들어가지고 그때 정신병 얻었잖아. 공황장애."

그놈의 "라떼는 말이야~"라니. 내가 복덩이라는 말은 그냥 귀담아들으라고 쏜 신호탄이었다. 나는 상황 좋을 때 들어왔으니까 엄살 부리지 말고 감사하게 다니라는 뜻 같은데? 그래요, 제가 우리 선배들 고생한 거 인정하지. 그 고초를 다 견뎌냈다니 제 마음이 다 찡하네요. 그런데 문제는 제가 지금 좋은 상황인 걸 전혀 못 느끼고 있다는 거예요. 입사한 지 얼마 되지도 않았는데 벌써부터 정신병이 생길 노릇이에요. 화나는 거 삭일 때마다 식은땀 나고 숨도 잘 안 쉬어지는 게 아무래도 화병이나 공황장애 초기 증상 같아요.

그런데 내가 더 소름 돋는 건, 우리 팀에 사원 한 명이 더 들어왔을 때다. 나랑 걔랑 들어온 지 얼마 안 된 건 똑같은데, 같이 피자 먹다가 "그래도 너는 나 있잖아. 우리 팀에 신입 나 하나였을 때 진짜 살벌했다. 내가 그동안 회사 생활을 망나니처럼 했어서 너는 대충 해도 다 좋아하실 거야" 이러고 있다는 거.

어허, 상사가 말씀하는데!

　　대리점 직원들로부터 작은 선물을 하나씩 받았다. 차량 방향제를 하나씩 나누어주셨는데, 아직 차가 없는 나에게는 따로 핸드크림을 챙겨주셨다. 순간 옆에 계시던 이 차장님 눈에는 내 핸드크림이 훨씬 좋아 보였나 보다. 내가 포장지를 다 뜯기도 전에 한마디 하신다.

　　"김 사원, 나랑 바꾸자. 남자 친구한테 차량 방향제 선물해주면 좋잖아."

　　"네?"

　　"야, 상사가 바꾸자고 하면 그냥 '네' 하고 바꾸는 거야."

　　"네에?"

사실 핸드크림 하나 없다고 당장 내 삶에 지장이 생기는 건 아니다. 있어도 그만, 없어도 그만인 물건이다. 그리고 한때 '화장품 수집 병'에 걸렸던 터라 집에 차고 넘치는 게 핸드크림이었다. 그런데 내 의사와 상관없이 바꿔주는 게 당연한 것처럼 말하는 이 차장님의 태도가 내 심기를 건드렸다. 바꾸는 게 어떠냐는 제안도 아니고 '바꾸자고 하면 바꾸는 거야'라니. 강제로 요구하는 그의 태도가 상당히 불쾌했다. 지금 생각해보면 나도 참 유치하긴 했지만 끝까지 바꿔주지 않을 작정이었다. 그래서 단호박처럼 거절했다.

"싫어요. 남자 친구 차가 뭐 제 차도 아니고, 이 핸드크림은 제 거잖아요."

이날, 나와 이 차장님의 모습은 흡사 초등학교 교실에 같이 붙어 앉은 짝꿍의 모습을 연상케 했다. 초등학생이 짝꿍한테 "네 물건 맘에 든다. 그러니까 내 거랑 바꾸자" 하면서 삥 뜯는 거랑 뭐가 다르단 말인가. 거의 동네 양아치 수준이다. 더 나아가 모든 사람들이 자신과 같은 사고방식으로 살아야 한다고 강요하는 진정한 꼰대다.

"나는 상사한테 매번 예의 바르니, 김 사원도 내가 하는 것만큼 상사한테 항상 예의를 갖춰야 해. 내 입장에서는, 상사가 원한다면 핸드크림 하나 정도 바꿔주는 건 너무나 당연한 일이야. 그게 부하 직원의 도리야."

글쎄? 이 차장님, 모든 상사가 차량 방향제랑 핸드크림 바꿔 달라고 부하 직원에게 당연한 듯 요구하진 않을걸요? 다른 상사였다면 애초에 바꾸자고 하지도 않았거나, 제안을 하지 않았을까 싶네요. "나 핸드크림 필요한데, 안 바꿀래?" 네가 이렇게만 말했어도 아마 나는 너한테 핸드크림 그냥 줬을 거야. 내 방에 넘치는 게 화장품이고 핸드크림이다, 이 자식아!

사회생활은 액션이야

회사는 상사가 아무 생각 없이 던지는 말 한마디가 곧 업무 지시가 되는 이상한 곳이다. 술자리에서 가볍게 흘린 상사의 가르침도 다음 날이면 반드시 실천해야 하는 필수 과제가 되어 있었다.

어느 날, 기업영업팀이 둘러앉은 회식 테이블에서였다. 상무님 가라사대, "B2B 영업처럼 직업적으로 사람 만나는 일이 많은 사람일수록 대화 소재가 많아야 해. 신문은 물론이고 책, 드라마, 영화 등 아는 게 많아야 좋지. 사무실 입구에 일간지 놓아두잖아. 틈날 때마다 누구든 가져다 읽어." 나는 그 멋진 말에 수긍했고 아침에 출근하면 녹색 포털 사이트 기사라도 열심히 읽어야겠다고 마음먹었다. 나뿐만 아니라 아마 그 자리에 있던 모든 사람들이 수긍할 수밖에 없었을 것이다.

아니나 다를까 다음 날 장 과장님이 내 옆에 와서 말한다.

"김 사원, 신문 구독할 거지? 얼른 신청해. 지금 인터넷 뉴스볼 때가 아니야. 어떤 신문을 읽는지가 중요한 게 아니라, 신문을 책상 위에 펼쳐놓고 읽는다는 게 중요한 거야. 사회생활은 액션이야!"

나도 종이 신문을 읽는 게 좋다는 말에는 동의한다. 충분히 열심히 읽을 의향도 있었다. 신입 사원이라 딱히 하는 일도 없어서 어떤 날은 신문 보는 게 내 하루 일과의 전부이기도 했으니까. 그렇다고 상무님한테 일부러 보여주려고 책상 위에 신문을 펼쳐놓고 있으라니! 정말 이럴 때마다 부끄러움이 밀려와서 차라리 내가 아무것도 모르는 바보였으면 좋겠다. 아니, 애완동물로 다시 태어나는 편이 더 낫겠다 싶다. "꼬리 흔들어봐. 꼬리 흔들면 간식 줄게" 이러면 간식 먹고 싶어서 바로 꼬리를 흔드는 애완동물이 되는 편이 훨씬 내 정신건강에 이로울 일이다.

한편으로는 장 과장님의 깔끔한 뇌 구조가 미친 듯이 부러웠다. 상사의 칭찬이 듣고 싶어서 필사적으로 액션을 취하고 뿌듯함을 느낀다는 게 얼마나 심플한 삶의 방식인가! 장 과장님을 보고 있으면 아직도 내게는 갖다 버려야 할 쓸데없는 감정들이 많아 보인다. 도대체 장 과장님처럼 살려면 나는 얼마나 더 많이 내려놓아야 하는 걸까?

사람들은 대체적으로 나이가 들면서 불필요하다고 여기는 감정들을 재빨리 제거해버리는 모양이다. 나이가 들수록 가까운 사람들에게 아픈 말로 상처 내고도 죄책감이나 연민의 감정을 느끼지 못하는 게 이 때문은 아닐까. 감정이 남아 있지를 않으니 남에게 아픈 말로 상처주기가 훨씬 더 쉬워질 수밖에. 감정도 지능이라던데……. 상사들도 그 사실을 꼭 알아야 할 텐데 말이야!

직급 따라가는 경조사

옆 팀 과장님이 결혼하신다고 내게 청첩장을 하나 건네주셨다. 나는 사람들이 당연히 축하 인사를 건네고 축의금을 따로 걷거나 시간 되는 사람들은 직접 결혼식에 참석하기도 하겠다는 단순한 생각을 했다. 그런데 상황이 전혀 예상치 못한 방향으로 전개됐다. 방금 청첩장을 돌린 사람 손을 부끄럽게 만드는 말들이 아무렇지도 않게 쏟아졌다.

"내가 왜 쟤 결혼식 축의금을 내냐?"

"내가 쟤 결혼식을 왜 가?"

"돈을 뭐하러 걷어? 축의금 내지 마. 결혼을 왜 하니?"

옆에서 다 들었을 텐데도 무시하려 애쓰는 과장님의 굳은 얼굴이 눈에 들어왔다. 물론 같은 팀이 아니니까 결혼식에 반드시 참석할 필요는 없다고 생각했을 수도 있겠지만, 그렇다고 굳이 당사자를 옆에 두고 마음 할퀴는 말을 던질 필요가 있었을까. 그리고 문득 '만약 실장님 딸의 결혼식이었다면 이분들은 어떻게 반응했을까?' 하고 궁금해졌다. 아마 결혼식 며칠 전부터 팀원들과 머리를 맞대고 어떤 결혼 선물이 좋을지 회의하고 있을 분들이다. 화환은 물론이고 자신들이 몸소 결혼식 들러리가 되겠다고 자처하며, 영업실 전 직원이 만사 제쳐두고 결혼식장으로 달려갔을 것이다.

대체로 여기 있는 사람들은 자신에게 딱히 도움 될 것 같지 않은 상대에게는 호의를 베풀지 않는다. 자신보다 강하고 더 많이 가진 사람에게만 마땅한 도리인 듯 호의를 베푼다. 또한 아랫사람이 자신을 위해 무언가 하는 것은 윗사람인 자신을 위해 당연히 치러야 하는 대가로 치부한다. 직장 내 인간관계는 비즈니스 그 이상도, 그 이하도 아니다. 그러니 회사의 누군가가 선뜻 친절과 호의를 베풀면 한 번쯤 의심해야 한다. 이 세상에 대가 없는 호의는 없으니까.

언제고 자신의 편의에 따라 날 이용할 사람들이 도처에 널려 있다. 이곳에서 나만 인간적인 사람이 되는 건 내 무덤을 내 손으로 파는 것과 별반 다르지 않다. 이 사람들이 하루아침에 내게서 등을 돌려버려도 이상한 일이 아니니 기대하지 않고 곁을 내주지 않는 게 날 지키는 가장 안전한 방법일지도 모르겠다. 사람들이 너무 가깝게 다가서지 않도록 모든 순간 선을 긋는 연습이 내게 가장 필요한 일인지도.

멘탈리스트 납셨네

40~50대 정도의 어른이 되면 사람을 파악하는 자신만의 확고한 기준 같은 게 생긴다고 한다. 아니나 다를까 입사와 동시에 상사들은 자신만의 기준으로 '김 사원이 어떤 사람인지' 파악하느라 하나같이 분주하게 움직였다. 그리고 내 첫인상을 보고 '넌 이럴 것 같다'라며 추측하는 말들을 쉽게 내뱉었다.

"너는 밀당을 아주 잘할 것 같아."

"너는 주관이 강해 보여. 고집이 센 것 같아. 유연성을 좀 더 길러봐."

"너는 중간이 없어. 아주 잘하거나 그냥 아주 빨리 나갈 것 같아."

죄다 미드 〈멘탈리스트〉에 나오는 사이먼으로 빙의했다. 나

같은 부류의 사람을 자신들은 너무나도 잘 알고 있다는 듯 자기 멋대로 평가하고 아무 말이나 배설했다. 아직 잘 알지 못하는 상대에 대한 평가를 공개적으로 내놓는 언행이 얼마나 위험한 행동인지 전혀 모르다니. 말 한마디가 한 사람을 얼마나 고정된 틀 안에 꽁꽁 가둬둘 수 있는지 한 번도 헤아려보지 않은 듯싶었다. 연애를 단 한 번이라도 해본 사람이라면 이게 얼마나 사람 사이를 쉽게 갈라놓을 수 있는지 알 텐데……. 상사들은 모두 모태솔로로 버금가는 연애고자가 아닐까.

예전에 잠깐 만났던 남자 친구는 만날 때마다 내게 "넌 밀당을 아주 잘하는 것 같아"라고 말했다. 처음에는 답답한 마음에 내가 어떤 사람인지 설명하느라 바빴는데, 만날 때마다 반복되는 이 말을 듣다 보니 '이 친구는 내가 하는 말을 모두 밀당으로 생각하는구나' 하는 결론에 도달했다. 내 말을 있는 그대로 받아들이지 못하는 그와의 연애가 점차 피로해졌다. 감정 소모가 극에 달한 어느 날, 바로 이별행 열차를 탔다. '내 표현이 부족한 건 너에 대한 마음이 딱 그 정도라서 그런 거야, 도대체 나더러 어쩌라는 거야? 그럼 네가 더 연애에 능숙하지 그랬니'라며 마구 쏘아대고 싶었지만 입을 다물었다.

상사가 내게 고집이 세 보인다고 말한 순간부터 그 사람에게는 내 모든 행동이 다 고집스럽게 보였을 것이다. 모든 말과 행동에 자기만의 해석을 갖다 붙이는 사람과 마주하는 건 상당히 피곤한 일이다. 이미 나에게 자신만의 프레임을 씌워놓은 상사의 마음을 바꾸려 노력할 필요가 있을까. 차라리 내 선에서 '저 상사는 오만한 사람이야. 보자마자 내가 어떤 사람인지 자기가 어떻게 안대? 자기가 신이야? 자기는 친구랑 있을 때, 애인이랑 있을 때, 직장 동료랑 있을 때 365일 성격이 똑같대?' 그와 똑같이 나만의 프레임을 씌워버리고 거리를 두는 게 직장생활 유지에 훨씬 편리할 것 같았다.

막내라는 이름

회사에서 맞이하는 첫 공식 행사가 끝난 뒤, 갑자기 대표님이 "여기서 제일 막내가 누구야?"라고 물으셨다. 사실 정확히 따지면 내가 제일 막내였다. 그런데 내 옆에 누군가가 다른 동기를 손으로 가리키면서 자연스럽게 막내 자리가 다른 사람에게로 넘어갔다. 처음에는 내가 진짜 막내라고 밝혀야 되나 고민했지만, 굳이 막내라는 이유로 주목받고 싶지 않아서 조용히 앉아 있었다. 이날 이후, 내 서열을 제대로 밝히지 않은 걸 정말 잘한 선택이라고 느낄 때가 한두 번이 아니었다.

회식, 행사, 회의가 있을 때마다 사람들은 막내부터 찾는다.

"여기서 막내가 누구야? 네가 먼저 건배사 좀 해봐."

"여기서 막내가 누구야? 네가 앞에서 분위기 좀 띄워봐."

"여기서 막내가 누구야? 네가 워크숍 프로그램 좀 짜봐."

회사에서는 막내라서 해야 하는 일들이 넘쳐난다. 막내니까 당연히 기쁘게 해야 하는 일이라고 분위기를 몰아간다. 얼마 전, 출근길에 알고 지내던 동생을 만났다. "들어간 회사는 어때? 다닐 만해?"라고 근황을 물었는데 예상치 못한 웃픈 대답이 돌아왔다.

"언니, 제가 지금 회사에서 막내거든요. 사람들이 우리 회사 복지 좋은 게 장점이라고 했는데 들어와서 보니까 그 복지가 다 막내가 해야 하는 일이에요. 내가 막내 업무 싫어하는 티를 좀 냈더니 신입이 신입답지 않다면서 윗분들이 엄청 뭐라고 하시더라고요."

막내라……. 우리나라는 이상하게도 원탁에 둘러앉기만 하면 "여기서 제일 막내가 누구야?"라고 질문하는 사람이 한 명 정도는 반드시 있다. 누군가를 '막내'라고 지정하고 나면 그들 사이에 서열이 생겨나고, 새로 규정한 서열에 따라 모두가 말하고 행동한다. 마치 자신에게는 처음부터 막내를 부릴 자격이 있었다는 듯이 행동하는 게 정말 우습기 짝이 없다. 직장 상사들이 '막내 직원 길들이기'에 혈안이 돼 있는 것도 솔직히 같잖다. 상사가 신입 사원을 길들이려 하는 게 눈에 보일 때마다 내 마음은 삐딱해진다.

상사야, 내가 너한테 칭찬받으면 기분 좋을 거 같지? 죄송하다고 말하는 거, 그거 진짜 죄송해서 말하는 것 같아? 왜 회사를 다니면 별로 고맙지도 않은 일에 필요 이상으로 고마워해야 하고, 그다지 큰 실수도 아닌데 필요 이상으로 죄송하다고 말해야 하는 걸까. 또 막상 따지고 보면 일로 트집 잡는 경우는 거의 없다는 게 더 문제가 아닐까? 아, 회사에 일하러 온 거니까 그냥 서로 담백하게 일만 하면 참 좋을 것 같구나.

저번에 알려줬잖아

내 법인카드로 실 회식비를 대신 긁었다. 월말이라 그룹웨어에서 회계 처리를 하려고 보니 회식비 청구는 처음이라 도대체 어찌해야 할지 난감했다. 어쩔 수 없이 뒤에 계신 이 차장님께 다시 물어보았다. "내가 저번에 한번 알려줬잖아!" 날선 반응이 돌아왔다. 한 번 말하면 딱 알아들어야 하는데 바보처럼 왜 그걸 다시 물어보느냐는 느낌이 말속에 들어 있었다. 사람들이 종종 내게 해줬던 말을 다시금 떠올렸다. "누가 너한테 일을 알려주는 건 사실 따지고 보면 당연한 게 아니야. 그러니까 감사하게 생각해야 돼." 아, 그래도 억울한 마음이 좀처럼 가시질 않자, 또 몹쓸 속마음이 야단이다.

'이건 저번에 했던 거랑 다른 건데……..'

'너도 맨날 회계부서에 전화해서 물어보잖아. 전에는 다른 데 가서 묻지 말고 자기한테 먼저 물어보라고 했으면서.'

'그냥 말로만 쓱 알려줬잖아요. 지금 모니터에 보이는 버튼만 몇 개인데요.'

딱 한 번 알려줬으니까 모를 수도 있는 게 더 당연한 거 아닌가? 이건 그냥 상사가 내가 이런 업무는 모를 수도 있다는 걸 모르는 거다. 어떨 때는 너무 간소한 설명, 어떨 때는 너무 넘치는 설명이라서 이제는 질문을 꼭 해야 하는지도 잘 모르겠다. 질문을 안 하면 '넌 일에 관심이 없다. 열정이 없으니 궁금한 게 없지 않느냐' 닦달하고, 질문을 하면 '넌 지금 이걸 몰라서 묻는 거냐? 이런 건 네가 좀 알아서 해라. 지난번에 내가 알려주지 않았느냐'라며 화를 낸다. 도대체 어느 장단에 맞춰야 할까. 그 장단을 내가 맞출 수 있으면 신입 사원이겠냐고 따져 묻고 싶다. 또 5분이면 금방 해결될 만한 일들인데 도대체 대답을 듣기까지 몇 시간을 기다려야 하는 건지…….

사실 이런 잡다한 지식들은 시간이 지나면 저절로 알게 되는 건데 뭐 그렇게 잘난 거라고 비싸게 구는 거야? 상사들은 알게 모르게 나한테서 '넌 모르는 거 난 알고 있다'는 우월감을 느끼고 싶어 한다. 그럴수록 질문하는 게 자존심이 상하고 싫었는데, 생각해보니까 저 상사가 아는 게 당연한 것처럼 내가 모를 수도 있는 게 너무 당연한 거였다. 심지어 알려줘야 할 의무까지 있는 분들이시다.

홋날 문 과장님이 "이런 건 네가 좀 알아서 해"라고 말하던 날이 있었다. 그래서 그냥 재빨리 인정해버렸다. "아, 제가 좀 모자라서요. 그러니까 좀 알려주세요!" 그랬더니 평소보다 더 빨리 알려주시는 게 아닌가! 어차피 알려줄 일이면 그냥 곧바로 알려주면 참 좋겠는데, 내가 액션을 취해야만 피드백 시간이 줄어든다는 현실이 의아스럽다. 역시 여전히 어렵다, 직장.

건망증 상사

양 이사님의 별명은 크게 두 개로 나뉜다. 회사 직원들 사이에서는 '양아치'고, 우리 동기들 사이에서는 '스티븐 스필뽀꾸'로 불린다. 그는 '영업은 곧 예술이며, 모든 상황에는 연출이 필요하다'라는 남다른 철학을 갖고 계신 분이셨다. 덕분에 배울 점이 많긴 했지만 그만큼 남다른 성격 탓에 '스티븐 스필버그+뼈큐' 합성어에 귀여움을 살짝 얹은 '스티븐 스필뽀꾸'로 불리게 되었다. 이 정도면 그냥 귀여운 수준인데 자신만 모르는 큰 지병도 함께 앓고 계셨다. 바로 건망증이다. 고객을 만날 때마다 온 세상을 연출하듯 홀로 진두지휘하다 보니 현실 세계와 많이 혼동하시는 것 같았다.

"천 사원, 고객한테 전화해서 월요일 미팅 잡아라."

"김 사원, 회의실 예약 잡아. 오늘은 회의실에서 미팅할 거니까."

막상 월요일이 돼서 천 사원이 미팅 약속이 오후 2시로 잡혀 있다고 알려주면,

"야, 오늘 나 다른 고객이랑 미팅 있는데 갑자기 일정을 잡으면 어떡해?"

"이사님이 오늘로 잡으라고 하셨는데요."

"몰라. 야, 취소해!"

막상 회의실 예약 잡아놓고 리플릿이랑 음료까지 다 세팅해 놓으면,

"김 사원, 오늘 미팅 근처 카페 가서 할 거야. 그 사람 너무 소심해서 조용하면 부담스러워해. 그러니까 회의실 말고 카페로 가자. 얼른 가서 음료 좀 미리 주문해!"

한두 번도 아니고 매번 갑자기 상황을 뒤틀어버리면 준비한 사람이 얼마나 벙찌겠는가! 양 이사님이 하루에도 수십 번씩 내게 하는 말은 "김 사원, 연출은 손발이 맞아야 하는 거야"다. 하지만 그 연출 시나리오가 이사님 머릿속에만 있으면 나는 어떻게 해야 하는 걸까?

이사님, 저는 다 애드리브로 해결해야 되나요? 그리고 이사님은 왜 맨날 주변 사람 고생시켜놓고 사과를 제대로 안 해요? 자기가 한 말 혼자 잊어버려서 우리만 실컷 고생시켜놓고 맨날 우리한테 자기 머릿속 못 읽었다고 타박만 하죠? 제가 이사님 머릿속이 훤히 보이면 어디 가서 미래 예언하면서 떼돈 벌고 있지, 직장 생활을 왜 합니까! 고객이랑 미팅할 때 쓰는 녹음기, 이사님을 위해 24시간 켜놔야 하는 건지 고민할 때가 한두 번이 아닙니다. 오죽하면 단체 톡방이 난리가 났겠어요. '이사님, 오늘 14시 회의실로 미팅 잡으라고 하셔서 완료해놨습니다!' 이렇게 꼭 텍스트로 증거를 남겨놔야 정신 차려요?

컴퓨터 다룰 줄 모르는 상사

요즘 같은 시대에 컴퓨터 다룰 줄 모르는 상사가 아직도 회사에 살아남아 있다. 그룹웨어랑 메일 정도만 간신히 확인하고 그 외의 작업들은 전혀 할 줄 모르는 상사가 내 직속 상사가 되면 불상사가 생긴다. 상사가 컴퓨터가 대단한 물건이라는 것까지는 잘 알고 있는데, 어떻게 작업되는 건지는 정말 1도 모른다는 것이다. 이 말인즉, 젊은 애들이 손만 몇 번 까딱하면 저절로 그림 한 폭이 완성되는 놀라운 기적을 꿈꾼다는 뜻이다.

"(모니터를 보며) 이거 지도 모양만 남기고, 팀별 담당 지역 확인해서 색깔별로 영역 표시해줘. 금방 하지?"
"지도 뽑은 거 한쪽 벽에 더 크게 붙여놓을 건데, 안에 경쟁사들 다 표시해서 확인할 수 있게 작업 좀 해봐. 그냥 인쇄하면 되잖아."

"이 사진 홍보용으로 쓰면 좋을 거 같아. 근데 뒤에 사람 나왔으니까 자연스럽게 좀 가려봐. 블로그에도 좀 올리고."

"다른 팀은 네이버 카페 개설해서 고객 유치하더라고. 우리 팀도 좀 하자. 카페 얼른 개설해서 네가 좀 꾸며봐."

그냥 버튼 하나 누르면 컴퓨터가 모든 작업을 스스로 끝낸다고 착각하신다. 포토샵도 해야 하고, 노가다도 해야 하고, 인쇄소도 직접 가야 하고, 카페 페이지 관리는 매일 해야 하는 일인데……. 이쯤 되면 내가 지금 어느 부서에서 일하는지 구분도 안된다. 게다가 막상 해놓으면 '사진이 너무 작아서 눈에 안 보인다' '너는 감각이 없냐. 좌우 대칭 좀 맞춰라' 하면서 하루에도 몇 번씩 수정 작업을 반복하게 만드는데, 바라는 것도 많고 나름대로 기준도 더럽게 까다롭다.

그렇게 쉬운 거면 그냥 네가 직접 하세요. 인간적으로 네가 비서가 있는 것도 아니고 컴퓨터는 좀 배워야 하는 거 아니냐? 그리고 요즘 비대칭이 더 감각적이거든!

이런 일이 또 빈정 상하는 게, 막상 일을 어렵게 끝내도 내가 얼마나 고생해서 한 건지 상사는 전혀 모른다는 것이다. 컴퓨터 만으로도 안 되는 게 없는 세상인 건 맞다. 하지만 적어도 컴퓨터가 마법사는 아니라는 건 상사가 알아야 하지 않을까? 디자인이 그렇게 쉽게 뚝딱 되면 디자인팀이 왜 따로 있겠는가?

하, 어르신. 저희한테 감각 없다고만 하지 마시고요, 제발 컴퓨터를 좀 배우세요. 더 나이 드신 저희 부모님도 컴퓨터 활용 능력을 스스로 연마하셨습니다. 이제 '컴맹'이 용서되는 시대가 아니에요. 복지관에 가면 60세 넘은 어르신들도 컴퓨터 배우겠다고 열공하고 계십니다. 컴퓨터를 못 다루시니까 자꾸만 옆에서 대신 처리해드려야 하잖아요. 가끔 사모님한테 이체하는 것도 저한테 시키시던데……. 절 너무 믿으시는 거 아닙니까?

오늘은 네가 사

퇴근 시간을 다른 단어로 바꾸어 말하면 저녁 시간이다. 야근을 하고 회사에서 밥을 두 끼 이상 먹으면 인생이 살짝 고달파지기 시작한다. 때때로 이 고달픔을 온몸으로 즐기는 분도 계시다. 팀장님이 딱 이런 부류의 사람이었다.

오후 6시 30분이 되면 팀장님은 간단하게 저녁 먹고 가자며 팀원들을 백반집 앞으로 불러 모았다. 저녁 메뉴를 하나씩 선택하고 팀장님은 소주 한 병까지 추가로 주문했다. 반주를 걸치는 팀장님과 소리 없는 눈치게임을 하며, 모두들 식사에 열중했다. 얼마 지나지 않아 눈치게임 패배자로 지목당한 동기 한 명이 등장했다.

"천 사원, 오늘은 이거 네가 사는 거야."

"네? 제가 왜요?"

"오늘 내가 좋은 팁을 너무 많이 줬잖아. 그거 절대 공짜 아니다. 수업료 내야지."

문득 어렸을 때 동생이 문방구 앞에서 형들한테 삥 뜯기던 장면이 떠올랐다. "이 게임 어떻게 하는지 알려줄게. 백 원만 줘봐." 언뜻 그럴싸하게 들리는 이 말에 피해자가 되기를 자처하던 동생의 모습을 회사에서도 찾아볼 수 있었다. 아마 백반집에 모인 사람들 대부분은 나와 같은 생각을 했을 것이다. '팀장님이 직접 식당으로 불러 모았으니 최소한 자기 밥은 자기가 사겠지' 하고. 탁자를 둘러싼 모든 사람들이 팀장님 눈치를 보느라 불편한데, 팀장님 혼자 편하게 식사를 하고 밥까지 신입 사원들한테 사라니……. 그날따라 표정이 더 뻔뻔하고 위풍당당해 보였다. 무엇보다 오늘 전수해준 좋은 팁이 당최 뭐였는지 하나도 기억나지 않았다.

"늦둥이 아들이 너무 예뻐 죽겠어. 지금 네 살인데 말도 엄청 잘해."

"나 청담동에 집 마련할 때 엄청 고생했다."

"판교에 새로 오픈한 카페, 거기 반대쪽에 현대백화점이 들어왔어. 그래서 1년 뒤에는 인근 상권이 무조건 살아날 수밖에 없다니까."

자꾸만 묻지 않아도 돈 많다고 자랑한 사람이 백반 1인분에 소주 한 병도 안 사면 어쩌자는 건지. 혹시 '나처럼 돈 많이 벌고 빨리 모으려면 밥값 정도는 남한테 뻔뻔하게 떠넘길 수 있어야 한다'가 오늘의 팁이었던가요? 그리고 우리보다 월급도 많이 받고 법인카드 한도도 훨씬 높으면서 왜 자꾸 외근 나갈 때마다 우리한테 망고주스를 요구하십니까? 최소한 망고주스를 얻어 마셨으면 고맙다는 인사라도 하시든가요! 정말 애들 코 묻은 돈 뺏는 거 아닙니다. 특히 지금 남자 동기들은 개인 차량 급하게 장만하느라 그것만으로도 숨을 못 쉬어요. 제가 생각하는 오늘의 교육 내용은 '혹여나 돈을 많이 벌더라도 팀장님처럼 살지는 말아야 한다'인 것 같습니다. 노블레스 오블리주는 역시 신분 높은 귀족만 하는 거겠죠?

참신한 아이디어 같은 소리 하십니다

입사 직후부터 3개월, 역량 강화라는 목적 아래 각종 신입 사원 팀 과제와 사내 광고 TFT 과제가 주어졌다. 알다시피 이런 종류의 모든 과제와 업무는 죄다 아이디어로 시작해서 아이디어로 끝을 맺는다. 신기하게도 회의를 시작할 때면 현업에 있는 선배들이 내게 앵무새처럼 똑같은 말을 반복한다. 마치 약속이나 한 듯 같은 이유를 들어 참신한 아이디어를 요청한다.

"너는 들어온 지 얼마 안 됐으니까 우리가 생각하지 못한 부분을 생각해낼 수 있을 거야. 원래 조직 안에 있던 사람들은 뇌가 굳어서 새로운 생각을 잘 못해. 네가 우리 팀에서 해야 하는 역할 중 하나는 바로 새로운 시각으로 문제를 해결하는 거야. 너의 참신함과 엉뚱함이 좋은 아이디어가 될 수 있지 않을까?"

처음에는 '개인의 창의성이 존중되는 조직'의 일원이 됐다는 사실에 기뻐하지 않을 수 없었다. 내 아이디어가 팀에 반영되고 높은 과제 점수로 상금까지 받을 때는 자긍심까지 느낄 수 있었다. 문제는 정작 내가 속한 기업영업팀의 회의 문화가 대학생 팀플보다 못한 수준에 머물러 있다는 것이었다. 또한 10년 차를 훌쩍 넘긴 자신들도 해결하지 못하는 문제에서도 내게 의견을 구한다.

기업영업팀 아이디어 회의 패턴은 대충 이렇다.

1. 갑자기 오후 5시 반쯤 부장님이 나를 회의실로 소환한다. 다짜고짜 업무 이야기를 시작하고 회의 시간 내내 부장님 혼자 열심히 말한다.

2. 마케팅팀 대리님은 그냥 무조건 안 된다고 한다.

3. 갑자기 나한테 너는 뭐 좋은 생각 없느냐고, 아무거나 던져보라고 한다. 그래서 꾸역꾸역 아이디어를 몇 가지 내놓으면 내 아이디어가 왜 적용될 수 없는지 하나하나 설명한다.

4. 법적 문제가 화두가 되는 날이면 "김 사원 너 법학과잖아! 이거 어떻게 생각해? 좋은 방법 없어?" 하고 닦달한다.

5. 회의 중간중간 담배 피우러 가는 부장님을 따라 옥상에 올라간다. 제품명과 용어를 이제야 막 익힌 나한테 "너 그러면 안

돼. 너는 왜 네 의견이 없어? 내가 너만 할 때는 막 머리가 반짝
반짝했어"라며 또 한 소리 듣는다.

아니, 부장님. 너는 그렇게 머리가 반짝반짝하셨다면서 왜 영
업실 회의 때는 의견이 하나도 없어요? 자꾸 저작권, 공정거
래법 이런 얘기 나올 때마다 나 소환하는데, 내가 부장님 때
문에 진심 전공을 바꾸고 싶어요. 불법은 네가 해놓고 왜 정
직한 나한테 아이디어를 내라고 협박해요? 그리고 담배 좀
몰아서 피우면 안 돼요? 네가 중간에 담배만 안 피워도 회의
시간 2시간은 줄겠어요. 마지막으로 회의 끝나면 나를 왜 자
꾸 치킨집에 끌고 가는지 이해를 못 하겠네. 최소한 밥 먹을
때는 개도 안 건드린다는데 치킨 먹을 때는 일 얘기 좀 그만
합시다. 이건 치킨에 대한 예의가 아니지.

남자는 다 똑같아

나는 지금까지 회식을 2차까지만 가봤다. 이게 얼마나 다행이었는지 모른다. 간혹 밤늦도록 회식이 길어지는 날이면 상사 2~3명이 무리 지어서 담배 한 대씩을 태우다가 자기들끼리 슬며시 자리를 뜨는 경우가 있다. 당시에는 '어디 가지?' 하고 그냥 넘겼었는데, 다음 날 점심시간이 되면 굳이 내가 알고 싶지 않아도 전날의 히스토리를 듣게 된다.

"어제 술 많이 드셨어요?"

"음, 아니야. 술 많이 먹진 않았어. 나도 어제 가자고 해서 그냥 따라가긴 했는데, 솔직히 난 그냥 그랬어. 술만 비싸고 그다지 예쁘지도 않더라. 인테리어도 생각보다 별로였어."

"회사 바로 출근하셨어요?"

"아니, 나는 집에 갔다 왔지."

하나도 못 들은 척, 안 들리는 척 하긴 했지만 사실 나도 다 들린다. 이럴 때는 쓸데없이 귀가 참 밝아진다. 도대체 이분들은 술만 마시면 왜 더 여자에 환장하는 것일까? 정말 생물학적 본능 탓인가? 어떤 분들은 "그게 남자의 본능이야. 네가 사귀는 남자 친구는 뭐 다를 것 같아? 남자 다 똑같아. 막상 그 자리 가게 되면 싫다고 마다하는 남자는 단 한 명도 없을걸" 하며 내게 이해를 강요했다.

정말 사람이 이렇게까지 뻔뻔해도 되는 건가? 모든 남자가 그렇다니. 지나치게 일반화하지 말고 차라리 "난 너무 궁금해서 호기심에 딱 한 번 가봤어" 이런 해명이 좀 더 인간적이다. 이것도 엄연한 범죄라는 걸 이분들은 왜 전혀 모르는 걸까? 역시 무식하면 용감하다는 옛말이 백번 맞나 보다. 만약 내가 좋은 남자를 단 한 번도 만나본 경험이 없었더라면, 남자라는 생물체를 전부 다 싸잡아서 무시하고 비난할 뻔했다.

'수요가 있으니까 공급이 있는 거다.'
'군대 다녀온 남자들은 다 비슷한 경험이 있다.'
'이런 자리 즐길 줄 알아야 남자다운 거다.'

'네가 사귀는 남자도 너무 믿지 마라. 다시 한번 말하지만 남자 다 똑같다.'

하, 이런 말을 내뱉는 너! 네가 그러니까 남들도 다 그럴 거라고 생각하는 거란다. 정말 매력적인 남자가 굳이 돈 써서 여자 만나는 거 봤니?

점점 더 거슬렸다. '이번 한 번은 실수겠지'라고 생각하며 베푼 이해가 두 번, 세 번 계속해서 반복됐다. 호의가 계속되면 권리인 줄 안다는 말이 이렇게 뼈저리게 와 닿을 수가 없었다. 상사가 내게 저지르는 실수가 거듭될수록 감정이 크게 동요했다. '내가 예민한 걸까? 이분들이 무식하게 무례한 걸까?' 매번 아슬아슬한 경계선 위에 서 있는 기분이었다. 하루에도 수십 번 속으로 외쳤다.

"지금 당신이 내게 하는 행동이 바로 요즘 사람들이 말하는 성희롱이라는 겁니다. 무식하면 용감하다는 말, 들어본 적 있죠? 감히 내 머리를 쓰다듬었어요? 감히 내 외모를 평가했어요? 저는 너희 집 강아지가 아니라 엄연한 인격이 있는 성인이랍니다. 누군가한테는 네 손과 눈빛이 많이 불쾌하답니다."

하나하나 열변을 토하며 가르쳐줘야 말귀를 알아들을까 말까 한 이 무식한 사람들이 하루 종일 나와 함께 일하는 팀원이라니. 정말 절망적이기 그지없었다. 차라리 원펀치를 강하게 맞았으면 아프다고 소리라도 쳤을 텐데, 소심하고 작은 잽을 여러 번 맞다 보니 뒤늦게 아프다고 호소하기도 참 애매한 상황이 됐다. 왠지 이곳에서는 매번 문제를 걸고넘어지는 내가 낯선 외계인 같은 존재로 보였을지도 모른다. 내 마음속 경고 선을 위태롭게 넘나드는 이분들은 직급이라는 방패를 과신하고 있는 게 틀림없었다. 마치 높은 직급을 모든 범죄의 프리패스 티켓인 양 착각하는 것 같았다.

"기분 나쁘다고 아랫사람한테 내키는 대로 화내고 소리 지르면 안 되는 겁니다. 그런 게 다 폭력이에요. 돈 없다고 아랫사람들 삥 뜯고 그러는 것도 다 범죄고 갑질이에요. 쇠고랑 차고 철컹철컹 하고 싶으세요?"

기본적인 예의범절을 하나하나 설명하는 도덕 선생님이 되고 싶지는 않았는데……. 왠지 이분들은 이렇게 하나하나 설명해줘도 이해하지 못할 것 같은 답답한 마음이다. 대화를 하면 할수록 밀려오는 갑갑함에 어느새 나는 또 옥상으로 기어 올라가고 있었다.

Chapter 3

하다 하다 일상과
태도까지 관리당해
어지러운 상태

야근이 꼭 필요해?

　　오늘은 어쩐 일로 회식이 1.5차 정도에서 마무리됐다. 회식 자리로 바로 튀어 오느라 미처 챙기지 못했던 가방을 되찾으러 문 과장님과 함께 나란히 사무실로 복귀했다. 그 순간, 문 과장님 머릿속에 지난날이 떠오른 모양이었다. 회사를 가까스로 밝히고 있는 희미한 로비 불빛을 보며 문 과장님이 한마디 하셨다.

　　"작년까지만 해도 나 회식 끝나면 사무실로 복귀해서 새벽 2시까지 일하고 갔는데."

　　"새벽 2시까지요? 일이 많아서요?"

　　"응. 지금 엄청 좋아진 거야. 다시는 못 하겠다."

　　새벽 2시라……. 피곤했을 것 같다. 그런데 회식 끝나고 회사로 돌아와서 새벽까지 야근하는 이유가 정말 일이 많아서였을까? 솔직히 저녁 먹고 회식하는 데 최소 2~3시간을 쓰는데, 그 시간을 일하는 데 썼으면 아마 문 과장님은 집에 일찍 들어갈 수 있었을 거다. 사실 종종 있는 회식 자리에 사람 하나 빠진다고 해서 큰일 나는 경우는 없다. 그냥 빠지면 안 될 것 같은 분위기가 모든 직원을 회식 장소 안으로 밀어 넣는다. 회사 안 사람들은 일 외의 다른 것들에 불필요한 시간과 에너지를 쏟는 데 이미 너무 익숙해졌다. 목적 없는 술자리, 옥상에서 습관적으로 태우는 담배, 결과 없이 흐지부지 끝나는 회의, 질책만이 목적인 비생산적인 대화들……. 많은 부분에 시간을 허투루 소비한다.

가만히 보면 회사 안 사람들은 공통적인 고질병이 하나 있다. "나는 미움받고 싶지 않아요. 그래서 거절할 용기 같은 건 없어요." 일종의 애정결핍 같은 건가? 직장 상사들은 하나같이 죄다 예스맨이다. 이상하게 누가 봐도 아닌 행동에 모든 사람들이 '좋아요!'를 외친다. 상사에게 미움을 받으면 인생이 극심히 고달파지니까 다들 죽을힘을 다해 참는 걸까? 그냥 모든 사람들이 '싫어요!'를 입에 달고 사는 '돌+아이'가 되면 좋겠다.

팀원들과 불필요한 회식을 할 때마다 이 소모적인 야근의 근본 원인이 무엇인지 깊게 고민해보았다. 내가 내린 결론은 바로 불행하다고 생각하는 가정이다. 부장님, 팀장님, 상무님, 부사장님은 죄다 무슨 집에 가기 싫은 귀신이 온몸에 덕지덕지 붙어 있는 것 같다. 집에 있는 가족들한테 미움받을 용기는 이리도 넘쳐나면서 왜 다들 상사한테 미움받을 용기는 눈곱만큼도 없는 건지 아이러니하다. 가족한테는 밉보여도 먹고사는 데 문제가 되진 않지만, 상사한테는 밉보이면 먹고사는 데 문제가 돼서일까. 도대체 누가 상사한테 미움받으면 먹고살기 힘든 구조를 만들어놨을까?

영업사원은 말이야

삼성역 코엑스에 혼자 앉아 있었는데 어떤 여성이 "신발이 참 예쁘네요. 이런 건 어디서 사요?" 내게 관심을 보이며 말을 걸어 왔다. 맑은 영혼들에게 새로운 종교를 전파하려는 또 다른 맑은 영혼이라는 걸 재빠르게 알아차릴 수 있었다. 때마침 약속 시간까지 3시간이나 남아 있었고 이분들이 사람을 어떻게 홀리는지 궁금하기도 해서 가만히 대답 없이 듣고 있었다. 처음에는 요즘 힘든 일이 없는지 내게 여러 차례 묻다가 나중에는 세상 사는 어려움을 신에 대한 믿음으로 극복할 수 있다며 세뇌하듯 반복해서 말했다.

불현듯 첫 사회생활을 시작할 때 만났던 영업이사가 생각났다. 영업이사랑 둘이 카페에서 고객을 기다리며 미팅 준비를 하고 있던 날, 옆에 앉아 있던 내 손등을 그가 연신 손가락으로 긁어대며 얘기했다.

"김 사원, 영업사원은 말이야. 이런 스킨십이 아무렇지도 않아야 해. 그래야 영업을 잘할 수 있어."

"네? 무슨 말씀을 하시는 거예요? 하지 마세요."

다행히 그사이 고객이 들어오면서 별문제 없이 바로 미팅이 시작됐다. 미팅이 끝나고 복귀하는 차 안에서도 온몸에 긴장 상태가 계속됐다. 그날 이후에도, 한번은 팀원들과 회의하는 자리에서 대놓고 내 손등을 손가락으로 긁어대면서 "영업사원은 말이야~" 자신만의 엉뚱한 직업윤리를 쉴 새 없이 떠들어댔다. '이분은 전생에 모기였나? 왜 자꾸 손가락으로 손등을 긁어대? 피 뽑으려고?' 심한 불쾌감을 느끼는 동시에 이런 상황이 몇 차례 반복되면서 전보다 무뎌져버린 내 모습을 발견하게 됐다.

아, 사람들이 말하는 세뇌 교육이 이런 건가? 사이비 교주한테 세뇌당하는 게 딱 이런 느낌인가 봐. 이 상사 닉네임이 대놓고 쓰레기라서 다행이지, 기질을 전혀 알 수 없는 닉네임이었으면 세뇌당할 뻔했잖아. 영업사원은 이런 스킨십이 아무렇지도 않아야 하다니……. 이런 말도 안 되는 가르침이 직업적 특수성과 도대체 어떤 연관이 있다는 거야! 고객 만나서 손가락으로 긁어대면 그 사람이 내 말 다 들어준대?

내가 일에 조금만 더 열정 있었으면 진짜 큰일 날 뻔했다. 다행히도 이 상사는 얼마 지나지 않아 다른 여자 상사와의 트러블로 회사를 떠나게 되었다.

빅 브라더

첫 회사 동료의 퇴사 사유는 뜻밖에도 회사 적응을 도와준다는 명목하에 만들어놓은 '멘토-멘티 제도'였다. 신입 사원이 회사에 빨리 정 붙이고 다닐 수 있게 도와주려고 만든 제도 탓에 오히려 퇴사 욕구가 치솟는 기이한 현상이 정말 아이러니하다. 입사 직후, 나의 첫 멘토는 이 차장님이었는데 나 역시도 그 때문에 마음속 퇴사 버튼을 꾹 누르고 싶을 때가 한두 번이 아니었다. 이 차장님은 언제나 나긋한 목소리로 날 불러다가 거품 물고 뒷목 잡게 만들었다.

"너, 다른 팀 애들보다 못하면 안 돼. 다른 팀 동기들보다 네가 무조건 제일 잘해야 돼."

"혼자 처져서 앉아 있으면 어떡해? 사람들이 다 너 지켜보잖

아. 신입 사원이 벌써 이렇게 빠져 있을 때야?"

"퇴사 생각해? 아직은 아니야. 퇴사 생각하기에는 너무 이르지 않니?"

"네가 지금 웃으면 어떡해? 우리 팀 공격하는 말은 농담이라도 웃는 거 아니야."

가만히 있는 내 옆에 와서 제멋대로 막말을 투척하는 건 기본이고, 상사들한테 가서 나랑 나눈 대화들 일러바치는 게 일상이었다. 이래도 안 돼, 저래도 안 돼. 슬픈 것도 안 돼, 웃는 것도 안 돼. 그냥 내 존재 자체가 다 안 된다는 분. 도대체 이 감독관은 누가 갖다 붙여놨는지 거슬려서 한 대 치고 싶을 때가 하루 이틀이 아니었다.

그러던 와중에 동료가 퇴사하면서 그 팀 멘토가 저지른 만행을 사석에서 따로 듣게 됐는데, 감독관을 넘어서 거의 교도관 수준이었다. 하루는 그 동료의 삼촌이 돌아가셔서 문상을 가야 했는데 "같이 가면 제 마음이 너무 불편하니 제발 혼자 가게 해주세요" 하며 간곡히 부탁하는 동료를 끝까지 붙잡고 기어코 장례식장에 팀원 전체가 함께 다녀왔다고. 이유가 더 가관이었다.

"너 혼자 보내면 사람들이 우리한테 신입 사원 잘 안 챙긴다고 뭐라고 하잖아. 우리가 같이 가서 부모님께 인사드리면 네 체면도 살고 더 좋잖아. 나도 지방까지 내려가는 거 싫어. 쉬고 싶은데 어쩔 수 없이 가는 거야."

좋은 제도가 있으면 뭘 하나. 이걸 쓰는 사람들의 뇌 구조가 이 모양인걸. 개개인 의식 수준이 바뀌지 않으면 '멘토-멘티 제도'가 '빅 브라더 체제'로 탈바꿈되는 거 그냥 시간문제다.

연휴에 회사 나와야 해?

긴 설날 연휴를 보낸 뒤 오랜만에 팀원들과 다시 보는 날이었다. 테이블 위에 각자 커피 한 잔씩을 앞에 두고 연휴 기간 동안 별다른 일은 없었는지 서로 일상적인 안부를 물었다. 나도 한껏 방심한 채 대화 속으로 조용히 빠져들었다. 내심 제발 '김 사원'이라는 단어를 아무도 꺼내지 않으면 좋겠다고 생각했는데 이 차장님이 기어이 내 이름을 거론했다.

"팀장님, 저는 연휴 때 회사 나와서 일했었는데 박 사원이 여자 친구 데리고 회사 왔더라고요. 여자 친구가 정말 예뻐요."

"오, 박 사원. 여자 친구 데리고 회사 왔었어?"

"네, 근처에서 데이트하다가 회사 견학시켜주려고 데려왔었어요."

"김 사원은 연휴 때 회사 안 왔어?"

"저요? 네, 저는 안 왔었어요."

"김 사원만 안 왔네."

이 차장님이 팀장님께 자기 연휴 기간 동안 회사 나온 거 어 필하려고, 가만히 있던 나를 팔아버렸다. 상식적으로 연휴 기간 인데 내가 왜 회사를 나와야 하는 거지? 연휴는 집에서 쉬라고 있는 건데 그거 이용 못 하는 사람이 바보 아닌가. 이제 하다하다 연휴 때 회사 안 나오는 것까지 불만이라니. 순간 커피 컵을 들고 있던 내 손이 부들부들 떨렸다. 제발 내 마음의 소리가 이 차장님께 닿기를 바랐다.

이 차장님, 제발 말도 안 되는 소리 좀 작작 하세요. 박 사원은 회사에서 집까지 걸어서 10분이에요. 저는 대중교통으로 1시 간 20분 걸리는데 당신 같으면 연휴 기간에 남자 친구 회사 견학시켜주러 오겠어요? 그리고 회식하고 술 취해서 남자 친 구한테 전화를 하도 해대서 이제 저보다 남자 친구가 회사 근 처를 더 잘 알아요. 무엇보다 다른 상사들은 연휴 기간에 회 사 안 나왔는데 왜 나와서 야단이에요? 근무 시간은 똑같이 주어졌는데 일을 못 끝낸 건 너 님밖에 없단 뜻이잖아요. 자기 일 못하는 거 어필한다는 생각은 안 해봤어요?

사실 평소에도 일하는 거 보면 너무 답답해요. 고객사에 선물
보낼 때 '리본을 어떻게 맬까?' 이걸 이틀 동안 고민하셨잖아
요. 고민은 겁나 하는데 역시나 결론을 못 내더라고요. '그냥
리본 없이 보내면 안 돼요? 이게 이렇게까지 고민할 일인가
요?' 마음속으로 수백 번은 외쳤는데 상사라서 참았어요. 그
리고 상반기 프로모션 짜는 것도 문 과장님이랑 똑같이 시작
했는데 지금 문 과장님만 진행하고 있잖아요. 도대체 계획만
몇 개월을 짜고 계시는 거예요? 저는 당신같이 성실성만 내
세우는 상사가 제일 배울 게 없는 것 같아요. 열심히 생각만
하면 뭐해요? 결론을 하나도 못 내는데!

다음 생에는 꼭 한 번만 이 차장님이 내 후임으로 회사에 들
어오면 좋겠다. 말끝마다 "그래서, 결론이 뭐야?" 질문하면서
한 번쯤 괴롭혀주고 싶다.

아, 2월 14일

밸런타인데이 아침, 늦을까 봐 종종걸음으로 출근하고 있는데 남자 친구에게서 전화 한 통이 왔다. '이런 날에는 마음 내키지 않아도 편의점 들러서 꼭 초콜릿 같은 거 사 들고 가는 거야.' 핸드폰 너머로 그가 내게 신신당부한다. 그래서 지하철역 바로 앞에 있는 편의점 한 곳으로 얼른 뛰어 들어가 나눠주기에 부담 없는 초콜릿 몇 개를 집어 들었다. 좀 늦긴 했지만 같은 팀 상사들의 자리에 초콜릿을 하나씩 올려놓았다. 옆 팀 이 사원이 초콜릿을 먼저 돌려놓은 걸 보니, 안 사 왔으면 나의 오늘 하루가 참 힘들 뻔했다는 생각에 괜한 안도감이 들었다.

"김 사원, 고마워. 김 사원 들어오니까 내가 회사에서 초콜릿을 다 받아보네."

시작은 억지로였지만 상사들이 고맙다는 인사를 건네주니 내 마음도 왠지 뿌듯해졌다. 동시에 27년 만에 초콜릿 하나의 위력을 제대로 확인하는 역사적인 순간이기도 했다. 의외로 상사들은 초콜릿 하나에 기뻐하기도 하고 서운해하기도 하는 순수한 영혼의 결정체였다.

화장실에서 만난 이 사원이 먼저 말을 걸었다.

"우리 팀 상사들이 엊그제부터 나한테 오늘이 밸런타인데이라고 누누이 말해주더라. 어떤 초콜릿 줄 거냐고 재차 묻더라고. 미리 설레서 기대하는데 안 줄 수가 있어야지."

오전 11시쯤 회의에 들어가는 전무님이 말한다.

"박 부장, 회장님이 오늘 초콜릿을 하나도 못 받았대. 얼른 밖에 나가서 하나 사 와. 혼자서 못 받으면 서운해하시잖아."

초콜릿 하나가 뭐가 그렇게 대수라고 이렇게들 기대하고 좋아하시는 건지……. 만약 내가 초콜릿을 안 사 갔다면 이분들은 분명 날 하루 종일 가만두지 않았을 것이다. '옆 팀 이 사원은 초콜릿 다 돌렸는데, 너는 뭐 하냐? 역시 너는 신입답지가 않아. 기본자세가 안 됐어.' 귀에 못이 박히게 들었을 것이다.

상사 여러분, 혹시 제가 매일 초콜릿을 선물하면 앞으로 제 회사 생활이 오늘처럼 순탄할 수 있을까요? 아, 가능할지도 모르겠네요. 60세 넘은 회장님도 밸런타인데이에 초콜릿 못 받으면 서운하다고 하시는 걸 보면요……

40명의 CCTV

　영업부서는 매년 대리점 MVP를 뽑는다. 한 해 실적에 따라 차등적인 보상을 제공한다는 건 잔인해 보여도 나름 공정한 경쟁이다. 가짜 실적이 있을지언정 숫자 자체는 거짓말을 하지 않으니까.

　오늘은 바로 그 공적에 대한 합당한 보상이 있는 날이었다. 상사들은 그동안 수고해준 대리점 대표님들에게 고개 숙여 인사했다. 평소에는 갑질을 해댈지 몰라도 실상 이 사람들이 있어야 회사가 먹고살 수 있다는 사실을 누구보다 잘 알고 있다. 가끔 언어폭력을 자신의 일을 책임감 있게 하는 거라고 착각하는 게 문제일 뿐이지……. 그래도 이런 날에는 누구보다 깍듯하게 예의를 갖춘다. 그놈의 숨 막히는 비즈니스 매너가 발동하는 시간이다.

대표님들과 어색한 인사를 나누고 나니 금세 나는 꿔다 놓은 보릿자루 신세가 되었다. 그러다 화장실 한 번 다녀왔을 뿐인데, 갑자기 팀장님이 날 급하게 호출한다.

"너, 코트 주머니에 손 넣고 다니면 안 돼. 여기 보는 눈이 몇 개인지 알아? 영업하는 사람들 안 보는 척해도 이런 거 다 지켜본단 말이야!"

화장실에 가면서 코트 주머니에 손을 넣고 이동하는 나를 누군가가 봤고, 그걸 금세 우리 팀장님한테 일러바친 거였다. 이 정도면 여기서 내 영향력은 거의 연예인 급인 게 분명하다. 연예인들이 왜 공황장애에 걸리는지 간접 체험하는 순간이었다. 30초도 채 안 되는 짧은 거리를 이동하는 순간에도 40명의 직장 상사들은 나를 향해 CCTV를 켜고 있었던 것이다.

내가 가진 코트 주머니들을 오늘 당장 죄다 꿰매놓아야 하나? 순간순간 보이는 내 행동 하나에 잘잘못을 따지는 이 사람들이 직장 동료라니! 한 사람의 기준을 충족시키기도 힘든데 나더러 지금 40명의 기준을 만족시키라는 건가?

40명의 눈으로 날 판단하고 있으니 하루에도 이 사람 저 사람 날 들들 볶지 못해 안달인 게 당연했다. 직장 생활 팁을 한 사람당 한 개씩만 말해도 나한테는 이미 팁이 40개다.

무엇보다 상사들이 지적할 때 쓰는 관용 표현이 내 퇴사 욕구를 더욱 부추긴다.

"김 사원, 다른 팀에서 내 새끼 욕하는 거 나도 듣기 싫어서 그래. 우리도 새로 들어온 신입 사원 정말 애가 괜찮다고 칭찬하는 거 듣고 싶지, 욕하는 거 듣고 싶지 않아."

야! 내가 우리 엄마 새끼지, 왜 네 새끼냐? 너 막 헬리콥터 맘 그런 거야? 헬리콥터 상사라고 해야 되나! 미안한데, 나는 그 과한 애정 거부할게.

열정과 의지라뇨?

　'자소설'을 한 번이라도 써본 취준생이라면 '열정'이라는 단어를 자신만의 언어로 해석해본 경험이 있을 것이다. 입사 전, 내가 해석한 열정의 의미는 꽤나 멋졌고 그 단어를 어렴풋이 동경했다. 입사하고 5개월쯤 지났을까. 나는 직장 상사들이 해석하는 열정의 또 다른 의미와 마주하게 되었다.

　내가 회사 분위기에 조금 익숙해지자, 부장님은 내게 대리점에 가서 '하반기 영업 전략'을 브리핑하고 오라고 지시했다. 문과장님과 함께 차로 이동하는데, 안 그래도 심란한 나에게 자질구레한 훈계를 쉴 틈 없이 늘어놓는다.

　"김 사원, 상무님이 넌 회사에 관심이 없다고 하잖아. 너는 열정이 없는 게 문제야. 신입 사원이 업무 성과 가지고 평가받는 게 얼마나 되겠어? 결국 중요한 건 태도야. 네가 다른 동기들보다 얼마나 뒤처져 있는 줄 알아? 신입 사원이면 이글이글한 열정과 의지가 보여야 될 거 아니야?"

아, 이글이글한 열정이라……. 부장님이 내게 해석해준 직장 내 열정은 바로 태도였다. 그동안 그는 열정 있는 태도를 위해, 오후 6시면 끝낼 수 있는 업무를 밤늦게까지 질질 끌면서 야근하고 있었고, 대리점 미팅에는 기본 30분씩 늦을지언정 목적 없는 회식 자리에는 가장 먼저 가서 세팅하는 정성을 잊지 않았으며, 일하는 것만으로도 정신없어야 하는 회사에서 신입 사원인 나의 입단속, 복장 단속, 표정 단속을 하느라 종일 나만 좇고 있었던 것이다. 상사에게 보여주기 위해 하는 모든 행동들이 부장님이 말하는 직장인의 열정인 모양이었다.

진심으로 묻고 싶다. 1시간 반이나 걸리는 통근 시간을 아침마다 감당하고 매주 월요일 아침 8시 회의에 늦지 않기 위해 전력 질주했던 내 열정은 조금도 보이지 않았니? 내 주량을 훌쩍 넘긴 술을 마시고 아침마다 토하면서도 멀쩡한 척 출근했던 건? 기분 나쁠 만한 말을 애써 문제 삼지 않기 위해 무관심한 척 인내한 내 열정은 정말 조금도 보이지 않았니?

나는 온 힘을 다해 애쓰고 있었는데 열정 운운하는 상사 얘기를 듣고 있자니 더 이상 애쓸 필요가 없는 것 같다. 나는 네가 내게 더 큰 열정을 강요하기 전에 단 한 번이라도 보여주면 좋겠다. 이 일과 이 회사는 내 젊음을 소비할 만한 충분한 가치가 있다고. 그 당연한 가치를 조금이라도 느끼게 해주길 바란다. 널 보고 있으면 도저히 이곳에 머물 이유를 찾을 수가 없거든!

이런 건 얼마나 해?

봄이라서 얇은 체크 패턴의 재킷 하나를 구입했다. 흔한 체크 패턴이 아니라서 입어보자마자 고민 없이 결제한 옷이었다. 새 옷을 입고 출근하니 왠지 모르게 하루 종일 들뜬 기분이었다. 웬일로 별 탈 없는 하루를 잘 보내고 어둑한 저녁을 맞이할 무렵, 나는 회식 장소로 이동하기 위해 최 부장님과 횡단보도를 나란히 걷게 되었다. 그리고 얼마 지나지 않아 예의 없이 날아든 그의 질문에 내 기분은 180도로 반전됐다.

"김 사원, 재킷 새로 샀어요?"

"네, 어제 새로 샀습니다."

"이런 옷은 어디서 사요?"

"백화점에 가서 샀어요."

"얼마 정도 줬는데요?"

"네?"

"이 가방은 명품이에요? 브랜드는 어디 거예요? 비싸 보이는데…… 남자 친구가 사줬어요? 얼마예요?"

"아…….."

보여줘서 좋을 일 없는 내 카드 지출 내역을 낯선 이에게 발랑 까 보이게 된 느낌이었다. 처음 재킷 가격을 물어볼 때만 해도 새로 산 내 옷이 너무 예뻐서 물어보는구나 생각했는데, 막상 가방 가격까지 질문을 받고 나니 그의 숨은 의도가 궁금해졌다. '이분 왜 쓸데없이 내 소지품 가격을 하나씩 물어보시지? 지금 내 씀씀이가 어느 정도인지 파악하려고 물어보신 건가? 지금 내 소지품들로 소비 수준 가늠하셨네?'

왜 저를 순식간에 사치스러운 애로 몰아세우는 거죠? 참 이상하시네. 한쪽에서는 내 옷이 죄다 거무튀튀하다고 하고, 또 한쪽에서는 내가 너무 사치스럽다고 하고…… 도대체 어느 장단에 맞추라는 건지? 주변에 젊은 여자가 너무 없어서 제가 뭐만 사면 마냥 사치스럽게 보이시나 본데, 제 씀씀이가 제 분에 넘쳐흐르는 정도는 아니거든요. 그리고 설사 그렇다 쳐도 그냥 '쟤는 새 옷을 참 좋아하는구나' 속으로 생각하면 되지, 왜 가격을 하나씩 물어보고 그러세요? 심지어 가만히 있는 남자 친구까지 끌어다 붙이는 건 최악이에요.

처음에는 나도 좋은 이미지를 위해 오해를 풀어보려 애썼는데 생각해보니까 역시나 그럴 필요가 없는 것 같았다. 내가 굳이 뭐하러 이런 걸로 최 부장님한테 개념 있어 보이려고 하나……. 오히려 "어머, 저는 밥도 술도 비싼 것밖에 안 먹어요. 옷도, 가방도, 신발도 죄다 비싼 거 좋아해요." 이렇게 말해줘야 함부로 밥 먹고 술 먹자는 얘길 안 할 거 아닌가. 다음에는 그냥 저분이 원하시는 대로 대답해주기로 했다.

"김 사원, 구두 샀네?"

"네, 엄청 비싼 거예요. 저 또 선물 받았잖아요. 음, 이왕 선물 사줄 거면 더 비싼 걸로 사주지."

정치색 강요하는 상사

바야흐로 18대 대선이 있던 때였다. 온 세상이 새로운 대통령은 과연 누가 될 것인지 고대하며 촉각을 세우는 날들이었다. 하루 종일 미디어에서는 대통령 후보자들의 선거 유세와 정치 공약을 요리조리 분석하며 시끄럽게 떠들었고 회사에서도 점심시간만 되면 모든 사람들이 선거 이야기를 하느라 여념이 없었다. 그중에서도 최 부장님은 자신의 정치색을 과감히 드러내며 온몸을 불사르는 열혈투사였다. 정치에 관심 있는 사람, 그 얼마나 지적이고 멋진 사람이던가! 나도 열심히 공부해서 세상을 바로 볼 줄 아는 사람이 되어야겠다고 저절로 다짐하게 만드는 사람의 유형이 아니던가? 그런데 이런 사람이 자신의 정치색을 주변 사람들에게 끊임없이 주입하기 시작하면 얘기가 완전히 달라진다. 주변 사람들을 아주 피곤하게 만드는 사람, 최 부장님은 딱 그런 유형의 사람이었다.

"김 사원, 이 영상 좀 봐요. 이런 사람이 대통령 되면 나라가 큰일 나는 거예요. ○○당이 정권 잡으면 안 돼요."

"아, 네. 나중에 직접 찾아볼게요."

"김 사원, 내가 아는 사람 중에 ○○○ 후보 아는 사람이 있는데 이 사람이 미디어에서 포장을 잘 해줘서 그렇지, 실제로 아는 사람들은 그 사람이 대통령 되면 나라 말아먹는다고 걱정하고 그래요."

"네, 그렇군요."

"이거 링크 보냈어요. 쉴 때 노래만 듣지 말고 이런 것도 좀 보고 그래요. 그래야 투표 제대로 할 거 아니에요."

하, 최 부장님! 왜 자꾸 저한테 정치색 주입하세요? 솔직히 말해도 돼요? 최 부장님, 막 자꾸 대통령 후보들 인격적으로 비난만 하는데 쟤네 공약 어떤 건지 생각은 해보셨어요? ○○당, △△당, ☆☆당 무조건 보수, 진보 나눠가지고 '싸우자!' 이러니까 정치 좀 하신다는 다 큰 어른들이 국회에서 망치 던지고 싸우는 거 아니에요. 제가 정치도 잘 모르고 최 부장님 기준에 한참 못 미치게 무식해서 정말 죄송한데요. 그냥 말로

만 하세요. 막 동영상 링크 같은 거 보내면서 점심시간까지 저 스트레스 주지 마시고요. 그리고 "내 지인이 그 사람 좀 아는데……" 이런 말도 하지 마세요. 우리나라가 원래 좀 그래요. 막 두 다리만 건너면 모든 사람들이 죄다 대통령이랑 사돈의 팔촌 지간이래요. 그리고 그 사람이 어떤 사람인지는 옆에서 10년을 봐도 잘 모를걸요. 원래 사람은 주변 환경이 만드는 거예요. 저 좀 보세요. 저 원래 싸움닭 아니었는데, 최 부장님 옆에 있으니까 싸움닭이 다 됐죠? 아니, 무슨 답정너도 아니고 말이야. 왜 자꾸 자기 생각 주입하고 그게 정답인 것처럼 말해요! 저도 답정너 한번 해볼까요? 제가 또 한번 마음먹으면 자기주장 쩌는데!

수저 세링 게임

상사들과 함께 식당에 가서 한 자리씩 착석하고 나면 그 즉시 시작되는 게임 종목 하나가 있다. 이름하여 수저 세팅 게임. 한두 사람이 몸소 나서서 빈 테이블 위를 소리 없이 야무지게 채워나간다. 한 사람이 냅킨을 깔고 숟가락과 젓가락을 짝 맞춰 세팅하고 다른 한 사람은 컵에 물을 채워 돌리는 이런 상황이 오면 혼자 속으로 생각한다.

'세팅하는 거 내 임무인데! 수저통 어디 있더라?'

'타이밍이 좀 늦었네. 이미 동기가 놓고 있으니 어쩔 수 없다. 놓는 시늉이라도 열심히 해야겠다.'

'명색이 신입 사원인데 서툴러도 사회생활을 열심히 하려고 하는구나 정도의 액션은 해줘야지.'

어느 때보다 분주한 움직임을 보여줘야 하는 순간인데도 불구하고, 나는 좀처럼 먼저 움직이는 재주가 없다. 너무 당연하고 뻔한 배려는 감동이 없다는 나름의 변명을 읊어대며 다른 판로를 모색하기 시작했다. 더도 말도 덜도 말고 나한테 시선 한 번 오게 하거나 잠시 머무르게만 하면 된다고. 사람은 생각지 못한 의외의 제스처에 시선이 가고, 자기 시야 안에 끝까지 머무는 사람을 지켜보게 되기 마련이니까. 지나치진 않지만 나름 신경 쓴 것 같은 제스처를 생각해냈다.

누군가가 찌개를 소분할 때면 소분해주는 사람의 소맷자락을 손으로 잡아주거나, 회식 자리에서 상사가 술잔을 받고 있을 때면 반찬통에 샤워할 것 같은 그의 넥타이를 잠시 잡아주는 정도의 일이다. 한바탕 분식을 시켜 먹어서 주변에 쓰레기가 난무한 상황에서는 떡볶이 그릇을 치우기보다는 그 자리에 계속 남아서 주변 정리를 했다. 나름의 의전을 시전하고 나면, 그래도 개인적으로 할 만큼은 한 것 같다는 만족감이 들었다. 그러면서 누군가 내 행동을 알아봐 주길 바라면서도 숨어 있는 나의 영악한 의도는 들키지 않았으면 하는 이중적인 마음이 들었다. 과연 내가 한 예쁜 짓을 상사들이 제대로 봤을지 주변 분위기를 몰래 살피면서 되뇌었다.

하, 김 사원 이제 아주 약았네. 내가 남 욕할 게 아니다. 가끔 의전을 할 줄 알면서도 안 하는 게 문제인지, 아니면 할 줄 몰라서 못하는 게 더 문제인지 생각하게 되네. 분명한 건 두 방법 모두 사회생활을 평탄하게 하기에는 글러먹은 것 같다는 사실이다. 우리 엄마, 아빠는 내가 밖에서 이렇게나 예쁜 짓 하고 다니는 걸 아실지 모르겠다. 집에서는 말도 잘 안 하는 딸인데 말이다.

사회생활 좀 해봤다는 사람들이 내게 늘 해주는 조언이 있었지. 묵묵하게 일하는 걸로는 부족하다고. 사람들은 얼마나 열심히 일하는지 말로 하고 행동으로 보여줘야 알아준다고. 그래, 말로 해야 알아주는 건 맞는데 그게 참 구차하다. 지금 보니까 나한테 이런 조언해줬던 사람들, 상처받은 사람들일 거다. 열심히 일하는데 사람들이 너무 몰라줘서 상처받은 사람들.

누가 제일 잘생겼어?

분명 여러 사람과 섞여서 밥을 먹고 술도 마셨는데 나만 이방인이 된 것 같은 느낌이 들 때가 있다. 이런 기분이 드는 자리는 온갖 이유를 들어서라도 피하게 된다. 굳이 무리하게 섞여서 상처받겠다고 자처할 필요는 없으니까. 언젠가 나만 신입 사원이고 나만 여자인 회식 자리에 홀로 남겨진 적이 있었다. 한마디로 운수가 좀 나쁜 날이었다.

사람이 많으니까 의자에 올라가서 건배사를 하라는 지시에 1차 멘붕.

문 과장님이 내민 손을 잡고 의자에서 내려왔다고 "네가 여자야? 대접받고 싶어?" 마구 내뱉는 막말에 2차 멘붕.

의자에 앉은 나를 보며 "이 중에서 제일 잘생긴 사람이 누군 거 같아?"라는 꼴 같지도 않은 질문에 3차 멘붕.

"음, 부장님이 제일 잘생기신 거 같습니다."

"여기 이사님도 계시고 상무님도 계시는데도? 사회생활 할 줄 모르네."

순식간에 사회생활 할 줄 모른다고 낙인찍힌 억울함에 4차 멘붕.

여러 감정이 뒤섞여 만감이 교차했고 15분 만에 멘털이 만신 창이가 됐다. 이런 상사들은 생각하는 게 뻔하다. 그 짧은 시간 안에 자신들이 내게 얼마나 수많은 만행을 저질렀는지는 생각 지도 못한 채, 내가 한 작은 잘못들만 눈에 불을 켜고 찾아서 꼬 투리 잡느라 혈안이다. '가는 말이 고와야 오는 말이 곱다'는 세 상 만고의 진리를 터득하지 못한 멍청한 사람들이다. 물론 내가 한 잘못도 있다. 내가 지나치게 솔직했다. 진짜 그나마 제일 잘 생겨 보이는 사람한테 잘생겼다고 해버렸으니 말이다. 나도 가 끔 솔직함이 죄라는 건 인정한다. 솔직함은 날카롭고, 날카로운 건 누군가를 다치게 하니까. 그렇다고 외모로 인정받고 싶을 만 큼 자기관리를 철저하게 하는 타입도 아닌 분들이 내가 한 말에 그리도 기분이 상했을까. 상처받을 것 같은 질문은 애초에 하지

않는 거라는 걸 알려주고 싶었다.

그나저나 참 줏대도 없으십니다. 저한테 여자 대접을 해주고 싶지는 않은데 '잘생긴 남자'로는 인정받고 싶다니요. 삼촌뻘인 분들이 대체 왜 이럴까. 〈나의 아저씨〉 같은 드라마가 이 분들의 뇌 구조를 더럽혀놓은 건지, 아니면 홍상수와 김민희라는 이례적인 케이스를 보며 '역시 나도 가망이 없는 게 아니야. 나이가 들었어도 젊은 애들한테 남자이고 싶어' 하는 헛된 희망을 품은 건지. 아무튼 여러모로 현실 자각이 필요한 것 같네요. 여러분, 현실이 때로는 씁쓸하고 아파도 받아들여야만 해요. 다들 인생 사실 만큼 사신 분들이 도대체 왜 이러시는 거죠?

농담의 자격

거래처와 회식이 있던 날, 실장님이 유난히 취해 보였다. 움직임도 말도 거침이 없는 게, 옆자리에 앉은 내게 이미 많은 실수를 하고도 남은 상황이었다. 회식이 마무리돼가자 실장님을 배웅하느라 사람들이 모두 문 앞에 모였다. 차에 타려던 실장님이 날 보며 뜬금없이 칭찬을 했다.

"애가 참 괜찮아."

"실장님, 오늘 많이 취하신 것 같은데요?"

나는 장난 섞인 진담으로 대답을 대신했다. 이 말을 내뱉고 돌아선 순간 이 차장님은 나를 재빨리 불러 세워 한마디 하셨다.

"야, 너 그런 농담 같은 거 하는 거 아니야."

내가 그렇게까지 망언을 한 건가 순간 억울한 마음이 컸지만 이미 늦을 대로 늦은 시간이었고 집에 빨리 가고 싶은 마음이 더 컸기 때문에 바로 집으로 발길을 돌렸다. 문제는 다음 날, 이 차장님과 외근을 나가는 차 안에서였다. 이 차장님은 차 안에서 어제 내 농담이 왜 잘못됐는지 한 시간이 넘도록 설명해주셨다. 안 그래도 말할 때마다 사족이 많아서 답답한 고구마 같은데, 이 차장님 입에 박스 테이프라도 붙여야 하는 건가 싶을 정도였다.

"김 사원, 너 어제처럼 농담 같은 거 하면 안 돼."

"제 말에 실장님이 기분 나빠하시지 않았잖아요. 평소에도 농담을 좋아하시는 분이고, 실제로도 어제 많이 취하셨는걸요."

"실장님이 아무리 네 농담에 기분 나빠하지 않는다고 해도 너는 그렇게 말하면 안 돼. 다른 사람들은 실장님 어려워서 말 한 마디도 못하고 벌벌 떠는데, 네가 그렇게 농담하면서 실장님이랑 친한 것처럼 굴면 다른 사람들이 기분 나빠하잖아."

그렇다. 농담에도 직급이라는 자격이 있었다. 나의 뇌 구조로는 이 차장님의 설명을 도무지 이해할 수가 없었다. 그래서 다른 부서에 있는 남자 동기한테 이 상황에 대한 의견을 구했다. 남자 동기의 말, "군대네. 군대 있을 때 그랬거든. 그러니까 상사들 있을 때 무조건 말조심해야 돼".

아, 남자들은 이 상황이 쉽게 이해가 되는구나. 군대는 그런 곳이구나. 여자도 군대를 다녀와야 한다는 말이 이래서 나왔던 건가. 그럼에도 나는 왜 군대 문화를 직장에서 마주해야 하는지 의문이 든다. 회사는 항상 유연한 조직이어야 한다고 말하면서 지금이 무슨 전시 상황이라 열 맞춰 총 쏴야 하는 것도 아니고! 남자들도 죄다 군 생활 힘들었다고 욕하잖아. 그렇게 두 번 다시 겪기 싫은 문화였으면 다 같이 사회에서는 경험하지 말자고 애써야 하는 마당에 왜 회사에 군대 문화를 끌고 들어온 거냐고. 아주 그냥 이 회사 누가 좀 미사일로 쐈으면 좋겠다.

치마 입은 날

추운 겨울이 지나고 따뜻한 봄기운이 서서히 느껴지던 날, 겨울 내내 입었던 검은색 정장 바지를 접어두고 푸른빛 스커트를 꺼내 들었다. 오랜만에 스커트를 꺼내 입으니 남들 눈에는 내가 꽤나 신경 쓴 사람처럼 보이는 모양이었다. 아니나 다를까 회사 입구에 발을 들여놓는 순간부터 내가 스커트를 입었다는 사실을 온 직원들이 다 알아봐 준다.

화장실 가다가 눈이 마주치면 "오늘 치마 입었네. 남자 친구랑 어디 좋은 데 가나 봐?"

일층 카페에 내려가도 "치마 입으니까 예쁘다, 김 사원. 종종 입고 다녀."

점심 먹으러 나가면서도 "김 사원 생각보다 말랐네. 구두도 새로 산 건가? 예쁘다."

쌀국수를 먹으면서도 "치마 잘 어울리네. 내 딸은 다리가 나를 닮았어. 나중에 치마를 입을 수 있을지 모르겠어. 여자는 다리만 예뻐도 반 이상은 가는데 말이야."

'이거 칭찬이 맞나?' 어느 순간 가슴이 꽉 조여온다. 오늘 아침에 내가 옷장에서 스커트를 집어 든 순간부터 원치 않는 사람들의 시선과 평가 모두 감당해야 하는 내 몫이었을까? 주변 사람들의 지나친 관심에 금세 타 죽을 것만 같았고 세상 모든 사람들이 내 다리를 응시하는 것만 같은 망상까지 들기 시작했다.

내가 기분이 나쁘다고 하면 들려올 말도 뻔하다. "칭찬인데 왜 그래?" "예쁘게 보이려고 입은 거 아니었어?" "이런 게 싫으면 입지 말아야지." 예민하게 구는 이상한 애로 취급하겠지. 그래, 어쩌면 그들 생각이 맞을지도 모르겠다. 이런 게 싫으면 입지 말았어야지. 회사에 치마 입고 온 내 잘못이다. 그래서 혹시라도 또 누구한테 잘 보이려고 치마 입었다고 오해 살까 봐 다시는 회사에 치마 같은 건 입고 오지 않기로 결심했다.

말끝에 '예쁘다'가 붙었다고 해서 모든 말이 듣기 좋은 칭찬으로 받아들여지지 않는다는 걸 모르시나요? 치마를 입었다는 게 누구나 치마 입은 모습을 평가해도 좋다고 허용한다는 의미는 더더욱 아닙니다. 최소한 너희는 정! 말! 로! 아니에요. 오늘 내가 들은 말 중 일부는 내 기분을 생각해서 한 말이 아니었어요. 그냥 내게 감상평을 쏟아내고 싶었거나 누군가의 변화를 알아채고 칭찬하는 자신의 센스에 감탄하고 싶었거나 둘 중 하나였을 뿐이지.

결혼은 만사형통

30대에 가까워질수록 결혼에 대한 질문이 무차별적으로 들어온다. 26세 때부터 이런 질문을 수도 없이 들어왔다는 게 나조차도 믿기지 않는다. 아주 집요할 정도로 해대는데 이제 일일이 대꾸하는 것도 좀 웃긴 것 같아서, 그때그때 상황 봐서 대충 얼버무린다. 결혼하면 내 인생이 만사형통인 것처럼 질문하는 사람들을 마주할 때마다 머리가 지끈거린다. 조언인지 비난인지 모를 말들과 이상한 질문은 면접장이든 일하는 회사 안이든 장소를 가리지 않는다. 내가 연애 중인지, 연애에서 자유로운 상태인지 상황조차 가리지 않고 질문이 쏟아진다.

면접장에 들어서면 면접관들이 묻는다.

"결혼은 언제 할 생각이에요?"

"결혼해도 계속 일할 생각이에요?"

면접장만 아니었으면 제대로 솔직하게 대답했을 거다.

저야 아직 모르죠. 남자도 일해서 돈 벌어야 결혼하듯이 저도 일하고 돈 벌어야 결혼할 거 아니에요. 그 돈이 언제 모일지 제가 어떻게 알겠어요? 아직 일은 시작조차 안 했는데. 그리고 결혼이 마음먹으면 바로 할 수 있을 만큼 쉬운 거면 이 세상에 미혼인 사람이 왜 이렇게 넘쳐나겠어요? 또 결혼해서 이 일을 계속할지 안 할지도 아직 모르죠. 아직 안 해봤는데, 앞으로 계속할지 안 할지 제가 그걸 어떻게 알겠어요? 제가 계속 일을 하고 싶다고 하면 할 수는 있나요? 진짜 당신들은 왜 나만 가지고 그래요? 결혼이 여자 혼자 하는 건 아니잖아요. 둘이 하는 거지.

회사에서도 마찬가지다. 뜬금없이 상사가 와서 묻는다.

"애인은 있어? 사귄 지는 얼마나 됐어?"

"애인 직업은 뭐야? 돈은 잘 버니? 오래 사귀었으면 같이 돈 모아서 언제쯤 결혼하자는 계획 같은 거 있을 거 아니야?"

"시간 금방 간다. 여자는 좀 다르거든. 너도 이제 곧……."

상사가 나보다 어른만 아니었으면 이렇게 대답했을 거다.

야, 내 결혼 계획을 왜 너한테 말해줘야 되냐? 말 앞에 "너 생각해서 하는 말인데……" 이런 말 붙이면 비난이 아니라 조언 같아 보여? 너 곧 마흔인데도 결혼할 준비 안 됐잖아. 그런데 내가 결혼할 준비가 안 된 걸 굳이 너한테 비난받아야 돼? 여자는 좀 다르다고? 도대체 무슨 자신감이야? 정말 남자는 나이 먹어도 괜찮다고 생각하는 거야? 그리고 제발 걱정 마라. 너는 내 잠재적 연애 대상에 있지도 않아. 나는 네가 하나도 안 궁금한데 너는 왜 자꾸 남 일에 감 놔라 배 놔라 하냐? 요즘 네가 좀 살 만한가 보지?

집에 거울이 없어요?

예상치 못한 순간 툭툭 날아오는 잽에 속수무책으로 당할 때가 있다. 그중 하나가 외모 지적이다. 나는 내 외모에 허점이 이렇게 많았는지, 회사에 들어와서 처음 알았다.

이마에 여드름이 나면, "너는 요즘 피부가 왜 그러니?"

과자를 먹고 있으면, "너 그러다 살찐다. 요즘 좀 쪘지?"

큰 옷을 입으면, "옷 사이즈 좀 줄이지 그랬어. 키가 아담해서 소화가 힘든 것 같은데?"

옷을 편하게 입으면, "팀장님 보고 옷 입는 것 좀 배워. 넌 항상 거무튀튀한 것만 입더라."

멍하게 있으면, "너 눈이 좀 짝짝이인가? 좀 풀린 눈 같아."

처음에는 외모가 그다지 별로인 사람들이 나한테 지적하니까 솔직히 겁나 비웃었다. 그런데 잽이 산더미처럼 쌓이다 보니 나도 모르게 화장하고 옷을 입을 때마다 내 외모가 생각보다 별로인가 하는 생각이 들기 시작했다. 술도 많이 마시고 잠도 잘 못 자다 보니 여드름이 폭발하는 날이 잦아졌는데, 이런 날 듣는 외모 지적은 왠지 모르게 나를 더 주눅 들고 작아지게 했다. 문득 이 사람들은 내가 이런 말에 생각보다 크게 상처받는다는 걸 알고 하는 말일까 궁금했다. 동시에 이분들의 집에는 혹시 거울이 없는 건가 싶었다.

어김없이 잽이 하나 날아든 날, 순간 정색하며 날카롭게 반격했다. 그랬더니 옆에 있던 장 과장님이 날 보고 하는 말, "웃어." 이제 직장에서 내 감정까지 컨트롤한다. '장 과장, 그럼 너도 웃었어야지. 내 반응이 거슬려도 그냥 너도 좀 웃지 그랬어, 왜! 싫은 소리에 웃어야 하면 싫은 반응에도 웃을 줄 알아야 하는 거 아니야?' 속으로만 삼킬 뿐이다.

언젠가 내가 구두 밑에 미끄럼 방지 깔창을 붙이고 왔는데, 문 과장님이 "키 때문에 0.5cm 올렸냐?" 이러셨다. 그날은 나도 "아, 문 과장님은 누구보다 제 마음을 잘 이해하시겠네요" 하고 맞받아쳤다. 나한테 쿨한 반응을 기대하시니까 이 사람들도 엄청 쿨할 거라 믿은 거다. 그런데 나한테 돌아오는 말은 달랐다.

"너 미쳤냐?"

상사들아, 잊지 마라. 부하 직원도 눈이 달렸다. 이제 와서 솔직히 말하는데, 나는 문 과장 처음 보고 '저 사람은 목이 없나?' 싶었다. 장 과장도 다리 길이가 거의 나만 하던데…… 그리고 이 차장은 눈썹 문신을 어디서 했길래 그 모양일까. 눈썹이 그냥 핑크색이던데. 무엇보다 정 부장 얼굴, 어렸을 때 누가 찰흙처럼 주물렀나? 일단 생긴 건 다시 태어나지 않는 이상 힘드니까 양치질이라도 좀 하고 다니시는 게 어떨까? 옆에 올 때마다 참을 수가 없거든.

출근을 하면서 내가 가는 곳이 회사인지 감옥인지 도무지 알
수가 없었다. 분명 일을 하러 회사에 왔는데, 온종일 CCTV로 감
시만 받다가 하루가 끝나는 느낌이었다. 회사 사람들은 내가 어
떤 일을 하는지, 그 일을 얼마나 잘하는지는 전혀 안중에도 없는
것처럼 보였다. 틈만 나면 직장 생활 태도와 예의를 들먹이며 내
모든 말과 행동을 문제 삼기에 급급했다. 한마디로 겉으로 보이
는 이미지 외에는 전혀 관심 없는 종족들 같았다. 자신들이 옳다
고 생각하는 직장 생활 예절을 내게 끊임없이 주입해가며 사상
교육 하느라 분주했는데, 매번 끈질기게 운운하는 그 신입 사원
의 열정과 의지라는 게 영 따라주기가 거북했다.

하루에도 몇 번씩 묻게 됐다. 도대체 왜 나만 하루 종일 이분들
눈치를 보고 있어야 되는 거지? 이분들이나 나나 회사에서 월급
받는 처지인 건 똑같은데 왜 나만 이렇게 검열받고 참아야 하는
거야? 이분들도 알아서 내 눈치 좀 봐야 하는 거 아니야?

시간이 지날수록 이분들이 회사에서 하는 일이 도대체 뭘까 진심으로 궁금해지기 시작했다. 도대체 무슨 일들을 하시길래 이렇게나 시간이 남아돌아 주체할 수가 없는 걸까? 딱히 할 일이 없으니까 내 말과 행동을 문제 삼을 에너지가 남아 있는 거지. 아니면 스스로 생각하기에도 자기가 하는 일이 그다지 대단한 일은 아니라서 똥폼이라도 잡고 싶었는지도 모른다. 일로는 자신의 유능함을 증명할 방법이 없어서 쓸데없이 후배들 군기 잡는 것에 목숨 거는 상사들을 보고 있자니 문득 동물원의 공작새가 생각났다. 어떻게든 강해 보이려고 큰 깃털을 활짝 펴서 위장하는 몸체 작은 공작새. 딱 그 모양새였다.

몇 번을 다시 생각해봐도 이분들의 기준은 뭔가 잘못되었다. 목적 없는 야근과 회식을 매번 반복하는데, 어느 누구도 이걸 문제 삼지 않았다. 오히려 그 목적 없는 야근에 동참하지 않는 내 태도를 문제 삼았고, 회식 자리에서 상사 비위를 맞추지 못하는 내 뻣뻣함을 문제 삼았다. 이상하게도 내가 불필요한 액션을 취하는 걸 마땅하게 생각하고, 내가 필요한 일을 하겠다는 건 같잖아서 못 봐주겠다는 눈빛이었다.

Chapter 4.

이러려고 열심히
자소서 쓰고 면접
봤나 싶은 상태

밥 먹으러 가자

사람들과 맛있는 걸 먹고 이야기를 나누다 보면 빨리 친해지기 쉽다. 다시 보고 싶은 사람들에게 '나중에 밥 한번 같이 먹자' 하고 인사를 건네는 것도 다 이런 이유인 것 같다. 그런데 회사 상사들은 '밥 먹으러 가자'는 말을 전혀 다른 의미로 건넨다. 마치 이들에게는 예전부터 약속된 다른 의미가 있었던 것처럼.

퇴근 시간쯤 TFT 과제 때문에 입사 동기들과 모이는 자리가 예정돼 있었다. 회사를 나갈 채비를 하는 나에게 문 과장님이 말했다. "우리 저녁 먹고 가려고 하는데 너도 과제 끝나고 올 수 있으면 같이 밥 먹고 가. 집 가기 전에 한번 전화해." 이 말이 꼭 오라는 뜻은 아닌 것 같아서 가볍게 "알겠습니다" 하고 돌아섰다.

오후 8시쯤, 동기들과 함께 저녁 먹고 갈까 고민하고 있었는데, 귀신같이 문 과장님한테서 전화가 왔다. 그냥 밥 먹자는 건데 거절하면 내가 너무 야박한 것 같았다. 다시 정정해서 말하면, 과장님이 '나랑 친해지고 싶어서 노력하시나 보다' 선의로 받아들인 거다.

"네, 과장님. 지금 갈게요. 어디 계신데요?"

"응, ××양꼬치 집이야. 얼른 와."

××양꼬치? 식당 이름부터 불길했다. 문 앞에 들어선 순간, 전화받은 걸 후회했다. 밥 먹자는 제안을 선의로 받아들인 내가 참 많이도 순진했다. 눈앞에 모여 있는 사람들이 진정 내 일행이 맞을까 의심스러웠다. 밥 먹다가 반주를 걸치는 모양새도 아니었고 이 정도면 그냥 애초부터 회식 자리였던 거다. 심지어 일적으로 중요한 자리도 아니었고 최소 5년 내에는 같이 엮여서 일할 일 없을 다른 부서 사람들과의 자리였다.

만약 처음부터 문 과장님이 내게 회식 자리라고 말했다면, 기쁜 마음으로 오지는 못했어도 그토록 불쾌하지는 않았을 거다. 자리에 앉는 순간부터 내 온몸 구석구석에 숨겨놓았던 날카로운 가시들이 곤두섰다. 순간 누군가가 내게 답하기 싫은 곤란한 질문을 건넨다면 언제든지 할퀴어버릴 마음의 준비가 되어 있었다. 그래서 되도록 사람들과 최대한의 거리를 유지하고 침묵했다.

내게만 다른 의미로 다가오는 밥 먹자는 그 말이 때때로 참 많이 버거웠다. 훗날 상사들이 이제 밥 먹자는 말에 반응조차 않는다며 서운함을 표현한 적이 있었는데, 내가 그럴 수밖에 없게 만든 건 상사들이었다. 나도 처음부터 그런 사람은 아니었고 누군가에게 그런 사람이 되고 싶은 생각도 없었다.

술 안 마셔도 괜찮아

술을 조금 마시든 많이 마시든 그다음 날 몸이 힘든 건 똑같다. 오랜만에 만난 친구에게 "나 술자리가 너무 힘들어서 회사 관두고 싶어"라고 입을 열었다. "그냥 안 마신다고 하면 되잖아"라는 친구의 대답이 돌아왔다. 내 상황을 몰라주는 친구의 대답에 갑자기 서운한 감정이 밀려왔다.

그게 정말 설명하기가 힘든데 말처럼 되지가 않아. 실장님, 팀장님, 부장님 모두 다 처음에는 힘들면 그만 마셔도 된다고 말했거든. 근데 이 말에 절대 속으면 안 돼. 이 말이 웃긴 게 뭐냐면, 안 마시고 싶으면 마시지 말라는 말이 아니야. '힘들면' 안 마셔도 된다고 말해. 이 뜻은 취해서 정신 놓기 직전까지는 마시라는 거야. 내가 안 마시고 가만히 있으면 조금 뒤에 꼭 누군가 한 명은 내 술잔을 손으로 가리켜. 그리고 이렇게 말해.

"김 사원, 술을 즐기면서 잘 마실 줄 알아야 돼. 술 잘 마시는 것도 능력이야."

"김 사원, 악으로 깡으로 버텨."

그래서 술에 대한 교훈 하나를 얻었지. 아, 술은 커피 같은 기호 식품이 아니라 악으로 깡으로 버텨가면서 마셔야 하는 '강제 식품' 같은 거구나.

술 먹기 싫으면 밥만 먹고 가라면서 나를 또 고깃집에 끌고 간 적이 있거든. 그때 처음으로 식사가 끝날 때까지 술을 한 방울도 입에 안 댔어. 그런데 고기 먹는 1시간 반 동안 부장님이 술 한 잔씩 마실 때마다 "김 사원, 너도 한잔해야지" 하고 도돌이표처럼 같은 말을 반복하는 거야. 내가 안 마신다고 물렀으면 자존심 상해서라도 그만 권하는 게 정상인데, 이 사람은 자존심 같은 거 버린 지 오래됐나 봐. 그다음 날에 이러더라고.

"와, 너 진짜 끝까지 안 마시더라······."

어릴 때는 아빠가 왜 그렇게 맨날 만취 상태로 집에 들어오는지 도무지 이해가 안 됐어. 아빠가 취해서 현관문 두드리는 소리랑 엄마가 "미련하게 무슨 술을 토할 정도로 마셔" 하고 쏘아대는 소리가 싸우는 것 같아서 듣기 싫었거든. 그때마다 조용히 방에서 잠든 척했었는데, 지금은 아빠가 너무 이해가 돼서 슬퍼. 술자리 분위기를 말로 다 설명할 수는 없지만 마실 수밖에 없는 상황이 있더라고. 진짜 술 잘 마시고 분위기만 잘 맞춰도 회사 생활이 훨씬 더 편해지는 거더라. 그래서 나도 술은 잘 못하니까 건배사라도 잘하고 싶었는지도 몰라.

야, 술이 왜 쓴맛인 줄 알아? 내 생각에는 알코올의 쓴맛으로 인생의 쓴맛을 잠시라도 잊으라고 쓰디쓰게 만든 것 같아. 어때? 방금 나 인생 다 산 사람 같지 않았냐?

오빠가 말이야……

술에는 이미 도가 튼 상사들도 술버릇이라는 게 있다. 그중에서도 일명 '오빠병'이라는 술버릇이 있다. 우리 장 과장님도 술만 마시면 이 환자가 된다. 평소에는 멀쩡하다가 술만 좀 들어가면 어느새 내 근처에서 오빠 소리를 읊어대고 있다.

"김 사원, 오빠가 H 회사 레전드야. H 회사에서 내 이름만 대면 아직도 다 알아."

김 사원, 오빠가…….

우리 장 과장님 아내분은 혹시 동갑 아니면 연상이신지요? 평생 오빠 소리 들을 일이 없어서 그 오빠 소리를 제게서 찾으시는 건지…….

오빠 소리가 뭐라고 이리도 듣고 싶어 난리가 난 건지 도무지 이해할 수가 없다. 어떤 날에는 그냥 듣고 싶어 하는 오빠 소리 한번 시원하게 해드릴까 싶다.

자신을 오빠라고 지칭하는 게 흡사 내가 "사원이 이거 했어. 사원이는 이런 거 싫어!" 이러는 거랑 뭐가 다르단 말인가. 느끼한 멍청이 같고 제멋에 취한 마초남 같기도 해서 이 소리가 들릴 때면 거부감부터 밀려온다.

때때로 회식이 끝나고 집 가는 길에도 전화로 환자 인증을 하신다.

"김 사원, 요즘 많이 힘들지?"

"아니에요, 괜찮아요."

"뭐가 아니야. 김 사원, 오빠가 다 알아. 내가 이렇게 힘든데 너는 오죽 힘들겠니."

아, 우리 장 과장이 내가 요즘 많이 힘든 거 알고 있었구나. 나 그렇게 힘든 거 안다면서 넌 말투가 왜 그 모양이니? 네 말대로 내가 오죽 힘들겠니. 너는 양심이 없니? 내일 모레 네 나이 마흔인데, 입장 바꿔 생각해봐. 너 같으면 너한테 오빠 소리가 나오겠니? 그리고 어디 감히 회사에서 오빠를 찾니? 너는 회사에 누님이 있니? 네 말대로 말끝마다 한번 해볼까?

"오빠오빠~! 사원이 회사 생활 못 하겠어요. 팀장님이 자꾸 괴롭혀요. 오빠오빠가 사원이 좀 도와주세요. 오빠, 오빠가 그렇게 레전드라면서요? 오빠는 사원이 위해서 그런 것도 시원하게 해결 못 해줘요? 사원이 삐칠 거야."

어때, 마음에 드니?

과장님은 자기 잘못을 편리하게 아주 잘 잊어버리는 장점이자 단점을 갖고 계신 분이다. 편리한 기억력이 상대방을 아주 피곤하게 하는 타입이다. 어차피 기억도 못 할 거, 다음부터는 그의 전화를 조용히 씹어드리기로 했다.

"장 과장님, 어제 잘 들어가셨죠? 어제 저랑 통화했었는데."

"내가 어제 전화했었나? 취해서 기억이 하나도 안 나네. 그럼 이제부터 우리는 친해진 거야. 내가 술 먹고 전화 거는 건 친해졌다는 증거야."

남자 친구 전화 바꿔봐

그동안 같은 팀끼리만 식사하는 분위기이다 보니 좀처럼 동기들과 한자리에서 점심 먹기가 쉽지 않았다. 정말 오랜만에 동기들과 짧은 점심을 함께했는데, 덕분에 단시간에 회사 욕을 더 차지게 할 수 있었다. 이번 자리는 내게 각 팀 회식 자리 분위기를 간접 체험할 수 있는 기회가 됐다. 결론적으로 각 팀 회식 자리 분위기는 서로 다른 듯해도 비슷한 면이 꽤 많아 보였다.

"어제 회식하는데 팀장님이 내 남자 친구한테 전화하고 자기 바꿔달라고 그러더라. 최 사원한테는 와이프한테 전화해서 자기 바꿔달라고 하고. 말리느라 죽는 줄 알았다."

"도대체 무슨 말이 하고 싶어서 전화를 바꿔달래? 지가 아빠 줄 아나 봐. 아니, 근데 우리 팀 사람들도 툭하면 남자 친구 얘기를 꺼내가지고 좀 고민이야. 그냥 남자 친구 없다고 할 걸 그랬나 봐."

"음……. 내 생각에는 그것도 좀 아닌 것 같아. 나한테는 남자 친구 없다고 난리거든. 저번 주 회식 때는 나한테 개발팀 대리님 어떠냐고 물어보더라. 사실 그 뒤에 한 말이 더 가관이었어. 그 개발팀 대리 눈이 높아가지고 좀 어렵긴 하겠다고 그랬나? 대놓고 이런 말을 하더라니까."

"와! 그쪽 팀장님 어메이징한 분이시네. 그 정도면 뭐 돌려까기가 아니라 그냥 대놓고 대패질하는 건데? 우리 팀장님은 그래도 돌려까기만 하는데."

"참나! 나 원 참 서러워서……. 연애를 꼭 해야 되냐? 가만히 있다가 뒤통수 한 대 제대로 맞은 기분이야."

"지금 보니까 은근히 공통점이 있네. 왜 이렇게 다들 남의 연애사에 관심이 많아?"

우리나라 회사 상사들은 '직원이 연애를 해도 문제, 안 해도 문제'라고 생각하는 것 같다. 당사자들은 가만히 있는데 옆에서 감 놔라 배 놔라, 북 치고 장구 치고 난리가 아니다. 가끔은 불쌍하다는 생각까지 든다. 다들 연애 감정 느낀 지가 너무 오래돼서 젊은이들 연애로 대리 만족하고 싶으신 건가 싶다. 나랑 하는 대화의 약 60%는 남자 친구 혹은 둘 사이 연애에 대한 이야기라고 보면 된다. 월요일 아침마다 "주말 데이트는 어땠어?"라는 안부 인사로 한 주를 시작하는 게 자연스러운 일이 됐다. 직장 상사와의 대화가 깊어질수록 이분은 내가 아니라 남자 친구랑 대화를 하고 싶으신 건가 하는 생각마저 들 때도 있었다.

그런데 회사에서는 남자 친구가 없어도 문제가 된다. "연애를 왜 못 해? 눈이 높은 거야?" 하며 소개팅을 시켜주겠다고 하는 상사도 있고, 이 사람 저 사람 옆에 대입해가면서 "그 사람은 어떤 것 같아?" 하며 물어보는 사람도 있다. 얼마 전에 친구가 직장 상사한테 받은 소개팅 이야기를 해줬는데, 이것도 참 생각만 해도 골치 아픈 일이었다. 만날 때마다 "어떻게 됐어? 진도는? 연락은 왔어?" 계속되는 질문 세례에 고통받았다는 후문이다. 직장 상사 앞에는 나만 있고 온종일 나랑 일하는데! 도대체 이분들은 왜 부하 직원의 연애 상대를 궁금해할까?

건배사의 굴레

2017년, 닭의 해가 밝았을 때다. 새해가 밝아오니 회식 자리가 더욱더 잦아졌다. 기업이 신년사에 새해의 포부를 담듯 직원들은 건배사에 개인의 포부를 담는다. 회식 중 건배사 바통이 내게로 넘어온 건 전혀 예상치 못한 타이밍이었다. 다행히도 내게는 건배사 짬밥이 조금 있었다. 전 직장에서 회식 때마다 한 사람도 빠짐없이 건배사를 시켰던 탓이었다. 짧은 직장 경험이 전혀 쓸데가 없다고 느꼈었는데 이런 식으로 도움이 될 줄이야……. 이 세상에 쓸모없는 경험이 없다는 말을 회식 때 비로소 알게 됐다.

나는 2017년이 닭의 해라는 데서 큰 힌트를 얻고 건배사에 녹

여냈다.

"2017년은 닭의 해라고 들었습니다. 저는 닭이 매일 아침 가장 일찍 일어나는 부지런한 동물이라고 알고 있습니다. 2017년이 부지런한 닭의 해인 만큼 저도 새해에는 더 부지런히 일어나서 움직일 수 있는 사람이 되겠습니다. 그런 의미에서 제가 이공일칠 외치면 꼬끼오 하고 같이 외쳐주시기 바랍니다."

갑작스러운 요청에 이런 건배사라니! 사람들의 반응은 생각보다 뜨거웠고 나 자신조차도 내 센스와 순발력에 감탄했다. 동시에 불안감이 엄습했다. '이런 거 한번 잘하기 시작하면 계속 시키는데, 나 오늘 왜 오버했을까?' 역시 나쁜 예감은 절대 빗나가지 않는다. 역시나 내가 건배사를 할 기회는 더더욱 빈번해졌다. 전 직장에서 주워들은 건배사 몇 개, 그날의 회식 취지를 담은 건배사 몇 개, 친구한테 카톡으로 얻은 건배사 몇 개…….

어느 순간부터는 누군가가 멍석까지 깔아준다.

"김 사원 쟤는 건배사를 위해 태어난 애야. 쟤가 하는 거 한번 들어봐. 기가 막혀."

이런 말까지 들으니 계속 잘해야 할 것 같은 압박감을 느꼈다. 칭찬으로 조종당한 게 분명했지만 더 힘을 내보기로 했다.

"제가 저희 팀 실적에 큰 역할을 한 건 없지만 선배분들과 상사분들이 기뻐하시는 모습을 보니 저도 기분이 매우 좋습니다. 이런 상승 분위기 계속해서 이어나가자는 의미로 제가 '내일도'라고 외치면 '오늘처럼'이라고 같이 외쳐주시기 바랍니다."

나는 일을 잘해야 하는데, 왜 건배사만 잘하고 있는 걸까? 자꾸 하다 보면 느는 게 술만은 아닌 것 같았다. 건배사 인재는 타고나는 것이 아니라 대한민국 회식 문화로 양성되는 인재인 게 분명하다.

회식 자리 지정석

    신년을 맞이하면서 직책에 큰 변화가 생겼고 이를 축하하기 위한 회식 자리가 있었다. 높으신 분들까지 자리하셔서 상사들은 혹여나 말 한마디 실수라도 할까 봐 주변 눈치 살피는 데 여념이 없었다. 그러나 애초에 직급 차이가 많이 나서 부딪힐 일 없는 저분들은 내 관심 대상이 전혀 아니다. 내 관심 대상은 오직 눈앞에 있는 계란찜이었다. 삼겹살 주위에 둘러져 있는 이 촉촉한 계란찜을 도대체 언제쯤 먹을 수 있으려나 생각하면서 늦은 저녁을 열심히 먹고 있었다.

    그러던 중, 옆 팀 팀장님이 나를 불렀다. 그때까지만 해도 높으신 분께 새로 들어온 나를 소개하고 싶으신가 보다 했는데, 갑자기 팀장님이 내가 답답하다는 듯 눈빛으로 욕을 하기 시작한다. (뭐 하고 있어? 술!) 재빠르게 높으신 분께 술 한 잔을 건넸고, 관심도 없는 골프 이야기지만 엄마로부터 주워들은 몇 가지 지식을 한데 모아 그의 말을 이해하려 애썼다. 솔직히 뭔 말인지 하나도 몰랐다. 그저 '내가 지금 네 말을 열심히 듣고 있다'라는 신호로 연신 고개를 끄덕였다.

이후로도 회식이 있는 날이면 누군가가 날 부르는 상황이 반복되곤 했다. 그러다 부사장이 두 발자국 정도 떨어져 앉아 있는 나를 의자째로 끌어다 옮긴 날, 무언가 단단히 잘못됐다고 깨달았다. 그 순간 눈앞에 젤리 하나가 보였는데, 나는 그 젤리 껍데기만 손에 붙들고 조금씩 까면서 90제곱센티미터짜리 나만의 세상을 짓기 시작했다. 취해서 조는 척, 옆에서 하는 말은 하나도 안 들리는 척 5분 정도 연기하고 나니 자연스레 내 자리는 이동되어 있었다.

하……. 이 세상 높으신 분들에게 말합니다. 회식은 1차만 하시고 제발 그냥 좀 집에 가세요. 슬픈 현실이지만 회식 자리에서 높으신 분을 반기는 사람은 몇 없습니다. 사람들이 웃는 건 당신의 농담이 재밌어서가 아니에요. 일만 너무 열심히 하셔서 밖에서 술 한잔 같이 할 친구도 없으신지 모르겠지만, 저는 친구도 있고…… 애인도 있고…… 가족도 있어요. 아니,

저는 그냥 제 침대에 누워서 숨만 쉬어도 그렇게 행복할 수가
없어요.
저 집에 가고 싶어요.

담배 피우는 부사장

세상이 굴러가는 시스템 안에는 필연적으로 갑을 관계가 존재한다. 연애를 논할 때도 갑이 되자고 난리치는 마당에 비즈니스를 논하는데 갑을 관계라는 힘의 논리가 빠질 리가 없다. 그러나 과연 내가 갑의 입장에 선다고 해서 유쾌하기만 할까?

본사 밑에 대리점, 또 그 밑에 대리점……. 회사마다 이미 고착화된 착취 시스템이 존재한다. 내가 본사에 속해 있다는 사실은 알게 모르게 안도감과 승리감을 선사한다. 특히나 대리점과 본사가 같이 회식하는 걸 보면 이런 느낌이 선명해진다. 처음 시작은 대리점과의 협력 관계를 돈독히 한다는 명목하에 만나지만 마지막에는 결국 본사가 갑이라는 메시지로 회식 자리가 끝난다. 영업실장과 부사장이 약속이라도 한 듯, 앞에 보이는 사람들의 아픈 구석을 콕콕 찔러가며 깎아내리기 시작하고 술잔이 비었으니 빨리 채우라며 적극적으로 갑질을 시전한다. 더 나아가 대리점 여직원을 대상으로 성희롱하는 것도 당연한 자신의 권리인 양 서슴지 않는다.

"나는 여자가 따라주는 술이 맛있어. 여자가 따라주면 술맛이 뭔가 달라."

이런 크고 작은 갑질이 한창 진행되고 있는 현장에서, 영업실장이 갑자기 날 바라보며 묻는다.

"김 사원, 너는 이게 재미가 없니?"

"네?"

이 질문을 듣는 순간 뜻밖에 깨달음이 밀려왔다. 갑질도 내가 재밌어야 할 수 있는 일이라는 사실. 내가 권력욕이 부족하거나 세상의 힘의 논리를 제대로 이용하지 못하면 나는 이 회사 생활을 오래 유지할 수가 없게 된다. 문득 내 눈에 한눈에도 부사장보다 훨씬 나이가 많아 보이는 대리점 대표님의 얼굴이 들어왔다. 이 악물고 참는 그를 앞에 두고 부사장님은 보란 듯이 자세를 흐트러뜨리고 담배에 불을 붙였다. 식당 안은 금세 담배 냄새로 가득했다.

다음 날, 나는 이 차장님께 넌지시 물었다. "대리점이랑 식사할 때 대체적으로 어제 같은 분위기인 거죠?" 역시나 내 예상을 훌쩍 뛰어넘은 답변이 돌아왔다. "김 사원, 어제 부사장님 봤지? 자기보다 나이 많은 대표 앞에서 담배를 그렇게 빼어 무는 게 절대 쉬운 일이 아니야. 부사장님이 괜히 그 자리까지 올라갈 수 있었던 게 아니라고." 부사장님을 칭송하는 이 차장님의 목소리가 내 귀에 와서 박혔다. 선배들은 내게 누누이 말한다. 갑질하면서 일하는 게 얼마나 축복받은 건 줄 아느냐고.

내가 세상 물정을 잘 몰라서 배부른 소리를 하는 건지 모르겠지만 나는 어제 그 자리에 있던 내가 부끄러웠습니다. 신입 사원인 내가 벤더사에 있다는 이유 하나만으로 경력 10년이 훌쩍 넘은 사람들에게 갑이 될 수 있다는 사실이.

포르쉐 뒤태

회사가 청담동에 있어서 좋은 이유를 하나 찾자면, 외근 나갈 때마다 비싼 외제차를 수시로 구경할 수 있다는 것이다. 오늘도 어김없이 내 눈앞에는 흰색 포르쉐 한 대가 멈춰 서 있었다. 이 흰색 포르쉐 안에는 왠지 모델같이 예쁘고 멋진 여자가 운전대를 잡고 있을 것 같은 느낌이다. 옆에 있는 외근 동지 양 이사도 내 머릿속에 스친 생각을 얼핏 읽은 것 같다.

"김 사원, 저 포르쉐 뒤태 말이야. 여자 엉덩이같이 생기지 않았어? 굴곡이 매끄럽게 잘 빠졌잖아."

정말 혼란스럽다. 지금 이 말이 성희롱인지 좀 헷갈린다. 이분의 상상력과 미적 감각을 존중해드려야 하는 건지, 이 말에 수

치심을 느끼는 내 생각이 불순하고 썩어빠진 건지……. 뭐, 어찌 됐든 내가 아닌 물체를 보고 자기 마음껏 느끼고 상상하겠다는 데 굳이 내가 나서서 만류하는 건 너무 오버인 것 같았다. 나한 테 뭐라고 하는 건 아니니까 일단 잘잘못에 대한 판단을 보류하기로 했다.

"네? 여자 엉덩이요? 아유, 이사님. 무슨 말씀이세요. 저는 잘 모르겠는데요!"

"아니, 잘 봐봐. 풍만한 여자 엉덩이 같잖아. 너랑 윤 사원은 너무 마른 것 같아. 엉덩이가 너무 작잖아."

"네에? 제 엉덩이요?"

맞네, 성희롱! 내 생각이 불순해서 불편하게 들린 게 아니었다. 지금까지 살면서 누군가가 내 키 외에 신체 사이즈를 대놓고 논하는 건 처음 겪는 일이었다. 이 양반은 내 엉덩이를 언제 또 그렇게 자세히 본 걸까? 안 보는 척하면서 다 보고 있었던 걸까? 아무래도 내 엉덩이가 심히 오염된 것 같으니 퇴근길에 항균 스프레이 한 통 사 가야지 싶었다.

그나저나 자동차를 보고 여자 엉덩이를 떠올리는 이런 양반들은 강제적으로 템플스테이를 보내버려서 생각을 교화시킬 필요가 있는 게 아닐까? 앞으로 둘이 외근 나가는 일은 되도록 만

들지 말아야겠다고 다짐하고 또 다짐했다.

사람이 나이를 먹으면 자연스레 범죄라는 개념이 없어지나요? 이런 말들은 조심해야 한다는 걸 안 배워서 모르는 겁니까? 아니면 제가 너무 어려서 이 정도 농담 수위를 가볍게 받아들이지 못하는 건가요? 아무래도 이분은 제 엉덩이를 한참 잘 먹고 커야 할 애기 궁둥이 정도로 본 게 아닌가 싶다. 역시, 또 기분 구리다.

지라시 영상 공유해줘

　해외 유명 여배우들의 스캔들이 한날한시에 동시다발적으로 터졌던 날이었다. 누드 사진부터 남자 친구와의 신성한 의식이 담긴 지라시 영상까지 모두 내 핸드폰 안으로 굴러 들어왔다. 내가 굳이 찾아 헤매지 않아도 지라시 영상이 마구 굴러 들어오는 세상이라니, 정말 놀라운 세상이 아닐 수 없다. 다른 사람들의 핸드폰 안에 자기도 모르는 자신의 사진과 영상이 굴러다니는 기분, 정확히는 몰라도 참담할 것 같다.

　이날 점심시간, 카페에서 이런저런 담소를 나누다가 아침에 터진 스캔들 이야기가 주제로 나오게 됐다.

　"뉴스 봤어? 지금 여기저기서 스캔들 터지고 난리더라."

　"네, 사진이랑 영상 막 돌아다니고 난리도 아니에요."

"오, 너 영상 봤어? 영상 가지고 있어?"

"음……. 밖에서 저도 모르게 눌렀다가 깜짝 놀랐잖아요."

"나도 공유해줘. 나도 영상 보내줘." (×5)

옆에 있던 팀장이 더 가관이었다.

"너 얼굴 엄청 빨개졌다. 그게 뭐 어때서. 그 여배우 볼륨도 없어서 그다지 야하지도 않더라."

오 마이 갓! 이런 바보 멍청이! 붕어 같으니라고! 그냥 모른다고 했어야 하는데 내가 괜히 센 척했다! 역시 세상은 그냥 모른 척하고 가만있는 게 유리할 때가 참 많다. 굳이 아는 척해서 인생에 이득되는 게 별로 없다. 지라시 영상 있는 거 들킨 나도 참 한심하고, 이 와중에 여배우 몸매 평가하는 홍 팀장님도 한심하고, 나한테 영상 공유해달라고 말하는 이 차장님은 더더욱 한심하다. 영상 공유해달라는 말, 최소 5번은 한 것 같다. 정말 진심으로 보고 싶었던 모양이다.

이 차장아, 약간 미치셨어요? 나더러 영상 유포자 되라는 말인가요? 집에 아내도 있으신 분이 나한테 막 이런 거 보내달라고 하시면 안 돼요. 아내분께서 밖에서 이러고 다니시는 거 아십니까? 아마 이러는 거 알았으면 결혼 다시 생각했을걸요.

뒤늦게 장가가신 분이 아직도 정신을 못 차리시네. 호기심에 눈이 뒤집혀서 이런 말 하는 게 정상이 아니라는 걸 잘 모르는 모양인데, 모르면 주변에 좀 물어보세요. '나 애한테 이런 말 하면 성희롱이야?' 이렇게 질문 먼저 하시고 말을 내뱉으시라고요.

나는 당신이 상사 중에 가장 최악인데, 이유가 뭔지 알아요? 일단 말 많고 재미없는 것도 별로인데요. 나를 군대 후임병 다루듯 막 대하고 막말하는 게 제일 별로예요. 저한테 말을 편하게 한다고 해서 제가 그 상대방을 편하게 생각하지는 않거든요. 나를 남동생처럼 편하게 생각한다는 걸 어필하려는 모양인데, 저는 그게 친해지려는 노력으로 보이지 않고 제가 인간으로 존중받지 못한다는 느낌이 들어요. 이 차장아, 남동생한테도 막말하시면 안 되잖아요. 나이가 적든 많든 타인은 존중하는 게 맞잖아요.

옆자리에 좀 앉혀주세요

신입 사원은 모름지기 선배들의 모습을 곁에서 많이 보고 배워야 한다는 실장님의 지시에 따라 담당 시장을 가리지 않고 선배들의 외근을 죄다 따라다니게 되었다. 홍 팀장님과 외근을 나가는 날이었다. 고객사 직원 한 분이 카페 안으로 들어오시더니 팀장님과 서로 그간의 밀린 안부를 나눈다.

"안녕하세요. 잘 지내셨죠? 요즘 운동하시나 봐요. 몸 관리를 참 잘하시는 것 같아요."

"네, 잘 지냈죠. 옆에 계신 분은 누구세요?"

"이번에 새로 들어온 신입 사원이에요. 요즘 신입 사원 광고 TFT 과제 하고 있어요."

"오, 신입 사원이시구나. 요즘 예능 프로그램에 끼워 넣는 광고가 괜찮더라고요. 방송에서 연예인이 어플 사용하는 거 나오니까 각인이 딱 되더라고요."

"김 사원, 온 김에 아이디어 좀 얻어 가."

"네. 좋은 아이디어 같아요."

짧은 일 얘기 후에 곧바로 사담이 시작됐다.

"요즘 골프는 계속 치세요? 다른 운동 하시는 거 있으세요?"

"요즘 골프 말고 테니스 치러 다녀요."

도대체 이 사람들은 일하려고 만난 건지 운동하려고 만난 건지 알 수 없다는 생각에 빠졌다.

"그래도 나중에 라운딩 한번 같이 하세요. 요즘 저희 음악회 행사하고 있는데 시간 되면 사모님이랑 같이 오셔서 식사도 하시고요. 다시 연락드릴게요."

"에이, 우리 나이에 부부 동반 모임은 이제 안 하죠. 아내랑 같이 움직이는 거 별로예요."

"같이 일하시는 직원분이랑 오셔도 저희는 좋죠, 뭐."

"그럼, (날 가리키며) 나중에 행사 참석하면 옆자리에 좀 앉혀주세요."

예상치 못하게 날아든 농구공에 뒤통수 맞은 이 기분! 이분, 왜 나한테 '나중에 또 봐요'가 아니라 '옆에 앉혀주세요'라고 말하는 거야? 설마 지금 나 음악회 접대하는데 초이스당한 거야? 그냥 음악회 식사 자리인데 지금 이 사람은 무슨 생각을 하는 거죠? 전 지금 기껏해야 사회 초년생인데 제가 이 사람과 무슨 일을 해야 한다는 거죠? 저한테 빨리 골프 치라고 몰아붙이는 것도 이런 접대 때문인 거죠? 지금 세상이 얼마나 변했는데 왜 아직도 옛날 영업 방식을 조금도 벗어나지 못한 건지 모르겠네요. 술이나 접대가 없으면 여전히 일이 안 되는 세상이라니! 제 예상보다 세상은 훨씬 더 미쳤네요. 제가 이 회사에 들어오겠다고 밤새 쓴 자소서가 몇 장인 줄 알아요? 이럴 거면 아예 공부를 하지 말 걸 그랬어요. 아니, 공부를 어설프게 한 제가 또 문제인지도 모르겠군요.

사기꾼이 되는 과정

일에는 절차가 있기 마련인데, 상사 중에는 절차라는 개념을 진작 밥 말아 먹어버린 인간이 꼭 한 명씩 있다. 이름하여 무법 상사! 이런 분들은 자신의 목표를 위해서라면 수단과 방법을 가리지 않는다. 급한 대로 계약서에 당사자 대신 자기가 서명하는 건 물론이고 계약금 중 일부를 자기 돈인 듯 세탁하는 것도 서슴지 않는다. 평소에 그다지 준법의식이 투철하지 못한 나조차도 이런 무법상사를 보고 있으면 세상이 정해놓은 절차와 법규가 있는 게 정말 다행이라고 절로 안도하게 된다. 그런 상사가 내게 일을 가르쳐주면서 늘 세뇌하듯 말하던 구절이 있었다.

김 사원, 영업사원한테는 세 가지 선택이 있어.

하나, 나를 위한 선택.

둘, 회사를 위한 선택.

셋, 고객을 위한 선택.

영업사원은 그때그때 상황에 따라서 적절한 선택을 할 줄 알아야 해.

세 가지 선택이라……. 평소보다 일찍 출근한 어느 날 아침, 수첩에 메모해두었던 이 구절의 의미를 한 문장씩 꼭꼭 씹어 음미해보았다. 곱씹어볼수록 내게 이보다 사치스러운 문장은 없었다.

나는 지금 전혀 준비되지 않은 채 전장에 떨궈진 관심병사 같은 존재다. 머리는 흰색 도화지같이 백지상태에 몸은 목각 인형처럼 한없이 뻣뻣한 상태. '나를 위한 선택'을 하고 싶어도 이게 나를 위한 건지 아닌 건지조차 몰라서 어찌할 바를 모르는 진공상태다. 결론적으로 '상사를 위한 선택'만이 유일했다. 하지만 내게 일을 알려줄 사람은 이 무법상사뿐인데, 법 무서운 줄 모르는 상사 밑에서 일하고 있으니 느는 건 거짓말뿐이었다.

그는 근거 없는 말로 사람 홀리는 건 기본이고, 문제 있다는 걸 알면서도 모르는 척 감추는 데도 도가 튼 선수 같았다. 막무가내로 고객과 계약서를 쓸 때마다 '혹시 내가 진짜 재수가 없어서 혼자 다 뒤집어쓰고 감옥 가면 어쩌지? 고객이 나 때문에 인생 망했다고 죽여버린다고 찾아와서 협박하면 어쩌지?' 별의별 생각에 잠 못 드는 날이 많아졌다. 계약이 중간에 어그러지는 일이 반복될수록 초조하기보다는 오히려 천만다행이라고 여길 정도였다. 심지어 밖에서 사람을 만날 때 쓰는 내 나이, 직급, 성격, 가족관계는 죄다 가짜였다. 이제 갓 졸업한 25세짜리 여자애한테 자기 돈을 믿고 투자할 사람은 없으니까. 내가 보기에도 내 모든 행동이 서툴렀고 의심스러웠다.

25년밖에 살지 않았는데, 그 이상 산 척 연기하는 날이 늘어갈수록 멘털이 유리처럼 부서졌어요. 철든 어른처럼 사는 건 생각보다 더 피곤하고 지치는 일이었거든요. 내가 하는 일이 진짜 사람들한테 사기 치는 거면 어쩌나 덜컥 겁이 날 때가 많았어요. 무엇보다 술자리에서 자신의 범법 행위를 무용담처럼 떠벌리는 그 상사를 볼 때마다 '사이코패스가 여기 있었네' 하는 생각이 들면서 나는 저렇게 살면 안 되는데, 왠지 그렇게 되는 데까지 그리 오랜 시간이 걸릴 것 같지 않아 무섭기도 했어요. 그래서 어떻게든 퇴사해야 하는 이유를 찾고 싶었어요.

안내 데스크에 어울리는 성별

첫 번째 입사한 회사가 어렵다는 건 진작 알고 있었는데 정말로 회사가 내 눈앞에서 조금씩 쓰러져갔다. 회사는 결국 본사 임차료조차 감당하기 힘들어졌고 우리는 다른 곳으로 이사를 가게 되었다. 사정상 회사 직원들 일부가 먼저 새 일터로 옮겨가게 되었고, 그사이 본사 사무실 입구의 안내 데스크가 공석이 되었다. 그리고 때마침, 매일 전화만 하시던 김 이사님이 고객을 초대하고 오랜만에 일다운 일을 하게 되었는데 텅텅 비어버린 안내 데스크의 공석이 안타까웠는지 한 말씀 하셨다.

"회사에 고객들 찾아오는데 안내 데스크가 공석이면 외관상 안 좋아. 남자 직원들은 외근 나갈 때가 많으니까 여자 직원들이 돌아가면서 안내 데스크 업무를 대신 봐주면 좋겠어."

얼핏 듣고 판단했을 때, 김 이사님의 말은 꽤나 합리적인 것처럼 들렸다. 뒤이어 들려온 다음 말 한마디가 없었다면 기꺼이 그의 제안을 긍정적으로 받아들였을지도 모르겠다.

"안내 데스크는 원래 여자들이 앉는 거야. 여자가 앉아 있어야 사람들이 보기가 좋잖아. 그리고 앉아 있는 김에 앞에 있는 커피머신도 돌아가면서 청소 좀 해. 김 사원, 너 거기 앉아 있으니까 너무 잘 어울린다."

회사 걱정으로 집 나갔던 정신머리가 제자리로 돌아왔고 조근조근 반박하고 싶어졌다.

김 이사님, 저도 지난주 내내 외근 나갔어요. 담당 지역 상권 분석 시켜가지고 하루에 4~5시간씩 일주일 내내 걸었어요. 그리고 다른 회사 안내 데스크는 남녀 성비 맞추던데요. 아, 무엇보다 사무실에 하루 종일 앉아 있는 건 제가 아니라 우리 팀 박 대리잖아요. 그분 블로그 포스팅만 하니까 저기 앉아 있어도 될 것 같은데요? 그리고 김 이사님, 오후 4시만 되면 보고도 안 받고 매일 연락 두절 되신다면서요. 굳이 여러 사람 귀찮게 로테이션할 필요가 있나요? 김 이사님같이 일 없이 노는 사람이 하면 되지.

하, 말하지 말자. 김 이사님은 마음이 생각보다 많이 여리시다. 내가 이렇게 반박하면 또 얼굴 새빨개져서 흥분할지도 모른다. 한번 삐치면 뒤끝도 장난 아닌 양반이니까 그냥 오늘은 눈만 살짝 흘기고 넘어가기로 했다. 오랜만에 일다운 일을 하셔서 그의 어깨에 힘이 잔뜩 들어간 날일 테니까.

부산 바다 입수하던 날

부산에서 영업팀 워크숍이 있었다. 실적이 가장 좋은 팀의 담당 지역으로 워크숍을 가기로 했는데 그게 하필이면 부산이었다. 고속버스를 타고 부산으로 내려가는 길 내내 내 머릿속에는 한 가지 생각밖에 없었다. 이번 달 초, 우리 팀은 팀장님의 흘러넘치는 열정 탓에 "이번에도 저희 실적 달성 못 하면 팀 전원이 다 같이 번지점프 뛰러 가겠습니다"라고 공약을 내걸었었다. 우리는 실적 목표를 하나도 달성하지 못했고 결국 꼼짝없이 팀 전원이 주말에 번지점프를 뛰러 가게 되었다.

번지점프라니! 사람들은 스트레스를 풀러 놀이공원에 간다고 하던데, 나는 놀이공원에 가면 오히려 스트레스를 받고 돌아오는 사람이다. 놀이기구는 즐기기 위해 타는 것이 아니라 일정

수준의 담력을 훈련하기 위해 타는 거라고 표현하는 게 내게는 더 맞는 말이다. 번지점프대에 올라간 내 모습을 상상하는 것만으로도 하늘이 노래지는 기분이었다. 누군가는 번지점프가 젊은 청춘의 열정이라고 말하는데 나는 사람들이 내게 열정 있어 보인다고 말할 때가 가장 두렵다. 그 열정에 내가 금세 타 죽을 것만 같다.

당일 예정돼 있던 워크숍 발표 일정을 마무리하고 부산의 유명한 식당으로 이동해서 점심을 먹는데 목구멍에 밥알이 좀처럼 넘어가질 않았다. 사람들이 내게 장난으로 번지점프를 입에 올리며 놀릴 때마다 얼굴빛은 타 들어갔다. 그 자리에 있던 대표님이 내 불안한 낯빛을 알아챈 것 같았다. 자리를 이동하는 도중 내 옆에 와서 넌지시 한 가지 제안을 하셨다.

"김 사원, 번지점프는 좀 그렇지 않아? 그냥 차라리 부산 바다에 무릎까지만 입수하는 걸로 대신하는 건 어때?"

"정말요? 대표님, 지금 당장 입수하겠습니다."

뜻밖에 구세주가 나타나셨다. 아무렴, 부산 바다 입수가 훨씬 낫지. 게다가 무릎까지만 들어가라니 이 얼마나 은혜로운 분이신가! 그래서 얼른 신발과 양말을 벗어 던지고 팀원들과 겨울 바다로 뛰어들었다. 비록 옷이 다 젖어서 반나절 정도는 덜덜 떨면서 유원지에서 산 고무줄 바지를 입고 다녀야 했지만, 번지점프를 하지 않아도 된다는 생각에 돌아오는 발걸음이 얼마나 가벼웠는지 모른다.

팀장님, 제발 마음대로 공약 내걸어서 팀원들 극기 훈련 시키지 마세요. 번지점프 뛰고 싶으면 그냥 혼자 뛰세요. 제 열정과 의지를 왜 담력으로 증명해야 합니까! 번지점프는 제게 죽음을 앞두고 마지막으로 시도하는 일생일대의 위대한 도전 같은 겁니다!

노래방 폭력 사건

    나와 같은 시기에 들어온 동기들은 의도치 않게 애증의 대상이 될 수밖에 없다. 동기에게 좋은 일이 생길 때면 박수 치며 축하해주다가도, 내가 동기보다 못한 대우를 받고 있다는 생각이 들면 남모르게 숨겨두었던 내 자격지심이 스멀스멀 올라온다. 입사해서 팀 배치를 받았을 때 이 감정을 처음 느꼈다. 왠지 나만 힘든 일을 하게 된 것 같았다. 나보다 동기의 스펙이 훌륭했기 때문이라는 생각에 시작부터 밀린 느낌이었다. 그런데 막상 뚜껑을 까고 보니 한 부서 안에 팀이 바뀐다고 해서 그다지 큰 차이가 있는 것은 아니었다. 언젠가 한번은 동기가 전날 회식 자리에서 있었던 일을 하소연하며 털어놓은 적이 있었다.

    "어제 팀 회식 때 노래방을 갔었는데 내가 김건모의 〈잘못된 만남〉을 불렀거든. 그랬더니 기계를 그냥 꺼버리는 거야. 노래 선정 다시 하라고. 그래서 다음은 빅뱅의 〈거짓말〉을 불렀지. 그런데 이게 뭐냐고 또 뭐라고 하는 거야. 귀여운 노래 좀 불러보라고. 옆에 대리님들 하는 것 좀 보고 배우라고.”

“진짜? 괜찮았어? 하, 엄청 잘 참았다. 나 같았으면 바로 뛰쳐나오든지, 마이크 집어 던지고 난리쳤을 텐데.”

앞에서 센 척은 했지만 솔직히 고백하면 나도 그 자리를 바로 뛰쳐나오거나 마이크를 집어 던지지는 못했을 것이다. 단지 동기에게 그 상황은 누가 봐도 화날 만한 상황이라는 걸 공감해주고 싶었다. 어제의 일을 차분히 설명하는 동기의 표정에서 ‘이 정도 가지고 뭘 그래. 사회생활이 다 그렇지. 그냥 내려놓는 게 속 편해’ 하는 자포자기의 심정을 읽을 수 있었다.

문득 궁금해졌다. 어제 회식 자리에 같이 있던 그쪽 팀원들은 그 동기를 보며 같이 웃었을지, 아니면 속으로 상사를 욕했을지. 입사 이후 회사에서 보이는 동기들의 모습은 처음과 확연히 달라졌다. 대부분 입을 닫고 필요한 말 외에는 하지 않거나, 무슨 일을 당해도 ‘그래, 그냥 해라’라며 쉽게 순응하거나 포기해버린다. 이런 뼈아픈 변화를 같이 겪는 부서 동기들이 전체 동기 모임에 나가면 우스갯소리로 내뱉는 레퍼토리가 있다.

"네가 영업의 세계를 알아? 이제 웃지도 말고 고개 돌리지도 말래. 무슨 말만 하면 그냥 책상 빼버린대."

"우리 앞에서 함부로 술을 논하는 게 아니야. 우리는 '친친주'만 마셔. 친한 사람은 더 친하게 해주고, 안 친한 사람들도 죄다 친하게 해준다는 그런 전설적인 술이 있지. 회식은 일단 그거 두 잔씩 원샷 하고 시작하는 거야."

힘든 하루하루를 잘 이겨내고 있다는 생각에 마음속 훈장 같은 게 생겼다고 해야 하나? 이런 농담을 막 내뱉고 집에 갈 때면 마음 편한 사람들과 가진 모임이라 즐겁기는 한데 한편으로는 씁쓸한 마음을 지울 수가 없다.

육아휴직이 뭐라고

마케팅팀 김 대리님이 사직서를 제출하면서 그와 기업영업팀은 마지막 회식 자리를 갖게 되었다. 마케팅팀에 팀장이라는 공공의 적이 존재한 덕분에 팀원들끼리는 꽤 끈끈한 의리를 자랑한다. 회식 자리 분위기가 차츰 무르익어가자 사람들은 본격적으로 팀장에 대한 뒷담화를 쏟아내기 시작했다.

"그 팀장은 밑에 애들 하는 것마다 죄다 꼬투리 잡으면서 해결책은 하나도 안 줘. 본인이 일을 잘 모르니까 위에서 업무 지시 내려오면 애들 뻘짓만 시키고……. 애들이 이거 아닌 것 같다고 하면 죄다 감정적으로만 받아들여서 문제 해결이 전혀 안 되잖아."

"나중에 헬스클럽 차릴 건가 봐. 맨날 일은 안 하고 단백질 파우더 처먹으면서 다이어트만 하고 있어. 내가 볼 땐 이미 다이어트 중독이야."

"나 임신하고 육아휴직 들어갈 때, 이 인간이 나 휴직하는 전날까지 밤새 야근 시켰어. 일을 다 나한테 미뤄가지고 애 낳으러 가기 직전까지 일했어. 아기 낳는 게 뭐 벼슬이냐고, 무조건 다 끝내고 가라고 하더라. 복직했을 땐 쉬다 왔으니까 더 열심히 일하라고 했어. 다시 생각해도 이상한 사람이야. 나 그 인간 때문에 과로해서 병원도 가고 그랬잖아."

보통 모든 사람들이 한목소리로 욕하기가 참 쉽지 않은데, 도대체 마케팅팀 팀장님은 인생을 어떻게 살아오셨기에 평판이 이 모양인가 호기심이 생길 정도였다. '이런 분도 직장 생활을 이렇게 오래 하는데 내가 성격이 이상해서 직장 생활을 못 하는 건 아닌 거 같다' 하는 생각에 왠지 모를 위로가 되기도 했다. 동시에 이렇게 약간 사이코패스 같아야 직장 생활을 마이웨이로 편하게 할 수 있는 건가 싶었다.

이 과장님이 육아휴직 들어가면서 겪었던 수모를 토로할 때에는 이런 사람이 우리 아빠가 아니어서 정말 다행이라는 생각이 들었다. 자기 늦둥이 딸은 소중하면서 출산하러 들어가는 다른 집 엄마한테는 애 낳는 게 무슨 벼슬이냐며 따지는 그의 태도는 거의 폭력 충동을 불러일으켰다. 이런 사람과 가정을 꾸리느니 평생 독신으로 사는 게 나을 것 같았다. 그 팀장님이 집에 들어가서 아내한테 하는 행동……. 굳이 안 봐도 다 알 것 같다. 음성 지원까지 되는 느낌이다.

"여자가 말이야……. 네가 알면 뭘 얼마나 안다고 그래? 내가 다 알아서 할 테니까 넌 그냥 집에만 가만히 있어."

"나는 회사 나가서 일하잖아. 주말에는 네가 좀 알아서 해."

"남자는 이런 거 하는 거 아니야. 돈 벌어다 주면 내 책임은 다한 거지."

이런 사람은 회사나 집구석에서 그냥 추방해버려야 하는 게 아닐까. 임신과 출산이 한 사람의 몫이라고 생각하는 사람이 늦둥이를 낳고 키우다니! 지금이야 애가 너무 예뻐서 마냥 좋겠지만 나중에 애가 문제라도 일으키면 아마 아내한테 "이게 다 네가 잘못 키워서 그래"라는 멍멍이 같은 소리만 계속 짖어대고 있을 거다. 제발 이런 사람은 결혼을 하지 말든지 애를 낳지 말든지, 둘 중 하나는 포기하고 살면 좋겠다.

감정 쓰레기통

아침에 출근하다가 문득 '내 하루 컨디션에 가장 영향을 주는 게 무엇일까?' 생각했다. 10초도 안 돼서 내 옆에 앉아 있는 문 과장님이라고 대답할 수 있었다. 언젠가 내가 출근해서 가장 먼저 살피는 게 옆에 앉아 있는 문 과장님의 컨디션이라는 걸 알아차리게 된 순간부터였다. 그는 항상 날카롭게 가시가 곤두서 있는 고슴도치 같았고 옆에 함부로 다가가면 찔릴 듯한 불편함을 주는 존재였다. 아침에 그의 얼굴을 보게 되면 나도 괜스레 심경이 복잡해졌다.

'문 과장님, 어제 부부 싸움 하셨나? 왜 이렇게 옆에서 한숨을 푹푹 쉬지?'

'내가 오늘 또 무슨 실수 했나? 뭐만 물어보면 왜 이렇게 말투

가 가시 같지?'

'원래 이런 사람인가? 나 아무 잘못도 안 했는데 왜 나한테 욕하는 거 같지?'

'화났나? 옆에서 전화기를 막 던지네. 내가 지금 뭐 물어보면 나한테도 전화기 던질 것 같은데.'

문 과장님 표정에 근심이 가득할 때면 나한테도 그 부정적인 암흑의 기운이 스멀스멀 옮아오는 것 같았다. 그가 전화하다가 노발대발 화를 내면 금세 날카로운 화살이 나에게로 방향을 틀어버릴까 봐 최대한 몸을 멀리 피하게 됐다. 문 과장님보다 높은 직급의 상사들은 이 사람이 화를 내건 말건 눈치 볼 일 없겠지만, 바로 옆에 앉은 나는 사회생활 쪼렙이니까 이게 여간 신경 쓰이지 않을 수 없었다.

문 과장님이 발끈하면 혹시 내가 뭘 또 잘못했나 싶어서 앉아있는 내 자리가 가시방석 같고 한참을 안절부절못하게 됐다. 원래 이런 사람이라지만 그의 뾰족한 말투가 내게 들이닥칠 때면 마음이 여간 불편한 게 아니었다. 이런 부정적인 영향은 나의 하루 컨디션을 통째로 망쳐버리기에 충분했다. 주변 분위기가 불편하니 나 역시도 온몸에 날을 세우고 날카로워질 수밖에 없지 않은가?

나도 노발대발 화낼 줄 알고, 힘들면 소리 지르면서 울고 싶고, '쌍시옷!' 이런 욕도 엄청 잘하는데……. 그냥 주변 사람들한테 피해 주기 싫으니까 참을 수 있을 때까지는 참는 거다. 참을 수 없는 성질은 제발 문 과장님을 이해해줄 수 있는 사람 옆에 가서만 하시라고 일러주고 싶었다.

문 과장님, 집에 아내 있으시죠? 차라리 제발 아내한테 가서 하세요. 집에 부모님이 있으면 부모님한테 가서 하시고요. 문 과장님의 단점까지 포근히 감싸 안아줄 수 있는 사람 옆에서만 하시라고요. 제 옆에서는 하지 마세요. 저는 그렇게 마음 넓은 사람이 아니라서 문 과장님 감정 찌꺼기까지 다 받아주진 못하거든요. 제가 무슨 문 과장님 감정 쓰레기통도 아니고! 제가 직급이 낮다고 문 과장님 화난 말투까지 다 받아줘야 하는 건 아니잖아요. 옆에 있는 제 생각도 좀 하시라고요.

화이트칼라라는 지위

회사 로비에 따스한 봄기운이 돌던 날, 처음으로 일층 야외 쉼터에서 팀원들과 커피타임을 갖게 되었다. 맑은 날씨를 온몸으로 만끽하니 해외여행 생각이 절로 나는 날이었다. 모두들 나와 같은 생각을 하고 있었던 모양이다. 문 과장님이 먼저 입을 열었다.

"이번에 매형이 독일에 주재원으로 나가게 됐어요. 한번 나가면 다들 한국 들어오기 싫어한다던데, 매형도 괜찮으면 눌러앉을 생각 하는 것 같아요."

"해외에서 살면 좋을까요? 어떤 분은 한국이 최고라고 하고……. 또 어떤 분은 바리스타 공부하겠다고 해외 나갔었는데, 거기서 결혼도 하고 전보다 훨씬 만족하면서 살더라고요. 지금

제가 해외 가면 그냥 현실 도피겠죠?"

내 말에 홍 팀장님은 의아스럽다는 표정으로 말했다.

"커피 공부? 그럼 블루칼라잖아."

엥? 블루칼라? 나는 팀장님의 마지막 말에 더 이상 말을 잇지 못했다. 혹시 해외 나갈 생각을 하는 내 태도가 마음에 안 드셨던 걸까? 이유야 어찌 됐든 나름 하나는 확실하게 확인할 수 있었다. 팀장님은 자신이 화이트칼라 노동자라는 것에 안도하고 있었다. 솔직히 말하면 나는 내가 화이트칼라 노동자라고 생각해본 적이 없다. 회사를 다니면 다닐수록 그냥 겉모습만 번지르르한 빌딩 안에서 일하는 감정노동자에 불과하다는 걸 깨달았다. 내 주요 업무는 '상사 비위 맞추기' 정도일까?

특히 회식 자리에서는 내가 술집 여자가 된 것 같다는 생각에 빠지기도 한다. 성적 농담을 웃어넘기는 것, 분위기 띄우려 먼저 농담하는 것, 예민하다고 할까 봐 작은 스킨십 정도는 모른 척 넘기는 것, 상사의 빈 소주잔을 채워주는 것까지. 상당 부분 비슷하다. 홍 팀장님이 때때로 술에 취해 상급자의 팔짱을 끼거나, 미팅 가서 고객들에게 '몸 관리를 참 잘하시네요' 인사하는 걸 보고 있으면 정이 뚝뚝 떨어진다. 그런 그녀가 자신을 화이트칼라라고 지칭하고 우쭐하는 걸 보고 있자니 정말 우습다.

아마 술집에서 일하는 사람들은 우릴 보고 고상한 척하는 위선자라고 생각할지도 몰라요. 따지고 보면 그 사람들이 하는 일이 우리가 하는 일이랑 별반 다르지 않은걸요. 우리도 다 술 마시면서 영업하잖아요. 내부 영업이 목적이든 외부 영업이 목적이든, 어쩌면 상대하는 고객까지 같을지도 몰라요. 그런데 우리가 화이트칼라라니! 팀장님은 사람들이 보기에 우리가 화이트칼라라는 게 그나마 위안이 되던가요? 크게 보면 하늘 아래 다 같은 노동자인데요. 그래도 그게 위안이 되다니, 정신력 승리가 부럽네요.

• 실망과 배신감으로 회사에 치를 떨게 된다

　단언컨대 나는 고작 이런 취급을 받겠다고 그렇게 열심히 산 게 아니었다. 입사하겠다고 밤새 자소서를 끄적이던 예전의 나를 할 수만 있다면 결사코 뜯어말리고 싶은 심정이었다. 도대체 누가 내게 직장인의 로망을 심어두었던가? 이제 보니 직장인들 내부는 낙후된 중고차인데 겉만 번지르르하게 외제차처럼 튜닝해놓은 불량품들이었다. 기껏 노력해서 얻은 결과가 이 정도로 실망스러울 줄 알았으면 나는 그렇게까지 열심히 노력할 필요가 없었다. 회사에서의 내 직무는 누군가의 감정 쓰레기통인 게 분명했다. 이렇게 살 거였으면 그냥 돈 없는 백수가 더 나을 뻔했다는 생각이 절로 든다.

　나는 회사에 다니면서 내 감정을 모두 다른 사람들을 위해 소비해버리고 말았다. 누군가를 미워하는 감정이 이렇게나 지치고 끊어내기 힘든 일인 줄은 몰랐다. 이제 가치 없는 사람들의 마음을 얻겠다고 애쓰는 짓도 날 위해 그만둬야 할 때였다. 이분들은 모르는 것 같다. 나도 우리 엄마한테 소중한 딸인데. 밖에서 이런 취급 받으라고 엄마가 날 좋은 밥 먹이고 좋은 옷 입혀가며 키운 게 아닌데. 이렇게 귀한 날 감히 후려치기 하는 이 무례한 사람들을 도저히 그냥 두고 볼 수가 없었다. '인과응보'라는 기적이 왜 사무실 안에서는 눈곱만큼도 찾아볼 수 없는 건지 의문이었다.

제발 부장님 따님도 나와 별반 다를 게 없기를 진심을 다해 빌었다. 내가 이곳에서 들은 모든 말을 부장님 따님도 똑같이 듣게 해달라고. 상사가 좋아하는 귀엽고 앙증맞은 댄스곡을 노래방에서 제대로 불러내기 위해 27년을 성실히 노력하며 살아가게 해 달라고. 자소서를 120장 쓰고도 회사에서 할 수 있는 일이 고작 상사 비위 맞춰주는 것 외에는 없게 해달라고. 제발 부장님이 끝끝내 이 말을 할 수밖에 없게 만들어달라고.

'딸아, 미안하다. 네가 모자란 탓이 아니라 내가 과거에 너무나 경솔했던 탓이란다. 조금만 더 힘내보렴!'

Chapter 5

분노보다
무기력과 우울감이
밀려오는 상태

동병상련

    막내는 언제, 어느 곳에서나 애처롭다. 입사 이후 때때로 '이 분들은 도대체 왜 나를 이렇게 사사건건 못 잡아먹어서 안달인 가. 아마도 이 사람들은 욕받이 한 명이 필요해서 날 뽑았나 보 다'라는 생각이 들 정도로 막내라는 자리는 버거웠다. 그러는 사 이 또 다른 신입이 들어왔고 나는 왠지 처지가 공감 가는 그 애 한테 정이 갔다.

    어느 날 점심, 실 전체가 외부로 순댓국을 먹으러 가게 되었 다. 나는 전화 예약을 미리 해뒀으니 평소처럼 다 같이 이동하면 되겠지 하고 별다른 생각 없이 걷고 있었다. 그런데 본사 입구를 나서자마자 장 과장님이 막내 박 사원을 향해 쏘아붙인다.

    "빨리 안 뛰어가? 뭐 해! 얼른 자리 잡아야 할 거 아니야."

"아, 네!"

순댓국집이 어디 있는지도 모르는 애가 그냥 냅다 뛰어가는 걸 눈으로 보는데……. 와! 나는 장 과장님한테 이렇게 파탄적인 면이 있었는지 그날 처음 알았다. 자리 잡는 행동이 필요하다고 생각했으면 "박 사원, 지금 사람들 한꺼번에 움직이니까 먼저 가서 자리 좀 잡아" 하고 점잖게 한마디 하면 되는 걸, 왜 저렇게 신경질적으로 쏘아붙이는지……. 성격 파탄자가 따로 없었다.

나에게 상사들이 저 정도로 가혹하지 않은 걸 그나마 다행으로 여기고 감사하게 생각해야 하는 건지 혼란스러울 정도였다. 동시에 내가 당할 때는 '내가 정말 많이 잘못했나? 내가 이상한가?' 생각하느라 바빴는데, 한 발자국 떨어져서 그의 모습을 지켜보니 내가 그동안 얼마나 몹쓸 취급을 받고 있었는지 실감하게 됐다. 나는 왠지 모를 동병상련이 느껴지는 박 사원과 친하게 지내고 싶었지만 회사 안에서는 그럴 수가 없었다. 상사들은 나와 대화하는 박 사원을 여자 좋아해서 나하고만 대화하는 이상한 애로 몰아세웠다. 덕분에 얼마 지나지 않아 둘은 회사에서 몇 마디 말도 편하게 나누기 힘든 사이가 되어버렸다.

왜 이렇게 각자 고립시키지 못해서 안달이었을까. 지금 생각해보니 이 사람들은 뭔가 좀 알고 있었던 것 같다. 혼자일 때는 스스로 폭력적인 상황에 처해 있다는 걸 희미하게 인지하면서도 쉽게 반항하지 못한다. 그러나 비슷한 처지의 동료 모습을 한 걸음 떨어져서 보게 되면, 내가 처해 있는 상황이 무언가 잘못됐다는 걸 쉽게 인지할 수 있게 된다. 또한 같은 생각을 하는 동지가 있다는 사실에 반항하기가 훨씬 수월하다. 그래서 신입 사원들끼리 말만 하면 멀찍이 떨어지라고 각자 분리시키기 바빴나 보다. 이제 보니 상사들은 뛰어난 전략가였다.

알코올 쓰레기

옆 팀에 뉴 페이스가 등장했다. 환영은 회식으로 하는 것이라 배운 우리들의 상사들은 역시나 실 회식을 급하게 잡았다. 상사들은 한마음으로 소주를 맥주잔에 가득 따라서 신입에게 건넸다. 연달아 두 잔을 부어버린 그 애 얼굴은 폭주하는 기관차처럼 붉어졌다. 사람이란 무릇 익숙한 광경에 감각이 둔해지기 마련이다. 그 애가 많이 힘들어 보이긴 했지만 '그래 봤자 내일 지각 좀 하겠지. 별일 있겠어?' 대수롭지 않게 여기고 나도 자리에서 일어났다.

다음 날, 하루가 다 가도록 회사에서 그를 찾아볼 수 없었다. 그는 이틀이 지나고 나서야 비닐봉지를 양손에 꽉 쥐고 회사 앞에 모습을 드러냈다. 알고 보니 알코올 알레르기로 식도 전체가 화상을 입었고, 침조차도 삼킬 수가 없어서 비닐봉지에 다 뱉어 내고 있는 중이었다. 그의 자리가 공석인 상태로 일주일이 흘렀고 그 후 출근한 지 4일째 되던 날, 결국 사직서를 제출했다.

나는 그와 마지막 식사를 같이 하면서 인사팀장과 한 면담 이야기를 짧게 전해 들을 수 있었다. 그는 인사팀장에게 불합리한 조직 문화와 회식 문화 때문에 퇴사하겠다는 의사를 밝혔다고 했다. 인사팀장의 반응은 상상 이상으로 더욱 실망스러웠다. 퇴사 사유를 말하고 있는 그에게 신입 사원의 기본자세를 교육했다고 한다.

"신입 사원이면 조직 문화든 회식 문화든 적응하려고 노력해야지. 겨우 4일 출근하고 문제를 논할 자격이 있다고 생각해요?"

이 말을 듣는 순간, 그부터 잘라야 한다고 생각했다. 세상에 한참 뒤처진 회사원으로 전락한 그에게 한마디 하고 싶다.

인사팀장아, 너는 요즘 애들이 너 입사할 때만큼 바본 줄 아니? 4일이면 대부분 다 알아. 그냥 다녀야 하니까 일단 버텨보자는 생각으로 다니는 거야. 그리고 너는 알코올 알레르기 있는 애한테 알코올에 적응하라는 게 말이 되나? 그럼 너는 다리 부러지면 목발 떼고 바로 걷는 데 적응해야겠네. 퇴사 사유가 납득이 안 가면 네가 직접 팀에 들어와서 적응해보지

나는 10층 엘리베이터 앞에서 인사팀장이 내뱉던 혼잣말을 기억한다. "아니, 여기는 도대체 왜 자꾸 퇴사를 하는 거야……." 단언컨대 그는 이미 이 조직의 문제를 알고 있다. 그럼에도 자신에게 닥친 일이 아니니 애써 고치려 시도하지 않는 것이다. 내가 퇴사하는 순간이 오면 나는 이곳 누구에게도 내 퇴사 사유를 말하지 않겠다고 다짐했다. 지금껏 그래 왔듯 못 버티는 사람은 필요 없다고 내게 모든 잘못을 뒤집어씌울 테니까. 내가 떠난 이 조직의 성장을 나는 조금도 기대하지 않는다. 계속해서 후퇴하다가 더 빨리 망해버리면 좋겠다.

전체 공개회의의 폭력성

매주 화요일, 오전 11시쯤이면 영업실과 개발실의 전체 공개회의가 있다. 지하 1층 강당 앞쪽에 소위 말하는 C-level들을 디귿자 모양으로 앉혀놓고 현재 사업 현황을 PPT로 보고하는 자리였다. 처음 이 회의를 뒤쪽에서 가만히 지켜볼 때는 새로운 경험이기도 하고 내가 발표하는 자리가 아니다 보니 TV 보는 것처럼 재미있었다. 회장님이 하는 말이 어떨 때는 너무 어이가 없어서 허벅지를 꼬집으며 웃음을 참기도 했다. 그런데 어느 순간 가만히 이 회의를 지켜보는 것만으로도 사내 정치 라인이 신입사원인 내 눈에도 훤히 다 보였다.

칭찬받는 사람은 계속 칭찬받고 비난받는 사람은 계속 비난받는 기이한 현상이 내 눈앞에서 펼쳐진다. 성공하기 어려운 사업을 단기간 안에 해내라고 던져놓고 비난만 하는 경우도 있고, 이미 경쟁사에 비해 한참 늦은 사업을 잘하고 있다며 치켜세우고 칭찬하는 경우도 있다. 무엇보다 내 눈에 가장 거슬리는 문제는 일 자체보다 사람을 향해 비난하는 경우가 더러 있다는 것이다.

"이 대표, 너는 고집이 센 게 문제야. 그러니까 말을 해도 안 듣잖아. 변화가 없잖아."

"이 전무, 혼자 해결 못 하면 도움을 받아야 할 거 아니야. 다음 분기까지 결과 못 내면 회사 나가."

"너 지금 웃었어?"

"너 내가 괜한 돈 들여서 사업하는 줄 알아? 너 나가고 싶어?"

최소 40~50세 먹은 상사들이 아랫사람들이 다 지켜보는 곳에서 공개적으로 비난받을 때의 느낌을 정확히 알 수는 없다. 하지만 분명한 건 상당히 폭력적이라는 것이다. 단 한 사람에 의해 내 능력에 대한 평가가 좌지우지되고 평생을 바친 직장조차 잃을 수 있다는 사실이 꽤 무겁게 다가왔다. 저 높은 사람들도 회장님 말 한마디에 벌벌 떨면서 굽힐 수밖에 없는 게 지금 내가 하고 있는 직장 생활이라니. 결국 나는 회사를 다니면 다닐수록 더 바짝 굽혀야 한다는 얘기인 거다.

누군가가 내게 말했다. 자신이 5년 만에 상무로 쾌속 승진할 수 있었던 건 상사가 원하는 걸 다른 사람보다 빠르고 정확하게 했던 덕분이라고. 지금 보니 이런 사람들은 대단하다. 상사가 원하는 걸 알아채는 건 둘째로 치더라도 그걸 행동으로 옮긴다는 건 알량한 자존심 따위는 죄다 버렸단 얘기니까. 그래, 그런 사람들이 임원이 되는 거지.

출근 셔틀

가끔 회식을 가래떡 늘이듯 쭉쭉 늘여서 하루 종일 하는 날이 있다. 대낮부터 홀짝홀짝 마셔대다가 차가 끊길 때가 돼서야 인사하며 헤어진 날이었다. 지루한 회식이 끝났으니 얼른 집에 가려고 재빨리 돌아섰는데, 근심 어린 천 사원의 얼굴이 보였다. 당시에는 그 표정의 의미를 제대로 헤아리지 못했었는데 다음 날이 돼서야 "하, 또?" 하는 한숨 짙은 표정이었다는 걸 알 수 있었다. 간만에 일찍 출근한 내가 사무실 문을 열고 들어섰는데, 이른 시간이었음에도 이미 천 사원이 출근해서 자리에 앉아 있었다. 깜짝 놀라 그에게 말했다.

"엄청 일찍 출근했네!"

"쉿! (속삭이듯) 팀장님……. 뒤에서 쉬고 계셔."

우리는 카페로 자리를 옮길 수밖에 없었다.

"어제 집 가기 직전에, 나더러 아침에 데리러 오라고 하더라. 그래서 오늘 같이 출근했어. 와, 진짜 피곤하다."

"팀장님 집 찍고 온 거야? 그럼 도대체 몇 시에 일어난 거야?"

"이제 맨날 부를 거 같아. 차 샀더니 시도 때도 없이 불러대."

그의 촉은 아주 정확했다. 술 마신 다음 날이면 천 사원은 어김없이 팀장님 집 앞으로 출동했다. 날이 갈수록 그의 얼굴은 홀쭉해져갔고 금세 체중 8킬로그램이 줄었다. 밤늦게까지 술 먹여놓고 새벽같이 자기 집 앞으로 출근하라는 게 폭력이 아니면 도대체 뭐란 말인가……. 게다가 7시 40분이면 출근해 있던데, 그럼 천 사원은 도대체 몇 시에 일어났다는 얘기일까? 천 사원은 내심 '내가 이 정도 고생하면 언젠가 한 번은 끌어주겠지' 기대하는 듯 보였다.

내가 볼 때 팀장님은 '호의가 계속되면 그게 권리인 줄 안다'는 말이 훨씬 더 잘 어울리는 사람이다. 그나저나 늙어서 아침잠이 없는 건지, 집을 한시라도 빨리 벗어나지 않으면 안 되는 이유라도 있는 건지……. 일찍 나오고 싶으면 혼자 더 부지런히 움직이면 되는 걸, 왜 다른 사람까지 같이 고생시키는지 알 수 없는 노릇이다. 진정한 민폐의 아이콘이다. 일찍 와서 손톱 깎고 한숨 잘 거면 제발 집에서 다 해결하고 나오면 좋겠다.

홋날 시간이 흘러서 더 충격적인 사실을 알게 됐는데, 이런 팀장님들이 대한민국에 한두 분이 아니라는 거다. 일과 일상의 경계가 없어서 그런지, 출근 시간 전후에도 부하 직원을 맘대로 부려도 된다고 여긴다.

천 사원의 출근 셔틀을 지켜보다가 예전에 우리 집에 자주 왔던 아빠의 부하 직원 한 분이 떠올랐다. '저 사람은 왜 저렇게 우리 집에 자주 와?' '나 학교 가야 되는데 왜 아침부터 남의 집에 와 있어?' '저 사람은 우리 엄마 김치찌개를 유난히 맛있다고 하면서 먹네. 집에 밥이 없나……' 하고 속으로 욕했었는데 지금 보니 그 사람은 사회생활을 열심히 하고 있었던 거다. 그분이 속으로 우리 아빠를 얼마나 욕했을지 안 봐도 비디오다. '먹고사느라고 별의별 짓을 다 한다. 이놈의 먹고사니즘 끝이 있긴 하는 거냐?'라며 하루에도 몇 번씩 혼자 욕했겠지.

지옥철

10분만, 5분만, 2분만……. 눈을 반쯤 감은 채로 알람을 다시 맞춘다. 그러다 보면 출근 시간 지키기가 상당히 빠듯하다. 더도 말고 덜도 말고 딱 10분만 일찍 눈뜨면 되는데 그게 참 안 되는 내가 밉다. 제대로 투덜거릴 시간도 없이 얼른 지하철역을 향해 내달린다. 다행히도 출발 직전의 지하철을 가까스로 잡아탔다. 내가 마지막 행운아겠지 생각하고 문 앞에 서 있는데 닫히기 일보 직전 남자 한 명이 온몸으로 문틈을 비집고 들어온다. 더 이상 사람이 탈 수 없을 것 같았던 지하철 안이 내 생각보다 훨씬 넓고 탄력적이라는 걸 새삼 느끼는 순간이었다. 나도 나지만 그 남성의 지하철 탑승은 너무나 위험천만해 보였고, 사고가 나더라도 전동차 운전사만을 탓하기는 어려운 상황이었다.

'저 남자, 지각하면 회사에서 바로 잘리는 건가? 오늘 아침 일찍 중요한 회의가 있나? 지각하면 나처럼 상사한테 하루 종일 혼날까 봐 그런가?' 분명 사람 목숨보다 귀한 건 없다고 교육받았는데 어째 세상에는 그보다 중요한 게 훨씬 많은 것 같다. 필사적인 그 남성의 몸짓을 이해할 수 없을 듯하다가도 이해가 된다. 지하철 문이 닫히는 순간, 열차를 놓치지 않았다는 안도감은 모두 사라지고 짜증스러운 마음만 가득 차올랐다. 편하지도 않은 복장으로 사람들과 이리저리 부대끼며 가는 내 신세가 마치 실험실 쥐 같았다. 내가 가는 이 방향이 맞는 건지 지하철 안내판 하나 제대로 확인할 틈도 없이 정해진 곳을 향해 무작정 내달린다.

입사 전에는 내가 이 시간에 지하철을 타지 못한다는 게 남들보다 뒤처져 있는 증거라고 생각했었는데, 막상 지하철을 타고 보니 이게 잘 살고 있다는 증거가 될 수 없다는 걸 깨달았다. 지하철에서 내리고 나서도 10분 정도를 더 뛰어야 도착할 수 있는 회사 때문에, 주말 데이트 나가는 것도 힘들어서 3~4시간을 미루기 일쑤였다. 가고 싶지 않은 곳에 무기력하게 출근하는 일상을 내가 얼마나 더 버틸 수 있을지 확신할 수 없었다.

사람들은 익숙해지는 과정이라고 말하던데 정말 내게도 익숙해지는 날이 오기는 하는 건지 너무 불안하다. 이럴 때는 재빨리 좋은 점을 하나 생각해본다.

술을 이렇게 매일 처먹는데 생각보다 살이 안 찌는 건 아침마다 꾸준히 운동을 해서 그런 거야. 출퇴근길에 소모하는 에너지만 해도 어제 내가 먹은 삼겹살 칼로리는 그냥 날리는 것 같잖아.

오전 8시 45분 회사에 도착했다. 분명 9시가 출근 시간인데 선배들 눈에는 이미 난 지각자나 다름없다. 8시 반 전에 도착해야 제대로 출근하는 거라고 당연하게 믿고 행동하는 이곳 사람들이 나는 아이러니하다. 나조차도 늦었다고 문 앞에서 뛰고 있는 걸 보면 난 학습당한 실험실 쥐가 확실하다. 이럴 거면 애초에 8시 반 출근, 5시 반 퇴근으로 사내 규칙을 바꿔야 하는 거 아닐까. 퇴근 시간에는 맨날 연장 근무처럼 회식하면서 아침에만 일찍 나오라는 건 도대체 무슨 역발상일까.

모두의 꿈, 퇴사

백수일 때는 취업이 목표였지만, 막상 취업을 하고 나면 모두가 퇴사를 꿈꾼다. 이건 신입 사원인 나만 꿈꾸는 일이 아니라는 현실에 슬펐던 하루가 있었다. 여느 때처럼 팀원들과 점심 식사를 하고 사내 카페에서 커피 한 잔씩을 마셨다. 이 시간마다 장 과장님은 늘 입버릇처럼 창업 아이템에 관한 이야기를 꺼낸다.

"장인어른 건물에 자리 하나가 비었다네. 독서실 차리면 어떨까 싶어."

"김 사원, 소주잔 밑에 건배사를 새기는 거 어떻게 생각해? 이거 좋은 아이템 같지?"

"김 사원, 나는 먹여 살릴 처자식이 있어서 그런 거야."

어른스럽고 현실적인 척 말하고 있지만 실은 현실에서 도피하고 싶은 마음으로 가득 찬 말이다. 과장님도 나와 별반 다르지 않게 퇴사를 꿈꾸며 회사 생활을 하고 있었다. 나는 퇴근하고 집에 올 때마다 같은 생각을 한다.

'오늘은 자기 전에 이력서 꼭 써야지. 얼른 이직해야 돼. 시기 놓치면 나 평생 이렇게 회사 다녀야 할지도 몰라. 아니다. 그냥 회사 안에서 죽을지도 모르겠구나.'

'우리 집이 엄청난 부자였으면 좋겠다. 창업하고 말아먹어도 구제가 가능하다면 뭐든 해볼 수 있을 텐데 말이야.'

'말로는 당장 퇴사할 것처럼 굴면서 난 또 왜 회사에서 시키는 건 열심히 하고 있을까. 이건 뭔 또 쓸데없는 성실성이래.'

'내가 회사를 다니는 것은 나중에 내가 원하는 걸 하고 싶어서야. 그냥 감정 넣지 말고 아무 생각 없이 다니자. 그런데 오늘 유난히 더 온몸이 아프네. 막상 다른 걸 할 수 있는 체력이 남아 있질 않잖아.'

내 회사 생활에 전혀 득 될 게 없는 개똥 같은 생각들만 매번 꼬리에 꼬리를 문다. 차라리 '이건 내 업보다' 하고 현실을 받아들였으면 더 발전할 수 있었을지 모르겠다. 그런데 현실을 인정해버리면 당장 회사를 그만둘 것만 같아서 그 어떤 것도 선택하지 못한 채로 시간을 흘려보냈다. 그래도 과장님은 나와 다르게 자신이 하고 있는 일에 자부심도 느끼고, 자신을 인정해주는 상사와 회사에 어느 정도 만족하며 살고 있을 거라고 지레짐작했다. 그런데 결국 뚜껑을 열어보니 과장님 꿈도 행복한 퇴사였다. 다들 그냥 버티기만 하는 거라니. 또 문득 쓸데없는 생각이 밀려왔다.

내가 사원, 대리, 과장, 부장…… 직급이 올라가도 평생 그냥 버텨야 한다는 생각으로 회사를 다니게 되겠구나. 그렇다고 내가 임원이 될 만큼 강하거나 잘나지도 않은 것 같은데. 내가 지금 회사를 다니는 건 순전히 돈 때문인가? 하, 이제 돈만으로는 회사를 버티며 다니는 이유로 충분치가 않은 것 같아.

씹다 버린 껌

    입사했을 때, 유독 존재감이 없는 상사 한 분이 계셨다. 직책은 부장인데 자리에 앉아 계신 걸 거의 보지 못했다. 같은 회사 안에 있지만 같은 조직원이 아닌 것 같은 느낌이 드는 사람, 주변 직원들이 대놓고 무시하지는 않아도 좀처럼 엮이려 들지 않는 사람이었다. 얼마 뒤, 그 이유를 알게 되었다. 바로 퇴직을 앞둔 분이셨다.

    그 부장님을 떠나보내는 마지막 회식 자리에서였다. 공교롭게도 같은 테이블에 앉아 있던 나는 옆에 나란히 앉은 부장님과 실장님의 대화를 엿듣게 되었다. 부장님이 술을 한 잔 걸치고 조심스레 입을 열었다.

    "나 나가서 대리점 개업하면 좀 도와줘."

부장님 얼굴을 뵌 지 3개월도 채 되지 않았지만, 도와달라는 말이 얼마나 많은 망설임 끝에 나왔을지 짐작할 수 있었다. 실장님은 내 쪽으로 시선을 황급히 돌리며 대답을 회피했다.

다음 날, 실장님은 장 과장님에게 "김 부장 책상 위에 있던 물건들 싹 다 갖다 버려"라고 지시하셨다. 누군가는 떠나간 김 부장님을 입에 올리며 "회사 안에 있을 때나 좀 잘하지, 왜 나가면서 도와달래?" 하고 타박했다. 오랜 시간 함께 근무한 직장 동료도 나가는 순간 남보다 못한 사이가 되는 게 회사라는 곳이라는 걸 깨닫게 된 순간이자, 평생직장이 없다는 현실을 눈앞에서 마주한 순간이었다. 더 나아가 회사를 나가는 순간, 갑과 을이 너무나 쉽게 뒤바뀔 수 있다는 사실을 몸소 배우게 된 시간이었다.

떠나간 그 부장님을 생각하면 첫 회사 마지막 미팅 자리에서 만났던 40대 중년 남자의 얼굴이 떠오른다. 은행에서 평생을 근무하다가 정리해고 명단에 오르고 새롭게 카페 창업을 해보겠다고 온 가장이었다. 사회생활을 하면서 너무나 쉽게 마주하는 40대의 모습이었다. 아무리 좋은 회사를 다녔다 해도, 막상 나오면 슬프게도 참 별게 없다. '회사에서는 대접받았었는데 막상 나오게 되니 내가 참 별거 없네' 하며 느끼게 되는 삶의 시차, 그 격차는 어떨까. 단물 다 빠진 씹다 버린 껌이 된 느낌일까. 아니면, 평생을 열심히 일했는데 감히 날 버리다니, 이런 괘씸한 배신감이 밀려올까? 그 40대 중년 남자의 어깨가 축 처진 것도, 퇴직한 우리 아빠가 한동안 우울해했던 것도 아마 비슷한 감정을 느꼈던 탓이리라 짐작해본다.

공황장애 앓는 부장님

　회사를 다니는 건 신입 사원에게나 이미 산전수전 다 겪은 부장님에게나 힘든 일인 게 분명하다. 우리 팀 이 부장님은 회사 생활이 많이 힘드신지 지병을 달고 사셨다. 책상 위에도 가방 안에도 항상 약봉지가 가득했다. 약간의 알코올 중독 증세와 높은 간 수치, 심지어 통풍까지 있었다. 공황장애까지 있어서 매주 화요일에 정신병원에 출석하셨다. 대형 종합병원에 가까운 분이시라 하는 짓이 밉다가도 자연스레 측은지심을 불러일으키는 분이셨다. 이 공황장애의 원인은 실장님이라고 했다. 사람들이 실장님을 표현하는 문장은 대략 세 가지로 압축된다.

　"본받을 점이 여러모로 많은 사람인데 엄청 집요한 사람이야. 해야겠다고 생각하면 무조건 하게 만드는 사람이고."

"숫자 하나 틀린 것까지도 기가 막히게 알아보는 양반이야. 살면서 저렇게 꼼꼼하고 유난스러운 사람 처음 봤어."

"내가 볼 때, 실장님은 친구가 많지 않아. 일적으로 만나는 사람 외에는 없을 거야. 기본적으로 일에 미친 사람이야."

간혹 실장님이 기업영업팀 전원을 실장실에 집합시키는 날이 있는데, 이날은 직사각형 탁자에서 종일 수백 가지 질문들을 무차별적으로 받는 날이라고 보면 된다. 언젠가 실장님이 내뱉은 말 한마디로 탁자 위 분위기를 조금은 짐작할 수 있었다.

"아랫사람이 일을 제대로 했는지 안 했는지 알 수 있는 방법은 계속 질문하는 거야. 간단한 질문에서 세부적인 질문으로 계속해서 파고드는 거지. 어느 정도 선에서 대답을 못 하기 시작하는지 보면 대충 알 수 있어. 제대로 미팅하고 돌아왔다면 상대방이 하는 말을 다 파악하고 있어야 하잖아."

나는 실장님이 사람 눈을 쳐다보지 않고 대충 말하는 걸 본 적이 없다. 가끔 내게 날아오는 질문이 많아지는 날이면 신입 사원인 나조차도 숨이 꽉 막히기 시작한다. '실장실 탁자에서 매일 회의가 있었다면 나 같아도 충분히 공황장애가 걸릴 수밖에 없겠구나.' 단번에 수긍이 됐다. 그런 실장님이 날 보며 "넌 내 과야"라고 말하는데 진심으로 강력히 부정하고 싶었다.

아니요, 실장님. 저는 꼼꼼함과는 거리가 멀어요. 기본적으로 저는 다른 사람한테 별로 관심이 없거든요. 질문 많이 하는 것도 별로 안 좋아하고요. 가끔은 열심히 노력해서 얻는 것보다 대충 했는데 얻어걸리는 게 더 기분이 좋기도 해요. 실장님은 집요하긴 한데 사람 보는 눈이 약간 없으시네요. 만약 실장님 같은 성격이 임원의 자질이라면, 저는 애초에 다시 태어나야 가능한 일인 것 같아요. 실장님처럼 살려면 24시간 실수 없이 긴장하고 살아야 한다는 건데 그게 인간이 할 수 있는 일인가요? 감정이 있긴 하신 거죠?

넌 어딜 가나 똑같을 거야

너무 지쳐 책상 위의 모니터를 보고 있으면 내 인생이 정말 폭삭 망한 것 같은 느낌이 들었다. 입사하고 밀려오는 우울감에 어쩔 줄 몰라할 때, 그 기운은 감지한 옆 팀 이 부장님은 제품 교육 중간에 이런 말을 하셨다.

"어딜 가나 똑같아요. 여기서 못 버티면 다른 곳에 가서도 못 버텨요. 회사 생활 못 하면 밖에 나가서도 할 수 있는 게 아무것도 없어요."

그때 나는 부장님의 말에 쉽게 수긍했다. 두 번째 퇴사를 입 밖으로 꺼내기에는 내 선택에 확신이 없었다. 아니, 좀 더 정확하게 표현하자면, 나도 나한테 문제가 있을 수 있다고 생각했던 거다. 평생 한 곳에서 직장 생활을 해온 이 부장님이 자기 기준에서 근거 없이 던진 말 한마디였을 뿐인데, 나보다 인생을 더 산 어른이 하는 말이니까 의심 없이 수용해버렸던 것이다. 퇴사하기 바로 전날, 우리 팀 이 차장님은 사직서를 제출하고 온 나를 앞에 두고 한마디 던졌다.

"너 어딜 가나 같을 거야."

'진짜 그런 걸까? 나만 문제인 건가?' 퇴사하고 나니, 전보다 더 사회생활을 제대로 할 수가 없었다. 나는 이 차장님 마지막 말에 너무 필요 이상으로 의미 부여를 해버렸고 그게 맞을지도 모른다고 믿어버렸다. 이때, 나는 너무 큰 실수를 했다. 단언컨대 회사를 선택한 책임은 내게 있을지언정 퇴사를 하게 된 것은 결코 내 탓만이 아니었다. 뼛속까지 우겼어야 했는데 내가 쓸데 없이 너무 착했다. 이왕 개차반으로 헤어질 거, 나도 꼭 이 차장님한테 몇 마디 던졌어야 했다.

아! 여기는 내가 아닌 누가 와도 같을 거예요. 누가 들어와도 니들 마음에 드는 신입 사원은 없을 거라고요. 나만 한 애 찾기 힘들걸요? 짧은 시간에 같이 일하던 사람들 몇 명이 나갔는데 어떻게 여기가 정상적인 회사라는 거예요? 쓰레기들 사이에 있으니까 자기가 쓰레기인 줄 모르죠? 솔직히 차장님도 회사 나가고 싶은데 갈 데 없어서 여기 있는 거 아니에요? 진짜 다니고 싶으면 어디 한번 잘 버텨봐요. 실적 못 내서 금방 잘리겠지만! 문 과장님이랑 이 부장님 실적에 업혀가는 것도 그리 오래는 못 할 거예요. 그리고 내 퇴사 사유의 팔할은 이 차장, 바로 너예요.

퇴사 면담

퇴사하기 전에 거치는 의례적인 면담 시간. 애초에 퇴사할 마음을 바꿀 생각도, 퇴사 사유를 솔직하게 말할 생각도 없었다. 지내는 내내 발암물질 같았던 이곳을 한시라도 빨리 벗어나고 싶을 뿐이었다. 여기서 보낸 모든 시간이 퇴사 사유였고 다시 잘해볼 생각도, 이유도, 의지도 없었다. 그냥 도망치듯 나가는 퇴사였다.

시간이 꽤 많이 흐른 지금도 퇴사 면담에서 나눴던 말들은 단어 하나하나가 생생하다. 인생을 살면서 내가 사람에게 이토록 실망할 수 있다는 사실이 정말 놀라웠으니까. 가장 기억에 남는 한 단락을 꼽자면 이렇다.

"김 사원, 나는 너 하나도 걱정 안 해. 근데 성질은 좀 죽여라. 아직 잘 모르겠지만 아마 너는 일을 잘할 것 같아. 그런데 내가 인생을 조금 더 살아보니까 일을 잘하는 게 생각보다 별로 중요하지 않더라. 회사 다 똑같아. 어디를 가든 좋은 상사를 만나는 게 훨씬 더 중요해. 누가 너 괴롭혔으면 내가 혼내주려고 했는데……."

옛말에 '가만히 있으면 중간이라도 간다'라는 말이 있던데 딱 그 순간에 필요한 말이 아닌가 싶었다. 나가기 전에 꼭 이 말을 했어야 했는데 내가 차마 경황이 없어 전하지 못한 말이 있다.

설마, 네가 좋은 상사라고 생각해? 내 퇴사 사유에 너는 없다고 생각하니? 내 퇴사 사유에 네가 아예 없는 건 아니야. 너 회식 자리에서 탁자 밑으로 내 엉덩이랑 허벅지 만졌잖아. 지금 네가 나한테 할 말은 이게 아니라 미안하다고 사과를 해야지. 너 같은 게 상사고, 너 같은 게 임원이고, 너 같은 게 어른이라서 사람들이 다 회사 생활이 거지 같다고 하는 거야. 내가 너보다 인생을 더 살지는 않았지만, 나도 너한테 인생 조언 하나를 해주고 싶은데……. 너도 딸 있잖아. 세상이 짧은 시간 안에 얼마나 변할지 모르겠지만 네 딸이 사는 세상도 내가 사는 세상하고 별반 다르지 않을 거야. 나중에 딸이 너한테 회사에서 있었던 일들 털어놓을 때, 최소한 같이 욕해줄 수 있는 아빠는 되길 바란다.

나는 꼭 이 말을 그에게 했어야 했다. 굳이 그와의 사건을 문제 삼지 않은 건, 조금이라도 감정 낭비 없이 빨리 나가고 싶었고, 사람들의 호기심 대상이 되고 싶지 않았기 때문이다. 전 직장에서 여자 과장님이 비슷한 이유로 퇴사했던 일이 있었다. 그때 겪은 놀라운 현실은, 사람들이 남자 상사를 욕하기만 할 것 같지만 실상은 많이 다르다는 거였다. 진짜 둘이 뭐 있었던 거 아니냐고 호기심 어린 눈빛을 보내는 사람이 생각보다 꽤 많은 게 현실이었다. 요즘 회사에서 성희롱 예방하겠다고 여러 방면으로 애쓰던데, 내가 생각하는 가장 좋은 예방법은 자신이 성범죄자가 될 수 있다는 사실을 확실하게 인지하고 사는 거다. 단언컨대 직장 내 성범죄자는 누구나 될 수 있다.

눈물은 안 돼

첫 회사에 입사하고 3개월쯤 지났을 때, 영업3팀 김 부장님으로부터 밤늦게 전화 한 통이 걸려왔다. 거의 욕만 안 했지, 바늘 100개 정도는 꽂아놓은 목소리에 전화를 받자마자 지레 겁을 먹었다.

"야, 김 사원. 내 담당 지역 고객 네가 상담했어? 상식적으로 남의 지역 고객 함부로 건드리는 거 말이 되냐? 어떻게 생각해!"

지금 생각해보면 별말 아니었는데, 전화를 받자마자 대성통곡을 해버렸다. 우리 팀장님이 3개월 내내 긁어놓은 내 마음의 상처에 김 부장님이 고춧가루 한 스푼을 아주 살짝 뿌렸다고 해야 하나. 전화기 너머로 들려오는 김 부장님의 큰 목소리에 내 몸이 잔뜩 움츠러들었다. 동시에 당일 오전부터 참아온 서러움이 한꺼번에 폭발하는 순간이었다. 그래도 일단 부장님이 물어보시니까 숨넘어가는 목소리로 대답을 꾸역꾸역 이어나갔다.

"담당 지역이 저희 팀이랑 영업3팀이랑 애매하게 겹쳐요. 그래서 저희 팀장님한테 여쭤봤는데, 고객 놓치기 전에 빨리 진행하는 게 좋다고 하셔서요. 저한테 분배된 고객 DB에 있는 사람이기도 해서 처음에는 담당 지역 문제가 있는지 모르고 미팅한 고객이었어요. 죄송합니다."

"그래, 울지 말고 일단 쉬어라. 그냥 네 생각 물어보려고 전화한 거야."

"네, 내일 뵙겠습니다."

다음 날, 김 부장님은 나를 불러다가 어르고 달래주었다. "그래, 일하다 보면 실수할 때도 있는 거야. 너희 팀장이 시켰겠지. 네가 뭘 잘못이 있겠냐. 잡음이 생긴다는 건 잘하고 있다는 거야." 예상외로 참 매끄럽게 잘도 넘어간다 싶었는데 그날 이후로 나는 울보가 별명처럼 따라붙었다. (단 한 번 울었는데!) 말 그대로 놀림감이 되었다고 해야 하나. 그래서 다시는 어디 가서 뭘 하더라도 울지는 말아야겠다고 다짐했다.

우여곡절 끝에 두 번째 회사에 입사했을 때, 상사들이 날 처음 보자마자 한 말이 있었다. "너 들어오기 전에 우리 팀에 여자 대리가 한 명 있었는데 틈만 나면 울었어. 너는 제발 울지만 마."
그래서 퇴사하는 날, 화장실에서 딱 한 번 울었다. 집에 가는 길 내내 너무 억울하고 서러워서 그동안 참았던 눈물을 얼마나 흘렸는지 모른다.

지금 생각해보면 회사 안에 있을 때 그냥 울 걸 그랬다. 멀쩡한 척 버티는 것보다는 그냥 한 번 불쌍한 척 우는 게 훨씬 현명한 방법이었을지 모른다. 말이 안 통하는 인간들에게 감성적으로 건드려볼 수도 있는 거니까.

누가 나한테 울지 말라 그랬어? 웃지도 못하게 하고 울지도 못하게 하고…… 그냥 AI랑 일하지 그러냐!

도대체 내가 왜 그랬을까?

　회식 자리가 참 웃긴 게, 조금만 방심하면 '내가 고작 이런 취급 받으려고 지금까지 이렇게 열심히 살았나?' 이런 자괴감이 밀려오게 하는 상황들이 연이어 튀어나온다는 것이다. 그뿐만 아니라 나도 모르는 나의 모습을 수없이 발견하게 되는 이상한 자리다. 술이 문제인지 사람이 문제인지 정확한 원인은 알 수 없지만, 그냥 여러모로 문제인 자리인 건 분명하다.

　1분기 마감 직전, 이 부장님과 담당 지역 거래처들을 순회하다가 회식 자리에 뒤늦게 합류한 날이 있었다. 어찌 된 일인지 또 높으신 분들이 이곳저곳에서 행차하셨고 자리에 앉자마자 내게 신입 사원 근황 토크를 먼저 제안하셨다. 나에게는 그때부터가 총성 없는 전쟁이다.

[1 ROUND]

"김 사원, 며칠째 안 보여서 벌써 퇴사한 줄 알았어. 김 사원 요즘 멘토는 누구야?"

"이 차장님입니다."

"교육은 잘 받고 있어? 뭘 어떻게 받고 있니?"

"회의실에서 프로젝터 켜놓고 기본적인 제품 특성이랑 기술 용어들 숙지할 수 있게 가르쳐주십니다."

"와……. 회의실에서 둘이? 이 차장, 나도 얘랑 둘만 있고 싶어. 김 사원 너는 어때? 너도 내가 멘토 되는 게 더 좋다고 생각 하지 않니?"

"아, 그럼요."

도대체 내가 왜 그랬을까? 생각할수록 성희롱인데 대처를 너 무 거지같이 했다. 순간적으로 다들 농담처럼 받아들이니까 나도 농담이라고 착각했나? 화를 내도 모자랄 판에 내가 왜 거기서 웃고 있었을까.

[2 ROUND]

"김 사원, 부사장님 술잔 비었잖아. 얼른 한 잔 따라드려."

"아우, 요즘 애들 가르치기 힘들어. 애들이 술만 따르라고 하면 소주잔 하나를 가득 따라. 반만 채우고 '나머지는 제 마음입니다' 이러면 좀 좋아?"

"아, 부사장님, 한 잔 받으세요. 나머지는 제 마음입니다."

도대체 내가 왜 그랬을까? 아니지. 충분히 술 한 잔 따라드릴 수도 있지, 뭐. 남자 신입 사원들도 회사 들어오면 다 하는 거 잖아. 그건 그렇다 치고 언제부터 내가 이렇게 아부를 잘했을 까? 나머지는 제 마음입니다? 이게 말이야, 방귀야? 혹시 이 거 성희롱인데 나 지금 웃으면서 동조한 건가? 분명 이런 상 황에서는 단호하게 대처하라고 배우긴 했는데, 막상 상황이 닥치니까 내가 기분 나쁜지도 헷갈리더라. 항상 집 갈 때쯤 돼서야 제대로 대처하지 못한 나한테 화가 나고 죄책감인지 자괴감인지 정확히 알 수 없는 불편한 감정들이 계속해서 뒤 따라 붙고. 그런데 내가 정말 이상하긴 하다. 잘못은 이분들 이 다 했는데 왜 결국 항상 나를 이렇게 탓하고 있는 건지. 그 냥 이분들이 죄다 쓰레기인데, 내가 왜 대처를 못 했다고 자 책하고 있어야 하지? 그런데 상식적으로도 가만히 있다가 쌍 욕 들었다고 바로 입에서 똑같이 쌍욕이 나가진 않잖아.

신문 사건

학창 시절 우유 당번이 있었던 것처럼 회사에는 신문 당번이 있었다. 실장님이 정기구독 하는 일간지 세 종류를 자리 위에 가지런히 가져다 놓는 게 업무였다. 한동안은 이 차장님이 신문 당번이었지만, 얼마 지나지 않아 장 과장님으로 교체되었다.

장 과장님이 내 옆을 스쳐 지나가며 말했다.

"이 차장님이 일간지 하나를 자꾸 잘못 가져다 놓는다네. 원래 마케팅 하던 애라 영업은 좀 안 맞는 것 같다고 하시더라."

신문 당번이 교체되고 며칠 뒤, 이 차장님이 부장님 앞에서 속상한 듯 혼잣말로 얘기했다.

"아무래도 실장님이 저를 못마땅해하시는 것 같아요. 나한테 일을 점점 안 맡기셔."

한 사람을 두고 벌이는 삼각관계라니! 이날은 이 차장님에게서 왠지 모를 소녀 감성이 느껴졌다. 회사 생활을 그렇게까지 사랑하며 할 수 있다는 게 부럽기도 하고, 한편으로는 신문 당번 하나 넘어갔을 뿐인데 아무래도 자기를 싫어하시는 것 같다며 속상해하는 모습이 측은해 보였다. 짝사랑하는 소녀의 마음이 얼핏 보였다고나 할까. 좋아하는 사람 말 한마디에 하루에도 천당과 지옥을 수차례 오가고 대수롭지 않은 말에 의미 부여해가며 끝없이 깊어지는 마음, 딱 그런 감정이 보였다.

갑자기 대학교 신입생 때 좋아했던 선배 하나가 생각났다. 나를 너무 잘 챙겨줘서 '이 선배가 혹시 날 좋아하나? 고백해볼까?' 혼자 고민하고 있었는데, 한 학기가 끝날 때쯤 보니 이미 동기랑 연애를 하고 있었다. 그래서 처음에는 뭐 이런 개똥 같은 상황이 다 있나 싶어서 화가 났었는데, '참나, 내가 누구인데……. 네가 감히?' 바로 마음 접고 다른 남자를 만났다. 회사 생활도 대학생 때 하던 연애같이 쉬웠으면 좋겠다. 내 상사가 "넌 애가 진짜 왜 그러니?" 이러면, '아, 이분은 내가 정말 별로인가 보다. 얼른 정리하고 다른 상사 만나야지' 이렇게 단순하게 생각할 수 있으면 참 좋을 텐데, 그러면 직장인들의 삶이 지금보다는 행복해질 수 있지 않을까.

차장님, 실장님은 이미 자기가 뭐라고 했는지 다 잊어버렸을 걸요. 사람이 신문 하나 잘못 가져다 놓을 수도 있는 거지. 그거 하나 가지고 '얘는 영업이 아니야' 과대 해석하는 사람이 그냥 사이코 아닌가요? 사실 그깟 신문 자기 손으로 직접 가져다 놓을 수도 있는 일이잖아요. 회사 다니면서부터는 이상하게 별로 죄송하지도 않은데 죄송하다고 해야 하는 상황이 참 많아지네요.

70장짜리 PPT

회사가 신사업을 동시다발적으로 추진하던 중이었다. 문어발처럼 여러 사업을 사방에 걸쳐놓았고 그중 하나는 이제 곧 시장에 풀어놔야 하는 상황이었다. 그런데 막상 사업부마다 개발 인력만 있다 보니 실제 시장에서 영업할 준비는 하나도 안 돼 있었다. 결국은 보다 못한 회장님이 영업실장에게 현재 진행 중인 신사업들 영업 전략 짜서 빠른 시일 내에 보고하라고 지시했다.

대망의 날은 금세 밝아왔다. 상사들은 밤을 지새워서 보고 자료를 만들었고, 보고하는 날에는 영업실 전 직원이 회장실로 불려 올라갔다. 그 자리에서 가장 눈에 띄었던 것은 보고 자료의 양이었다. 글이 빼곡한 70장짜리 PPT. 그동안 살면서 본 적 없던 양이었는데, 자료 양과는 대비되게 보고는 1시간도 채 지나지 않아 끝이 났다. 오후에 외근을 나가면서 문 과장님으로부터 이 PPT에 숨겨진 진실을 전해 들을 수 있었다.

"김 사원, 보고 자료 양 엄청 늘려놓은 거 봤지?"

"네, 영업실 회의 내용 전체 다 들어가 있겠던데요? 결국 너무 길어서 회장님이 중간에 끊었잖아요. 나는 영업실장만 믿는다고, 알아서 잘하라고."

"그거 일부러 그렇게 한 거야. 신사업 시장 가능성 없다고 아무리 외쳐대도 어차피 우리가 떠맡게 되어 있거든. 회장님이 전체 공개회의에서 쐐기 박았잖아. 영업실, 자기 밥그릇만 챙길 생각 하지 말고 신사업에 협조하라고. 그래서 만든 형식적인 보고였어. 양이라도 늘려놔야 회장님이 열심히 협조하는구나 생각하실 거 아니야. 또 사업 가능성 없는 신사업들은 미리 어려울 것 같다고 쿠션을 깔아둬야 결과가 안 좋아도 우리가 할 말이 생기잖아. 그거 말하려고 한 보고였던 거야."

입사하자마자 들었던 온라인 교육 내용이 생각났다. 보고 대상자와 상황에 따라 전달 형식을 달리하라는 게 핵심 내용이었다. 배움을 현장에 적용하는 우리 상사들의 모습을 보고 있자니 내가 그동안 이렇게 지적이신 분들을 너무 몰라본 것 같아서 반성하게 됐다. 또한 '인간은 적응하는 동물이며 힘든 순간에도 어떻게든 그 안에서 살아가는 방식을 터득한다'는 말에 고개를 절로 끄덕이게 된 날이기도 했다.

회의 내용을 듣는 순간, 상사들은 무조건 자신들이 떠맡게 될 일이라는 걸 경험적으로 알아차렸다고 했다. 어차피 형식적인 보고이니 최대한 빠르고 깔끔하게 협조하는 상황을 만들어버린 거다. 조직의 우두머리를 자유자재로 다루기까지 이분들은 그동안 얼마나 많은 경험적 데이터를 축적해왔을까. 조직 내 우두머리가 중요하다는 말이 조금은 다른 언어로 해석되는 날이었다.

상사들은 조직 내 권위적인 우두머리를 한목소리로 욕하면서도 누구보다 매끄럽게 맞물리는 톱니바퀴가 되기 위해 다방면으로 스스로를 단련했다. 우두머리의 톱니바퀴와 오차 없이 맞물려지기 위해 열심히 자신을 깎고 갈아대는 굉장한 사람들이었다.

어르신들의 등산 회동

　우리나라 기업 회장님들은 하나같이 등산을 좋아하시는 것 같다. 다들 몸이 정정하셔서 그런지 직원들을 산꼭대기까지 끌고 가서 회동하는 걸 즐기신다. 언젠가 이사 직급 이상의 직원들만 회장님 지휘 아래 등산을 가게 된 날이 있었다. 회의실을 벗어나 함께 자연을 만끽하며 열정을 되찾자는 목적 아래 이른 새벽부터 다들 열심히 산을 타셨다고 한다. 회장님의 마음을 얻을 수 있는 이런 절호의 찬스를 우리 영업실장님이 놓칠 리 없었다. 영업실의 단합을 보여줘야 한다면서 팀장급까지 죄다 포섭해서 등산길에 함께 올랐다. 오전 내내 등산화 신고 땀 빼고 오신 팀장님과 실장님의 얼굴을 보는데, 정말 '몰골이 말이 아니다'라는 말밖에 나오지 않았다.

"팀장님, 다녀오셨어요? 근데 몸 괜찮으세요?"

"안 괜찮아. 안 하던 운동을 하니까 힘들어 죽는 줄 알았어."

"나도 안 괜찮아. 하…… 죽을 것 같아."

"회장님이 좋아하셨어요?"

"응, 엄청 좋아하셨어. 영업실 단합되는 모습이 너무 보기 좋다고, 다들 본받으라고 칭찬하시더라고."

매일 술만 드시던 분들이 오랜만에 등산을 하셨으니 힘들어 죽을 수밖에. 다행히 회장님이 만족스러워하셨다니 영업실의 소기 목적은 충분히 달성하고 오신 것 같았다. 그 순간 갑자기 "다음에는 영업실 전 직원이 함께 가자고!" 옆 팀 팀장님이 한마디 외치셨다. 0.1초 만에 내 심장이 탁구공만큼 쪼그라들었다. 나도 당했으니 너희도 당해봐라 이런 심보인가?

등산이라……. 회장님은 왜 하필 등산을 좋아하시나요? 회장님이야 일도 조금 하고 야근도 안 하시니까 등산하실 체력이 남아도는지 모르겠지만 지금 등산 다녀온 분들은 밥 한 숟가락 떠먹을 힘도 없어 보여요. 회장님, 솔직히 말씀해보세요. 등산 가고 싶으신데 같이 갈 친구가 없으니까 자꾸 직원들 회동하시는 거죠? 회장님 혼자 가셔도 괜찮잖아요. 자립심을 좀 키워보세요. 미리 말씀드리는데, 요즘 등산 좋아하는 젊은 이들 잘 없습니다. 차라리 서울대공원 마라톤 일정을 잡아주세요.

얼마 뒤 맞이한 식목일, 회장님이 소유하신 땅에 전 직원이 나무 심으러 투입되는 일이 있었다. 단체로 흰색 티셔츠를 맞춰 입고 30~40분 정도 가파른 언덕길을 올라갔는데, 팀장님, 이사님, 실장님 모두 30분 만에 아가미로 겨우 호흡하는 물고기가 되어 있었다. 예상컨대 회장님의 등산길이 생각보다 험난하지 않았을 수도 있겠다는 짐작이 들었다. 등산을 억지로 갈 수밖에 없는 상황도 문제지만 등산길을 30분도 제대로 오르지 못하는 직원들의 체력도 상당한 문제였다. 술은 거뜬하게 잘도 마시면서 등산은 정신력으로 하는 이 상황에 웃음이 났다. 나는 등산을 거뜬하게 하고 술을 정신력으로 마시는데. 이분들 나와 달라도 너무 다르다.

매일 아침, 눈을 뜨는 게 겁이 났다. 차라리 경미한 교통사고로 잠시 병원에 누워 있고 싶다는 생각까지 들 정도였다. 지옥철의 의미는 아침마다 끊임없이 재해석되었고, 결국 '지옥으로 데려다주는 지옥행 열차'라는 뜻으로 귀결되고 말았다.

감정은 매 초 격하게 파도를 쳤다. 주체할 수 없이 화가 나기도 하고, 동기들과 마음에도 없는 농담을 주고받으며 미친 듯이 웃기도 하고, 혼자 집으로 가는 길에는 숨 못 쉬게 엉엉 울기도 했다. 나는 언제까지 이렇게 살아야 하는 걸까. 정말 사람들 말처럼 시간이 지나면 다 괜찮아지는 날이 오기는 하는 걸까. 근거 없는 믿음을 계속 손에 쥐고 있기가 너무나 힘겨웠다.

내가 회사를 다니고 싶었던 것은 분명 잘 살고 싶어서였는데, 나는 전혀 잘 살고 있는 것 같지가 않았다. 내 미래의 모습이 지금과는 달리 환히 빛날 거라는 헛된 기대도 버린 지 오래였고 시시때때로 찾아오는 불길한 예감을 점점 떨쳐내기 힘들어졌다.

'결국 나도 별반 다르지 않겠지. 여전히 이직을 꿈꾸는 10년차 과장님처럼, 나도 10년을 버티며 살아가게 될 거야. 그리고 내 자식을 위해 희생하고 있다고 어른스럽게 말하게 되겠지. 임원 승진을 코앞에 둔 부장님은 좀 다를 수 있으려나. 미래를 위해 희생했던 젊은 날을 지금 회사에서 충분히 보상받고 있다고. 내가 그때 회사를 그만두지 않길 참 잘했다고 스스로에게 말해줄 수 있으려나.' 부정적인 생각들이 밤새 꼬리에 꼬리를 물었다. 문득 경제적 안정을 위해 치러야 하는 내 대가가 너무 값비싸다는 생각이 들었다.

'기대하지 않는 게 회사 생활에 이롭다.'

'뭐든 포기하면 마음 편해지고 오래 할 수 있는 법이다.'

이런 말은 힘든 하루를 그저 흘려보내기 위해 합리화된 자기 위로의 표현이었던가, 아니면 자조적인 표현이었던가. 이렇게 살다가 갑자기 죽게 되면 너무 억울할 것 같았다. 마치 출구 없는 터널에 갇혀버린 느낌이랄까. 좀처럼 앞이 보이지 않아 더 이상 발을 내딛고 걸어가기가 너무 겁이 났다. 정말 내게 다른 길은 없었던 걸까.

세상 모든 김 사원들은 잘못이 없다

평생 잊지 못할 회사 생활의 한 자락을 이 책에 담았다. 가볍게 생각하면 한없이 가볍고 무겁게 생각하면 한없이 무거운 일들이다. 지나고 보면 별거 아닌 일들에 참 많이 아프고 서러워했고 시간이 지나도 아물지 않을 만큼의 깊은 상처는 아직도 마음을 쑤신다. 하지만 아이러니하게도 나는 여전히 출퇴근을 반복하고 있고, 한동안은 더 출퇴근을 반복하며 퇴근 후의 삶을 그려나갈 것 같다.

회사 생활에 대한 내 판단은 아직 보류 상태다. 회사가 갑자기 좋아진 건 아니지만, 그렇다고 예전만큼 나쁘지도 않다. 다만 이제 몇 가지는 확실히 알게 됐다. 불합리함에 분노를 느끼는 내 감정이 잘못된 게 아니라는 것. 그 분노를 무작정 억누르기보다 다스리고 적절히 표현할 줄 아는 내가 훨씬 더 건강한 사람이라는 것이다. 그래서 험난한 세상 속에서 나 자신을 잃지 않고 지켜내기 위한 방법을 부지런히 연마 중이다. 분노라는 감정을 무시하지도, 그 감정에 휘말리지도 않는 현명한 사람이 되기 위해서.

책을 다 쓴 지금 이 순간에도 끊임없이 고민한다. '이 책이 세상에 나와도 될까?' 짧은 시간 안에서 많은 생각과 감정들이 교차했고 결코 즐거운 기억은 아니었다. 때론 죽고 싶을 만큼 힘들었고 무작정 도망치고 싶었던 순간들이 셀 수 없이 많았다.

책에 담긴 이야기들은 모두 내가 실제로 겪은 일들이다. 굳이 더하지도 빼지도 않은 채 솔직한 내 감정들을 담았다. 이 책을 읽으면서 공감하는 사람들도 있을 테지만, 또 혹자는 그렇지 못할 수도 있다. 내 이야기가 모든 직장인들의 입장을 대변한다고 생각하지 않는다. 굳이 또 그러고 싶지도 않다. 다만 누군가 이 책을 보고 작은 공감이라도 느낄 수 있다면 그걸로 만족한다. 혹여나 '내가 잘못했고 내가 이상하다'며 자책하고 숨어 있는 세상의 김 사원들에게 작은 힘이라도 될 수 있다면, 그것만으로 이 책의 존재 가치는 충분하다. 당신에게 작은 위로가 되기를 바라며 이 글을 마친다.

선을 넘는 사람들에게 뱉어주고 싶은 속마음

초판 1쇄 발행 2020년 3월 26일

지은이 김신영
펴낸이 권미경
기획편집 박주연
마케팅 심지훈, 강소연, 김재영
디자인 this-cover.com
펴낸곳 (주)웨일북
출판등록 2015년 10월 12일 제2015-000316호
주소 서울시 마포구 월드컵로32길 22, 비에스빌딩 5층
전화 02-322-7187 **팩스** 02-337-8187
메일 sea@whalebook.co.kr **페이스북** facebook.com/whalebooks

ⓒ 김신영, 2020
ISBN 979-11-90313-29-2 03810

소중한 원고를 보내주세요.
좋은 저자에게서 좋은 책이 나온다는 믿음으로, 항상 진심을 다해 구하겠습니다.

이 도서의 국립중앙도서관 출판예정도서목록(CIP)은 서지정보유통지원시스템 홈페이지(http://seoji.nl.go.kr)와 국가자료종합목록 구축시스템(http://kolis-net.nl.go.kr)에서 이용하실 수 있습니다. (CIP제어번호 : CIP2020009019)